高 等 职 业 教 育 规 划 教 材

高等职业教育规划教材

维修电工技能实训教程

主　编　朱文胜　赵斯军

副主编　许长斌　侍孝虎　王步根

U0347512

苏州大学出版社

图书在版编目(CIP)数据

维修电工技能实训教程/朱文胜，赵斯军主编. —苏州：苏州大学出版社，2006.1(2015.12重印)
高等职业教育规划教材
ISBN 978-7-81090-599-2

Ⅰ.维… Ⅱ.①朱…②赵… Ⅲ.电工－维修－技术培训－教材 Ⅳ.TM07

中国版本图书馆CIP数据核字(2005)第159093号

内 容 提 要

本书以最新制定的"维修电工国家职业标准"为编写依据，在内容选择上结合目前我国大、中型企业实际情况，突出工艺要领与操作技能的培养。书中不仅列举了大量的实训，还总结了从业人员在实际工作中常见故障的分析和处理方法。学生经过系统训练后，可达到职业技能鉴定中、高级以上水平。

全书共分9章，主要内容有：安全用电，常用工具及仪表的使用，导线选型及加工工艺，一般电气线路及照明安装工艺，电动机拆装工艺及故障处理，电动机基本控制线路的安装、调试与检修，常用生产机械电气控制设备故障检修，PLC应用技术、安装与调试，变频器使用简介。

本书可作为高职高专电类专业和机电一体化专业的教材，也可作为职工培训教材。

维修电工技能实训教程

朱文胜　赵斯军　主编

责任编辑　周建兰

苏 州 大 学 出 版 社 出 版 发 行
(地址:苏州市十梓街1号　邮编:215006)
宜兴市盛世文化印刷有限公司印装
(地址: 宜兴市万石镇南漕河滨路58号　邮编: 214217)

开本 787 mm×1 092 mm　1/16　印张 17.5　字数 437千
2006年1月第1版　2015年12月第7次印刷
ISBN 978-7-81090-599-2　定价:30.00 元

苏州大学版图书若有印装错误，本社负责调换
苏州大学出版社营销部　电话: 0512-65225020
苏州大学出版社网址 http://www.sudapress.com

前　言

　　本书以最新制定的"维修电工国家职业标准"为编写依据，充分体现"淡化理论，够用为度，培养技能，重在应用"的原则，在内容选择上结合目前我国大、中型企业实际情况，突出工艺要领与操作技能的培养。书中不仅列举了大量的实训，还总结了从业人员在实际工作中常见故障的分析和处理方法。学生经过系统训练后，可达到职业技能鉴定中、高级以上水平。本书可作为高职高专电类专业和机电一体化专业教材，也可作为职工培训教材。

　　本书主要特点是：

　　1. 在编写方法上打破了以往教材过于注重"系统性"的倾向，摒弃了一些一般内容和烦琐的数学推导，采用阶跃式、有选择的编写模式，强调实践，简化理论，突出实用技能，内容体系更加合理。

　　2. 注重现实社会发展和就业需求，以培养职业岗位群的综合能力为目标，充实训练块的内容，强化应用，有针对性地培养学生较强的职业技能。

　　3. 教材内容的设置有利于扩展学生的思维空间和学生的自主学习，着力于培养和提高学生的综合素质，使学生具有较强的创新能力，促进学生的个性发展。

　　4. 教材内容充分反映新知识、新技术、新工艺和新方法，具有超前性、先进性。

　　5. 在学习本教材时，读者应对电机及拖动、低压电器及电气控制原理、PLC原理、变频器原理、数控机床原理等知识具有一定的了解。

　　本书在内容安排上遵循由浅入深的原则，并紧密结合维修电工应具备的技能。主要内容有：安全用电，常用工具及仪表的使用，导线选型及加工工艺，一般电气线路及照明安装工艺，电动机拆装工艺及故障处理，电动机基本控制线路的安装、调试与检修，常用生产机械电气控制设备故障检修，PLC应用技术、安装与调试，变频器使用简介。

　　本书由朱文胜、赵斯军主编，许长斌、周延松、侍孝虎为副主编，参加编写教材的还有潘世丽、杨卫东等。

　　由于编写时间紧迫，编者水平有限，书中缺点和错误之处在所难免，敬请广大读者批评指正。

编　者
2014年7月

目　录

第8章　PLC应用技术、安装与调试

第9章　变频器使用简介

第1章 安全用电

1.1 电工安全操作规程

电气设备的安全措施,是指为保障人身及设备的安全,国家按照安全技术要求颁发了一系列规定和规程。由于专业性与地区性的差别,具体要求和内容应遵守所在部门颁发的规程执行。

1. 电气设备的安全防护措施

例如,一台电动机的外壳如果没有接地,当某一绕组的绝缘损坏与机座或铁芯短接时,电动机外壳就会带电。这时,若有人触及这台电动机的外壳,电流通过人体经大地与配电变压器中性点形成回路,人就会遭受电击伤(即触电),如图1-1(a)所示;如果这台电动机外壳接地,因为接地电阻很小(几欧),而人体电阻较大,所以对地短路电流绝大部分通过接地装置流经大地,与配电变压器中性点形成回路,而流过人体的电流相应减小,对人身安全的威胁也就大为减小,如图1-1(b)所示。

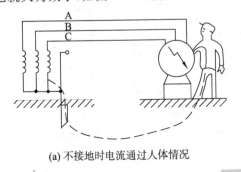
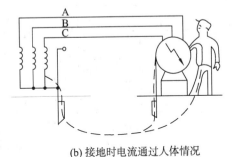

(a) 不接地时电流通过人体情况　　　(b) 接地时电流通过人体情况

图 1-1

为了避免电气事故的发生,电气设备最常用的防护措施是接地和接零。

(1)接地分类

在电力工程中,接地技术应用极多,通常按接地的作用来分类,常用的有下列几种:

● 保护接地。在电力系统中,凡是为了防止电气设备及装置的金属外壳因发生意外带电而危及人身和设备安全的接地,叫做保护接地。

● 工作接地。在电力系统中,凡因设备运行需要而进行的接地,叫做工作接地。例如,配电变压器低压侧中性点的接地,发电机输出端的中性点接地等。

● 过电压保护接地(防雷接地)。为了消除电气装置或设备的金属结构免遭大气或操作过电压危险的接地,叫做过电压保护接地。

● 静电接地。为了防止可能产生或聚集静电荷而对设备或设施构成威胁进行的接地，叫做静电接地。

● 隔离接地。把不能受干扰的电气设备或干扰源用金属外壳屏蔽起来，并进行接地，能避免干扰信号影响电气设备正常工作，隔离接地也叫做金属屏蔽接地。

在以上各种接地中，以保护接地应用得最多最广，一般电工在日常施工和维修中，遇到的机会也最多。

低压电网的接地方式有以下几类，如图1-2所示。各类系统符号中的第一个字母表示低压系统对地关系：T表示一点直接接地，I表示所有带电部分与大地绝缘或经人工中性点接地。第二个字母表示装置的外露可导电部分的对地关系：T表示与大地有直接的电气连接，而与低压系统的任何接地点无关；N表示与低压系统的接地点有直接的电气连接。第二个字母后面的字母表示中性线与保护线的组合情况，S表示分开的，C表示公用的，C-S表示部分是公共的。

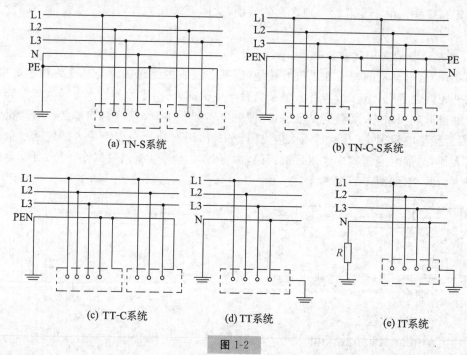

(a) TN-S系统　　　　(b) TN-C-S系统

(c) TT-C系统　　　(d) TT系统　　　(e) IT系统

图 1-2

接地装置由接地体和接地线组成。埋入地下直接与大地接触的金属导体称为接地体。连接接地体和电气设备的金属导体称为接地线。接地体的对地电阻和接地线电阻的总和，称为接地装置的接地电阻。

● 接地电阻不得大于 4Ω，应采用专用保护接地插脚的插头。

● 保护接地干线截面应不小于相线截面的1/2，单独用电设备应不小于1/3。

● 同一供电系统中采用了保护接地就不能同时采用保护接零。

● 必须有防止中性线及保护接地线受到机械损伤的保护措施。

● 保护接地系统每隔一定时间要进行检验以检查其接地状况。

有以下几种情况的，可免予保护接地：

● 安装在不导电的建筑材料且离地面 2.2m 以上人体不能直接触及的电气设备，若要触及时人体已与大地隔绝。

● 直接安装在已有接地装置的机床或其他金属构架上的电气设备。

● 在干燥和不良导电地面(如木板、塑料或沥青)的居民住房或办公室里,所使用的各种日用电具,如电风扇、电烙铁和电熨斗等。

● 电度表和铁壳熔丝盒。

● 由36V或12V安全电源供电的各种电具的金属外壳。

● 采用1:1隔离变压器提供的220V或380V电源的移动电具。

(2) 接零的作用

接零的作用也是为了保护人身安全。因为零线阻抗很小,当一相碰壳时,就相当于该相短路,使熔断器或其他自动保护装置动作,从而切断电源达到保护目的。

保护接零指在中性点接地系统中电气设备不带电部分(外壳、机座等)与零线连接。其适用于低压中性点直接接地、电压380V/220V的三相四线制电网中。

保护接零的安装要求如下:

● 保护零线在短路电流作用下不能熔断。

● 采用漏电保护器时应使零线和所有相线同时切断。

● 零线一般取与相线相等的截面。

● 零线应重复接地。

● 架空线路的零线应架设在相线的下层。

● 零线上不能装设断路器、刀闸或熔断器。

● 防止零线与相线接错。

● 多芯导线中规定用黄绿相间的线做保护零线。

● 电气设备投入运行前必须对保护接零进行检验。

2. 电气维修安全操作规程

维修作业时应当遵守以下各项规定和事项:

● 作业前由作业负责人布置作业要求、安全措施及注意事项。对不适合现场作业的人员不能分配工作或不准带电作业。

● 按作业现场情况认真执行停电、送电手续和制度,工作完毕后认真复查方可送电。

● 操作者要服从指挥,弄清工作范围,了解各项工作要求,执行安全措施,佩戴好安全用具。

● 维修用安全工具及用具必须经检查试验合格后方可使用。

● 在低压线路及设备上合闸、断闸或装卸保险时,应当穿绝缘靴,戴干燥线手套。操作时,应离开开关或保险一定的距离,并侧身操作,不要面向电闸。

● 断闸后,必须在切断电源的开关上挂出"有人工作,禁止合闸"的工作牌;未经挂牌人同意,在任何情况下都不得合闸及摘下工作牌。

● 不准带负荷合闸、断闸或装卸保险。

● 在多电源供电的设备或线路上作业时,要注意断开各支路闸刀。并在各供电支路上直接对地线网接地线。接地线时(一人操作,一人监护),先接地线一端,然后另一端接到电气设备上。各供电支路与地线不允许通过熔丝连接。拆地线时顺序相反。

● 必须带电作业时,应由一人监护,一人操作,带电部位在操作者前面,距头部不得小于30cm，同一位置上不得有两人同时操作。操作者周围如有其他带电导线、设备等，应当用绝缘物挡开。

1.2　触电与急救知识

设备操作使用和电气检查维修过程中，人体因触及带电体而导致局部受伤或死亡的现象称为触电。电流对人体的伤害统称为触电事故。为了安全生产，防止触电事故，用电人员应掌握一定的安全用电知识，采取必要的措施，以避免触电事故。

1. 触电的危害

人体触电按伤害程度的不同可分为电击和电伤：电流通过人体时造成人体内部组织破坏的现象称为电击，电击是最危险的触电事故；造成人体的外部组织局部损害的现象称为电伤。

2. 触电的方式

（1）单相触电

单相触电是人体上的某一部分触及一相电源，电流通过人体流入大地造成的触电伤害，单相触电可能发生在中性点接地或不接地的电网中，如图1-3所示。

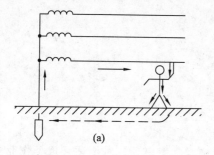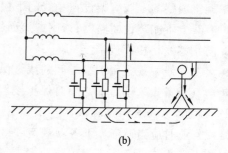

(a)　　　　　　　　　　　　　　　　　(b)

图1-3

（2）两相触电

不管电网的中性点是否接地，人体同时和两相火线接触，就形成两相触电，如图1-4所示。两相触电时，人体承受的电压是380V，触电后果严重。

（3）接触电压、跨步电压触电

这也是危险性较大的一种触电方式。当外壳接地的电气设备绝缘损坏而使外壳带电，或导线断落发生单相接地故障时，电流由设备外壳经接地线、接地体（或由断落导线经接地点）流入大地，向四周扩散，在导线接地点及周围形成强电场。

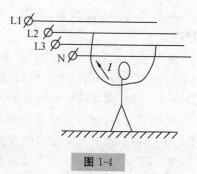

图1-4

其电位分布以接地点为圆心向周围扩散，一般距接地体20m远处电位为零。这时，人站在地上触及设备外壳，就会承受一定的电压，称为接触电压。如果人站在设备附近地面上，两脚之间也会承受一定的电压，称为跨步电压，如图1-5所示。接触电压和跨步电压的大小与接地电流、土壤电阻率、设备接地电阻及人体位置有关。当接地电流较大时,接触电压和跨步电压会超过允许值发生人身触电事故。特别是在发生高压接地故障或雷击时,会产生很高的接触电压和跨步电压。此外,如果电路或用电设备漏电、过载、接头松动或短路等原因造成电火灾,也会造成触电事故。

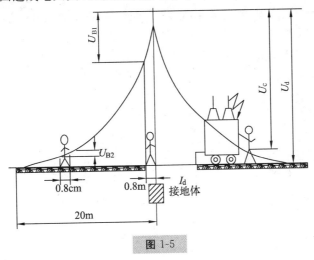

图 1-5

3. 触电急救

(1)脱离电源

发生触电事故时,要根据具体情况和条件采取不同的方法切断电源,尽快使触电者脱离电源。

若触电者失去知觉但还能呼吸,心脏尚在跳动时,应抬到通风处。对失去知觉,发生"假死"的触电者,应立即进行人工呼吸以及体外心脏按摩措施,在送医院抢救过程中不要中断抢救。

(2)救护操作

下面介绍两种救护操作方法。

● 口对口人工呼吸法(图 1-6)。

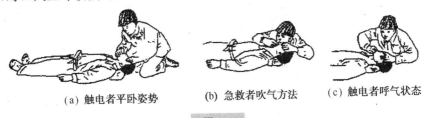

(a) 触电者平卧姿势　　(b) 急救者吹气方法　　(c) 触电者呼气状态

图 1-6

◇ 首先把触电者移到空气流通的地方,最好放在平直的木板上,使其仰卧,不可用枕头。然后把头侧向一边,掰开嘴,清除口腔中的杂物、假牙等。如果舌根下陷应将其拉出,使呼吸道畅通。同时解开衣领,松开上身的紧身衣服,使胸部可以自由扩张。

◇ 抢救者位于触电者的一边,用一只手紧捏触电者的鼻孔,并用手掌的外缘部压住其额部,扶正头部使鼻孔朝天。另一只手托在触电者的颈后,将颈部略向上抬,以便接受吹气。

◇ 抢救者做深呼吸,然后紧贴触电者的口腔,对口吹气约 2s。同时观察其胸部有否扩张,以决定吹气是否有效和是否合适。

◇ 吹气完毕后立即离开触电者的口腔，并放松其鼻孔，使触电者胸部自然回复，时间约 3s，以利其呼气。

按照上述步骤不断进行，口对口吹气以 1min 约反复 14～16 次为宜，儿童以 1min 进行 20～24 次为宜。触电者如腹部充气膨胀，可一面用手轻轻加压其上腹部，一面继续吹气。如果触电者张口有困难，可用口对准其鼻孔吹气，抢救效果与上述方法相近。

● 人工胸外心脏挤压法（图 1-7）。这种方法是用人工挤压心脏代替心脏的收缩作用。凡是心跳停止或不规则地颤动时，应立即采用这种方法进行抢救。具体做法如下：

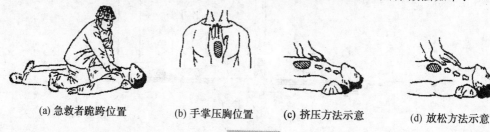

(a) 急救者跪跨位置　　(b) 手掌压胸位置　　(c) 挤压方法示意　　(d) 放松方法示意

图 1-7

◇ 使触电者仰卧，姿势与人工口对口呼吸法相同，但后背着地处应结实。

◇ 抢救者跨跪在触电者腰部两侧。

◇ 抢救者两手相叠（儿童可用一只手），用掌根置于触电者胸骨下端部位，即中指指尖置于其颈部凹陷的边缘、心窝稍上处，掌根所在的位置即为正确压区。然后掌根用力垂直向下挤压，使其胸部下陷 3～4cm 左右，可以压迫心脏使其达到排血的作用。对儿童动作要轻，以免压断胸骨。

◇ 使挤压到位的手掌突然放松，但手掌不要离开胸壁，依靠胸部的弹性自动回复原状，使血液流回心脏。

以上救护操作必须连贯不间断地进行，1min 约 60 次为宜。经验证明，触电后的"假死"现象可长达 6h，若坚持正确的抢救，仍有复活的希望。

第2章　常用工具及仪表使用

2.1　常用电工工具(课题一)

课题目标:

认识并学会使用常用电工工具。

2.1.1　高、低压验电器

1.低压验电器

(1)低压验电器的结构及使用方法

低压验电器又称为验电笔,有笔式和螺钉刀式两种,如图2-1所示。

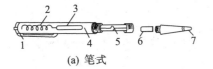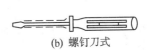

(a) 笔式　　　　　　　　　(b) 螺钉刀式

1—笔尾的金属体;2—弹簧;3—小窗;4—笔身;5—氖管;6—电阻;7—笔尖的金属体

图2-1

笔式低压验电器由氖管、电阻、弹簧、笔身和笔尖等组成。使用低压验电器时,必须按图2-2所示的正确方法把笔握妥,以手指触及笔尾的金属体,使氖管小窗背光朝自己。

当用低压验电器测带电体时,电流经带电体、低压验电器、人体、大地形成回路,只要带电体与大地间的电势差超过60V,低压验电器中的氖管就发光。低压验电器的测试范围为60~500V。

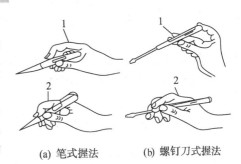

(a) 笔式握法　　　(b) 螺钉刀式握法

1—正确握法;2—错误握法

图2-2

(2)低压验电器的作用

● 区别电压高低。测试时可根据氖管发光的强弱来估计电压的高低。

● 区别相线与零线。在交流电路中,当验电器触及导线时,氖管发光的即为相线,正常情况下,触及零线是不会发光的。

● 区别直流电与交流电。交流电通过验电器时,氖管里的两个极同时发光;直流电通过验电器时,氖管里的两个极只有一个极发光。

● 区别直流电的正、负极。把验电器连接在直流电的正、负极之间,氖管中发光的一极即为直流电的负极。

● 识别相线碰壳。用验电器触及电动机、变压器等电气设备外壳,氖管发光,则说明该设备相线有碰壳现象。如果壳体上有良好的接地装置,氖管是不会发光的。

● 识别相线接地。用验电器触及正常供电的星形接法三相三线制交流电时,有两根比较亮,而另一根的亮度较暗,则说明亮度较暗的相线与地有短路现象,但不太严重。如果两根相线很亮,而另一根不亮,则说明这一根相线与地肯定短路。

2. 高压验电器

高压验电器又称高压测电器,10kV 高压验电器由金属钩、氖管、氖管窗、固紧螺钉、护环和握柄组成,如图 2-3 所示。

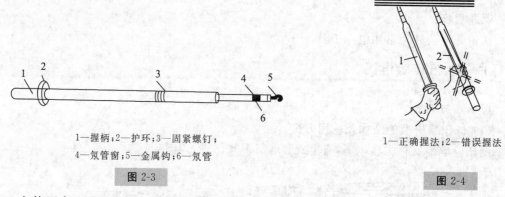

1—握柄;2—护环;3—固紧螺钉;　　　　　　　　　　　1—正确握法;2—错误握法
4—氖管窗;5—金属钩;6—氖管

图 2-3　　　　　　　　　　　　　　　　　　　　　　　　图 2-4

在使用高压验电器时,应特别注意手握部位不得超过护环,如图 2-4 所示。

3. 使用验电器的安全知识

● 使用验电器前,应在已知带电体上测试,证明验电器确实良好方可使用。

● 使用时,应使验电器逐渐靠近被测物体,直到氖管发亮;只有在氖管不发亮时,人体才可以与被测物体试接触。

● 室外使用高压验电器时,必须在气候条件良好的情况下才能使用。在雨、雪、雾及湿度较大的天气中,不宜使用,以防发生危险。

● 用高压验电器测试时,必须戴上符合要求的绝缘手套;不可一个人单独测试,身旁必须有人监护;测试时要防止发生相线间或对地短路事故;人体与带电体应保持足够的安全距离,10kV 高压的安全距离为 0.7m 以上。

2.1.2　钢丝钳、尖嘴钳和断线钳

1. 钢丝钳

钢丝钳有铁柄和绝缘柄两种。绝缘柄为电工用钢丝钳,常用的规格有 150mm、175mm、200mm 三种。

(1) 电工钢丝钳的构造和用途

电工钢丝钳由钳头和钳柄两部分组成。钳头由钳口、齿口、刀口和铡口四部分组成。钢丝钳用途很多,钳口用来弯绞和钳夹导线线头,齿口用来紧固或起松螺母,刀口用来剪切或剖削软导线绝缘层,铡口用来铡切电线线芯、钢丝或铅丝等较硬金属丝。其构造及用途如图

2-5所示。

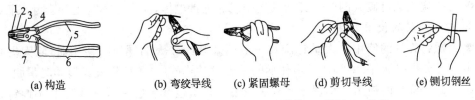

(a) 构造　　　　　(b) 弯绞导线　(c) 紧固螺母　(d) 剪切导线　(e) 铡切钢丝

1—钳口；2—齿口；3—刀口；4—铡口；5—绝缘管；6—钳柄；7—钳头

图 2-5

（2）使用电工钢丝钳的安全知识

● 使用前必须检查绝缘柄的绝缘是否良好。绝缘如果损坏，进行带电作业时会发生触电事故。

● 剪切带电导线时，不得用刀口同时剪切相线和零线，或同时剪切两根相线，以免发生短路事故。

2. 尖嘴钳和断线钳

（1）尖嘴钳

尖嘴钳的头部尖细，适用于在狭小的工作空间操作。尖嘴钳也有铁柄和绝缘柄两种，绝缘柄的耐压为500V。尖嘴钳的用途如下：

● 带有刀口的尖嘴钳能剪断细小金属丝。

● 尖嘴钳能夹持较小螺钉、垫圈、导线等元件。

● 在装接控制线路时，尖嘴钳能将单股导线弯成所需的各种形状。

（2）断线钳

断线钳又称斜口钳，钳柄有铁柄、管柄和绝缘柄三种。其中电工用的绝缘柄断线钳的耐压为500V。断线钳是专供剪断较粗的金属丝、线材及导线电缆时使用的。

2.1.3 螺钉旋具

螺钉旋具又称为旋凿或起子，它是一种紧固或拆卸螺钉的工具。

1. 螺钉旋具的样式和规格

螺钉旋具的样式和规格很多，按头部形状可分为一字形和十字形两种。

一字形螺钉旋具常用规格有50mm、100mm、150mm和200mm等，电工必备的是50mm和150 mm两种。十字形螺钉旋具专供紧固和拆卸十字槽的螺钉，常用的规格有四种：Ⅰ号适用于螺钉直径为2～2.51mm，Ⅱ号为3～5mm，Ⅲ号为6～8mm，Ⅳ号为10～12mm。

磁性螺钉旋具按握柄材料可分为木质绝缘柄和塑胶绝缘柄两种。它的规格较齐全，分十字形和一字形。金属杆的刀口端焊有磁性金属材料，可以吸住待拧紧的螺钉，能准确定位、拧紧，使用很方便，目前使用也较广泛。

2. 使用螺钉旋具的安全知识

● 电工不可使用金属杆直通柄顶的螺钉旋具，否则易造成触电事故。

● 使用螺钉旋具紧固和拆卸带电的螺钉时，手不得触及螺钉旋具的金属杆，以免发生触电事故。

● 为了避免螺钉旋具的金属杆触及皮肤或邻近带电体,应在金属杆上穿套绝缘管。

3. 螺钉旋具的使用方法

● 大螺钉旋具的使用。大螺钉旋具一般用来紧固较大的螺钉。使用时,除大拇指、食指和中指要夹住握柄外,手掌还要顶住柄的末端,这样就可防止螺钉旋具转动时滑脱。

● 小螺钉旋具的使用。小螺钉旋具一般用于紧固电气装置接线柱头上的小螺钉,使用时,可用手指顶住木柄的末端捻旋。

2.1.4　电工刀、剥线钳

1. 电工刀

电工刀是用来剖削电线线头、切割木台缺口、削制木样的专用工具。使用电工刀时应注意以下几点:

● 使用时应将刀口朝外剖削。

● 剖削导线绝缘层时,应使刀面与导线呈较小的锐角,以免割伤导线。

● 使用电工刀时应注意避免伤手,不得传递刀身未折进刀柄的电工刀。

● 电工刀用毕,应随时将刀身折进刀柄。

● 电工刀刀柄无绝缘保护,不能用于带电作业,以免触电。

2. 剥线钳

剥线钳是用来剥削小直径导线绝缘层的专用工具。它的手柄是绝缘的,耐压为 500V。

使用剥线钳时,将要剥削的绝缘层长度用标尺定好后,即可把导线放入相应的刀口中(比导线直径稍大),用手将钳柄握紧,导线的绝缘层即被割破,且自动弹出。

2.1.5　冲击钻

冲击钻是一种电动工具,具有两种功能:一种可作为普通电钻使用,使用时应把调节开关调到标记为"钻"的位置;另一种可用来冲打砌块和砖墙等建筑面的木楔孔和导线过墙孔,这时应把调节开关调到标记为"锤"的位置,如图 2-6 所示。冲击钻通常可冲打直径为 6～16mm 的圆孔。有的冲击钻还可调节转速,有双速和三速之分。在调速或调挡("钻"和"锤")时,均应停转。用冲击钻开凿墙孔时,需配用专用的冲击钻头,其规格按所需孔径选配,常用的有 8mm、10mm、12mm 和 16mm 等多种。

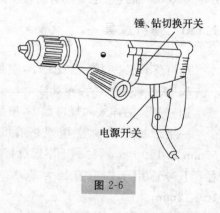

锤、钻切换开关

电源开关

图 2-6

在冲钻墙孔时,应经常把钻头拔出,以利于排屑;在钢筋建筑物上冲孔时,碰到坚实物不应施加过大压力,以免钻头退火。

2.2　常用仪表的使用

2.2.1　数字式万用表

1. 数字式万用表的结构

数字式万用表显示直观、速度快、功能全、测量精度高、可靠性好、小巧轻便、耗电量小以及便于操作,受到人们的普遍欢迎,已成为电工、电子测量以及电子设备维修等部门的自备仪表。DT840 型数字式万用表就是一种用电池驱动的三位半数字万用表,可以进行直流电压、电流、电阻、二极管、晶体管 h_{FE}、带声响的通断等测试,并具有极性选择、量程显示及全量程过载保护等特点。如图 2-7 所示为一种数字式万用表的示意图。

使用数字式万用表测试前,应注意如下事项:

● 将 ON-OFF 开关置 ON 位置,检查 9V 电池电压值。如果电池电压不足,显示器左边将显示"LOBAT"或"BAT"字符。此时,应打开后盖,更换 F22 型 9V 层叠电池。如无上述字符显示,则可继续操作。

● 测试笔插孔旁边的正三角中有感叹号的,表示输入电压或电流不应超过指示值。

● 测试前应将功能开关置于所需的量程上。

2. 直流电压、交流电压的测量

先将黑表笔插入 COM 插孔,红表笔插入 V/Ω

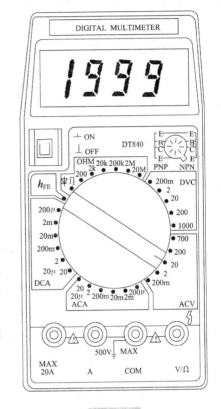

图 2-7

插孔,然后将功能开关置于 DCV(直流)或 ACV(交流)量程,并将测试表笔连接到被测源两端,显示器将显示被测电压值。在显示直流电压值的同时,将显示红表笔端的极性。如果显示器只显示"1",表示超量程,应将功能开关置于更高的量程(下同)。

3. 直流电流、交流电流的测量

先将黑表笔插入 COM 插孔,红表笔需视被测电流的大小而定。如果被测电流最大为 2A,应将红表笔插入 A 孔;如果被测电流最大为 20A,应将红表笔插入 20A 插孔。再将功能开关置于 DCA 或 ACA 量程,将测试表笔串联接入被测电路,显示器即显示被测电流值,在测量直流电流时,显示器会显示红表笔端的极性。

4. 电阻的测量

先将黑表笔插入 COM 插孔,红表笔插入 V/Ω 插孔(注意:红表笔极性此时为"＋",与指针式万用表相反),然后将功能开关置于 OHM 量程,将两表笔连接到被测电路上,显示器将显示出被测电阻值。

5. 二极管的测试

先将黑表笔插入 COM 插孔,红表笔插入 V/Ω 插孔,然后将功能开关置于二极管挡,将两表笔连接到被测二极管两端,显示器将显示二极管正向压降的毫伏值。当二极管反向时则过载。

根据万用表的显示,可检查二极管的质量及鉴别所测量的管子是硅管还是锗管(注意数字万用表的红表笔是表内电池的正极,黑表笔是电池的负极)。

● 测量结果若在 1V 以下,红表笔所接为二极管正极,黑表笔为负极;若显示"1"(超量程),则黑表笔所接为正极,红表笔为负极。

● 测量显示值若在 550~700mV 之间者为硅管,若在 150~300mV 之间者为锗管。

● 如果两个方向均显示超量程,则二极管开路;若两个方向均显示"0"V,则二极管击穿、短路。

6. 晶体管放大系数 h_{FE} 的测试

先将功能开关置于 h_{FE} 挡,然后确定晶体管是 NPN 型还是 PNP 型,并将发射极、基极、集电极分别插入相应的插孔。此时,显示器将显示出晶体管的放大系数 h_{FE} 值(测试条件为基极电流 $10\mu A$,集电极与发射极间电压 2.8V)。

用数字式万用表可判别晶体管是硅管还是锗管以及管子的管脚(用表上的二极管挡或 h_{FE} 挡)。

● 基极判别。将红表笔接某极,黑表笔分别接其他两极,若都出现超量程或电压小,则红表笔所接为基极;若一个超量程,一个电压小,则红表笔所接不是基极,应换脚测。

● 管型判别。在上面测量中,若显示都为超量程,为 PNP 管;若电压都小(0.5~0.7V),则为 NPN 管。

● 集电极、发射极判别(用 h_{FE} 挡判别)。在已知晶体管类型的情况下(此处设为 NPN 管),将基极插入 B 孔,其他两极分别插入 C、E 孔。若 h_{FE} 在 1~10(或十几)之间,则三极管可能接反了;若 h_{FE} 在 10~100(或更大)之间,则接法正确。

7. 带声响的通断测试

先将黑表笔插入 COM 插孔,红表笔插入 V/Ω 插孔,然后将功能开关置于通断测试挡(与二极管测试量程相同),将测试表笔连接到被测导体两端。如果表笔之间的阻值约低于 30Ω,蜂鸣器会发出声音。

2.2.2　兆欧表

兆欧表又称摇表,是一种专门用来测量绝缘电阻的便携式仪表,在电气安装、检修和试验中应用十分广泛。绝缘材料在使用过程中,由于发热、污染、受潮及老化等原因,其绝缘电阻将逐渐降低,因而可能造成漏电或短路等事故。这就要求必须定期对电动机、电器和供电线路的绝缘性能进行检查,以确保设备正常运行和人身安全。

1. 兆欧表的选择

选择兆欧表时主要考虑其电压及测量范围。高压电气设备绝缘电阻要求高,须选用电压高的兆欧表进行测试;低压电气设备内部绝缘材料所能承受的电压不高,为保证设备安全,应选择电压低的兆欧表。

选择兆欧表测量范围的原则是不使测量范围过多地超出被测绝缘电阻的数值,以免因刻度较粗而产生较大的读数误差。另外,还要注意有些兆欧表的起始刻度不是零,而是1MΩ或2MΩ。这种兆欧表不宜用来测量处于潮湿环境中的低压电气设备的绝缘电阻,因为在这种环境中设备的绝缘电阻较小,有可能小于1MΩ,在仪表上读不到读数,容易误认为绝缘电阻为1MΩ或为零值。

2. 兆欧表的正确使用与维护

● 测量前要先切断被测设备的电源,并将设备的导电部分与大地接通,进行充分放电以保证安全。用兆欧表测量过的电气设备,也要及时接地放电,方可进行再次测量。

● 测量前要先检查兆欧表是否完好,即在兆欧表未接上被测物之前,摇动手柄使发电机达到额定转速(120r/min),观察指针是否指在标尺的"∞"位置。将接线柱"线"(L)和"地"(E)短接,缓慢摇动手柄,观察指针是否迅速指在标尺的"0"位。若指针不能指到该指的位置,表明兆欧表有故障,应检修后再用。

● 根据测量项目正确接线。兆欧表上有三个接线柱,分别标有L(线路)、E(接地)和G(屏蔽)。其中,L接在被测物和大地绝缘的导体部分,E接在被测物的外壳或大地,G接在被测物的屏蔽环上或不需测量的部分。

一般测量时将被测的绝缘电阻接到"L"和"E"两个接线端钮上。例如,三相电动机绕组之间的绝缘电阻,其接线如图2-8(a)所示。若被测对象为线路对大地的绝缘电阻,应将被测端接到"L"端钮,被测外壳接"E"端钮。例如,测三线电动机一绕组对外壳的绝缘电阻,其接线如图 2-8(b)所示。

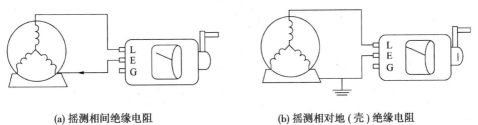

(a) 摇测相间绝缘电阻   (b) 摇测相对地(壳)绝缘电阻

图 2-8

接线柱 G 用来屏蔽表面电流。如测量电缆的绝缘电阻时,由于绝缘材料表面存在漏电电流,将使测量结果不准确,尤其是在湿度很大的场合及电缆绝缘表面又不干净的情况下,会使测量误差增大。为避免表面电流的影响,在被测物的表面加一个金属屏蔽环,与兆欧表的"屏蔽"接线柱相连。

● 接线柱与被测设备间连接的导线不能用双股绝缘线或绞线,应该用单股线分开单独连接,避免因绞线绝缘不良而引起误差。为获得正确的测量结果,被测设备的表面应擦拭干净。

● 摇动手柄应由慢渐快,若发现指针为零,说明被测绝缘物可能发生了短路,这时就不能继续摇动手柄,以防表内线圈发热损坏。手摇发电机要保持匀速,不可忽快忽慢而使指针不停地摆动。通常最适宜的速度是 120r/min。若指示正常,应使发电机转速达到120r/min±20%,并稳定转动 1min 后读数。

● 测量具有大电容设备的绝缘电阻,读数后不能立即停止摇动兆欧表,否则已被充电的电容器将对兆欧表放电,有可能烧坏兆欧表。应在读数后一方面降低手柄转速,一方面拆去"L"端线头,在兆欧表停止转动和被测物充分放电以前,不能用手触及被测设备的导电部分。

● 测量设备的绝缘电阻时,还应记下测量时的温度、湿度及与被测物的有关状况等,以便于对测量结果进行分析。

2.2.3　直流电桥的使用

1. 直流单臂电桥

比例臂倍率分为 0.001、0.01、0.1、1、10、100、1000 七挡,由倍率转换开关选择。比较臂由四组可调电阻串联而成,每组有 9 个相同的电阻,第一组为 9 个 1Ω,第二组为 9 个 10Ω,第三组为 9 个 100Ω,第四组为 9 个 1000Ω,由比较臂转换开关调节。如图 2-9 所示为 QJ23 型直流单臂电桥面板。面板上的四个比较臂转换开关构成了个位、十位、百位和千位,比较臂电阻为四组读数之和。

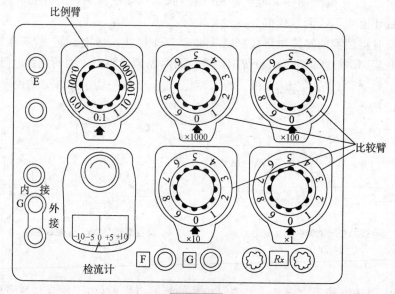

图 2-9

直流单臂电桥的使用可分为以下几个步骤进行:

● 使用前先将检流计的锁扣打开,并调节调零旋钮,使指针指到零。

● 将被测电阻 R_x 接在接线端上,估算 R_x 的阻值范围,选择合适的比例臂倍率,使比较臂的四组电阻都用上,目的是为了保证有四位有效数字。

● 调平衡时,先按电源按钮 S_E,再按检流计按钮 S_C,测量完毕后,先松开检流计按钮 S_C,再松开电源按钮 S_E,以防被测对象产生感应电动势而损坏检流计。

● 按下按钮后,若指针向"-"偏转,则应减小比较臂电阻;若指针向"+"偏转,则应增大比较臂电阻。调节平衡过程中,不要把检流计按钮按死,待调到电桥接近平衡时,才可按死检流计按钮进行细调,否则检流计可能因猛烈撞击而损坏。

● 若使用外接电源,其电压应按规定选择,过高会损坏桥臂电阻,太低则会降低测量灵敏度。若使用外接检流计,应将内附检流计用短路片短接,将外接检流计接至"外接"端。

2. 直流双臂电桥

图 2-10 所示是 QJ103 型直流双臂电桥的面板。右面是已知电阻调节盘,可在 0.01~0.11Ω 范围内调平衡。左下角是倍率开关,有×0.01、×0.1、×1、×10、×100 五挡,上面是检流计。面板左面是 C_1、P_1、P_2、C_2 四个端钮,用来连接被测电阻尺(电桥平衡后,用电阻调节盘的阻值乘以倍率,即为被测电阻的阻值)。

注意:使用直流双臂电桥时,除了按照直流单臂电桥的使用步骤外,还应注意:

● 被测电阻应与电桥的电位端钮 P_1、P_2 和电流端钮 C_1、C_2 正确连接,若被测电阻没有专门的接线,可从被测电阻两接线头引出四根连线,注意要将电位端钮 P_1、P_2 接至电流端钮 C_1、C_2 的内侧,如图 2-10 所示。

● 连接引线应尽量短而粗,接线头要除尽漆和锈,并拧紧,尽量减小接触电阻。

● 直流双臂电桥工作电流很大,测量时操作要快,以免耗电过多。测量完毕后立即关闭电源。

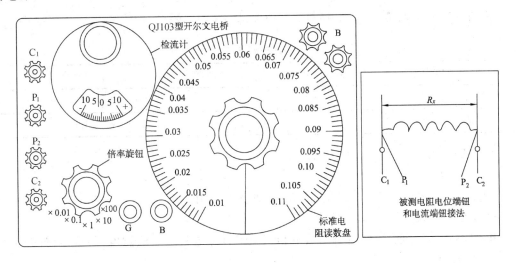

图 2-10

考 核 试 题

1. 考核内容

● 检测三相异步电动机的绝缘电阻。

● 用双臂电桥测试三相异步电动机绕组的直流电阻。

2. 工具、仪表、器材

QJ103 型直流双臂电桥、Y/△接法三相异步电动机一台、连接导线若干根。

3. 考核步骤

● 将三相异步电动机接线盒拆开,取下所有接线柱之间的连片,使三相绕组 U1、U2、V1、V2、W1、W2 各自独立。用兆欧表测量三相绕组之间、各相绕组与机座之间的绝缘电阻。

● 打开电桥检流计的锁扣,调节电桥平衡。

● 用短而粗的连线分别按图 2-11(a)、(b)、(c)所示将电动机绕组接线柱与电位端钮和电流端钮连接,并用螺母紧固。

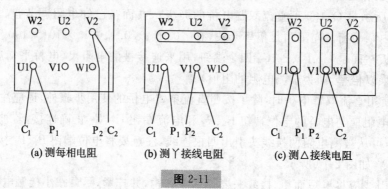

　(a) 测每相电阻　　　　(b) 测丫接线电阻　　　(c) 测△接线电阻

图 2-11

● 旋动检流计旋钮将指针调到零位上。

● 估计电动机绕组的电阻值,将倍率开关旋到相应的位置上。

● 调节电桥平衡,得出被测电阻值,并将测试结果填入表 2-1 中。

表 2-1

每相电阻值	U1—U2:	V1—V2:	W1—W2:
Y 接线电阻值	U1—V1:	V1—W1:	W1—U1:
△接线电阻值	U1—V1:	V1—W1:	W1—U1:

● 测量完毕,锁上检流计的锁扣。

4. 注意事项

● 注意兆欧表和 QJ103 型直流双臂电桥的正确使用。

● 使用兆欧表时,注意人身安全。

● 用 QJ103 型直流双臂电桥测量电动机绕组直流电阻时应注意电源及检流计开关打开及闭合的顺序。

● 使用 QJ103 型直流双臂电桥时测量要迅速。

5. 评分标准

评分标准见表 2-2。

表 2-2

项目内容	配　分	评　分　标　准	扣　分	得　分
绝缘电阻的测量	40 分	兆欧表使用不当,扣 20 分		
		测量中不会读数,扣 20 分		
		测量方法不正确,扣 20 分		

续表

项目内容	配　分	评　分　标　准	扣　分	得　分
直流电阻的测量	50 分	接线错误，扣 20 分		
		操作步骤错误，每次扣 10 分		
		操作方法错误，每次扣 10 分		
		识读阻值错误，每次扣 3 分		
安全、文明生产	10 分	每违反一次，扣 5 分		
定额时间：90min		每超时 1min，扣 1 分		
开始时间：		结束时间：	实际时间	
备注		除超时扣分外，各项内容的最高扣分不超过配分数	成绩	

第3章　导线选型及加工工艺

3.1　导线选择

在实际生产过程中,经常要对所使用的低压导线、电缆的截面进行选择配线,下面具体介绍其方法、步骤。

1. 根据在线路中所接的电气设备容量,计算出线路中的电流

（1）单相电热、照明线路的电流计算公式

单相电热、照明线路的电流计算公式如下：

$$I = \frac{P}{U}$$

式中,P 为线路中的总功率(W),U 为单相配线的额定电压(V)。

（2）电动机

电动机是工厂企业的主要用电设备,大部分是三相交流异步电动机,每相中的电流值可按下式计算：

$$I = \frac{P \times 1000}{\sqrt{3}U\eta\cos\varphi} \text{A}$$

式中,P 为电动机的额定功率(kW),U 为三相线电压(V),η 为电动机效率,$\cos\varphi$ 为电动机的功率因数。

2. 根据计算出的线路电流,按导线的安全载流量选择导线

导线的安全载流量是指在不超过导线的最高温度的条件下允许长期通过的最大电流。不同截面、不同线芯的导线在不同使用条件下的安全载流量在各有关手册上均可查到。有经验的老师傅将手册上的数据划分成几段,总结了一套口诀,用来估算绝缘铝导线明敷设、环境温度为25℃时的安全载流量及条件改变后的换算方法,口诀如下：

10下五,100上二;25、35、四、三界;70、95,两倍半;穿管温度八、九折;裸线加一半;铜线升级算。

"10下五,100上二"的意思是：10mm² 以下的铝导线以截面积数乘以 5 即为该导线的安全载流量,100mm² 以上的铝导线以截面积数乘以 2 即为该导线的安全载流量。

例如,6 mm² 铝导线的安全载流量为 6×5A＝30A。

"25、35、四、三界"的意思是：16mm²、25mm² 的铝导线以截面积数乘以 4 即为该导线的安全载流量,而 35mm²、50mm² 的铝导线以截面积数乘以 3 即为该导线的安全载流量。

"70、95,两倍半"的意思是：70mm²、95mm² 的铝导线以截面积数乘以 2.5 即为该导线的安全载流量。

"穿管温度八、九折"的意思是：当导线穿管敷设时，因散热条件变差，所以将导线的安全载流量打八折。

例如，6mm² 铝导线明敷设时安全载流量为 30A，穿管敷设时安全载流量为 30×0.8A＝24A。

若环境温度过高时将导线的安全载流量打九折。

例如，6mm² 铝导线的安全载流量为 30 A，环境温度过高时导线的安全载流量为 30×0.9A＝27A。假如导线穿管敷设，环境温度又过高，则将导线的安全载流量打八折，再打九折，即安全载流量为 30×0.8×0.9＝0.72×30A＝21.6A。

"裸线加一半"的意思是：当为裸导线时，同样条件下通过导线的电流可增加，其安全载流量为同样截面积同种导线安全载流量的 1.5 倍。

"铜线升级算"的意思是：铜导线的安全载流量可以相当于高一级截面积铝导线的安全载流量，即 1.5mm² 铜导线的安全载流量和 2.5mm² 铝导线的安全载流量相同，依此类推。在实际工作中可按此方法，根据线路负荷电流的大小选择合适截面积的导线。

3.2 导线连接的要求

导线的连接包括导线与导线、电缆与电缆、导线与设备元件、电缆与设备元件及导线电缆的连接。导线的连接与导线材质、截面大小、结构形式、耐压高低、连接部位、敷设方式等因素有关。

1. 导线连接的总体要求

导线的连接必须符合国标 GB 50258—96、GB 50173—92 所规范的电气装置安装、施工及验收标准规程的要求。在无特殊要求和规定的场合，连接导线的芯线要采用焊接、压板压接或套管连接。在低压系统中，电流较小时应采用绞接、缠绕连接。

必须学会使用剥线钳、钢丝钳和电工刀剥削导线的绝缘层。线芯截面积为 4mm² 及以下的塑料硬线一般用钢丝钳或剥线钳进行剥削；线芯截面积大于 4mm² 的塑料硬线可用电工刀剥削；塑料软线绝缘层剥削只能用剥线钳或钢丝钳剥削，不可用电工刀剥削；塑料护套线绝缘层剥削，必须使用电工刀。剥削导线绝缘层，不得损伤芯线，如果损伤较多应重新剥削。

导线的绝缘层破损及导线连接后必须恢复绝缘，恢复后的绝缘强度不应低于原有绝缘层的强度。使用绝缘带包缠时，应均匀紧密不能过疏，更不允许露出芯线，以免造成触电或短路事故。在绝缘端子的根部与导线绝缘层间的空白处，要用绝缘带包缠严密。绝缘带不可放在温度很高的地方，也不可浸染油类。

凡是包缠绝缘的相线与相线、相线与零线上的接头位置要错开一定的距离，以免发生相线与相线、相线与零线之间的短路。

2. 导线与导线的连接要求

● 熔焊连接。熔焊连接的焊缝不能有凹陷、夹渣、断股、裂纹及根部未焊合等缺陷，焊接的外形尺寸应符合焊接工艺要求，焊接后必须清除残余焊药和焊渣。锡焊连接的焊缝应饱满，表面光滑，焊剂无腐蚀性，焊后要清除残余的焊剂。

● 使用压板或其他专用夹具压接,其规格要与导线线芯截面相适宜,螺钉、螺母等紧固件应拧紧到位,要有防松装置。

● 采用套管、压模等连接器件连接,其规格要和导线线芯的截面相适应,压接深度、压坑数量、压接长度应符合要求。

● 10kV 及以下的架空线路的单股和多股导线宜采用缠绕法连接,其连接方法要随芯线的股数和材料不同而异。导线缠绕方法要正确,连接部位的导线缠绕后要平直、整齐和紧密,不应有断股、松股等缺陷。

● 在配线的分支线路连接处和架空线的分支线路连接处,干线不应受到支线的横向拉力。

● 在架空线路中,不同材质、不同规格、不同绞制方向的导线严禁在跨挡内连接。在其他部位以及低压配电线路中不同材质的导线不能直接连接,必须使用过渡元件连接。

● 采用接续管连接的导线,连接后的握着力与原导线的计算拉断力比,接续管连接不小于 95%,螺栓式耐张线夹连接不小于 90%,缠绕连接不小于 80%。

● 不管采用何种形式的连接法,导线连接后的电阻不得大于与接线长度相同的导线电阻。

● 穿在管内的导线绝缘必须完好无损,不允许在管内有接头,所有的接头和分支路都应在接线盒内进行。

● 护套线的连接,不可采用线与线在明处直接连接,应采用接线盒、分线盒或借用其他电器装置的接线柱来连接。

● 铜芯导线采用绞接或缠绕法连接,必须先对其搪锡或镀锡处理后再进行连接,连接后再进行蘸锡处理。单股与单股、单股与软铜线连接时,可先除去其表面的氧化膜,连接后再蘸锡。

● 不管采用何种连接方法,导线连接后都应将毛刺和不妥之处修理合适并符合要求。

3. 导线与设备元件的连接要求

在设备元件、用电器具上均有接线端子供连接导线用。常用的接线端子有针孔式和螺钉平压式两种。

(1) 在针孔式接线端子上连接

● 截面积为 $10mm^2$ 及以下的单股铜芯线、单股铝芯线可直接与设备元件、用电器具的接线端子连接,其中铜芯线应先搪锡再连接。

● 截面积为 $2.5mm^2$ 及以下的多股铜细丝导线的线芯,必须先绞紧搪锡或在导线端头上采用针形接轧头压接后插入端子针孔连接,切不可有细丝露在外面,以免发生短路事故。

● 单股铝芯线和截面积大于 $2.5mm^2$ 的多股铜芯线应压接针式轧头后再与接线端子连接。

(2) 在螺钉平压式接线端子上连接

● 截面积为 $10mm^2$ 及以下的单股铜芯线、单股铝芯线,应将其端头弯制成圆套环。

● 截面积为 $10mm^2$ 及以下的多股铜芯线、铝芯线和较大截面的单股线,须在其线端压接线鼻子后再与设备元件的接线端子连接。

注意:所有导线的连接必须牢固,不得松动。在任何情况下,连接器件必须与连接导线的截面和材料性质相适应。

3.3 导线连接的方法及导线与设备元件的连接方法(课题二)

课题目标:

掌握导线绝缘层的清除和剖削、主要连接方法和技巧、绝缘层的恢复。

1. 导线线头绝缘层的清除和剖削

导线配线时,线头与线头之间的连接应当具有良好的导电性能,不允许产生较大的接触电阻,否则通过较大电流时接头(即线头连接处)要发热。因此,导线线头的绝缘层应当清除干净。

● 电磁线绝缘层的清除。电磁线线头的绝缘层分别采用如下的清除方法:

◇ 漆包线绝缘层的清除。直径在 0.6mm 以上的漆包线线头可用薄刀片刮削漆层,直径在 0.6mm 以下的线头宜用细砂纸(布)擦去漆层。

◇ 丝或玻璃丝(漆)包线绝缘层的清除。将丝或玻璃丝包层的丝线向后推缩露出线芯,松散后的丝线应打结扎住或粘住,再用细砂纸(布)擦去氧化层或漆层。

◇ 纱或纸包线绝缘层的清除。将纱层或纸包层松散后,松散部分打结扎住或粘住,再用细砂纸(布)擦去线芯的氧化层。

● 电线电缆绝缘层的剖削。电线电缆的绝缘层分别采用如下的剖削(剥离)方法:

◇ 塑料线绝缘层的剖削。导线线芯截面积为 2.5mm² 及以下的塑料线可用电工刀、钢丝钳或剥线钳剖削(剥离)绝缘层。图 3-1 为用钢丝钳剥离绝缘层示意图。操作方法是,根据所需线头长度,用钳头刀口轻切塑料层(不要伤着线芯);然后右手握住钳头头部,左手勒着绝缘层,两手同时向相反方向用力,即可剥离绝缘层。

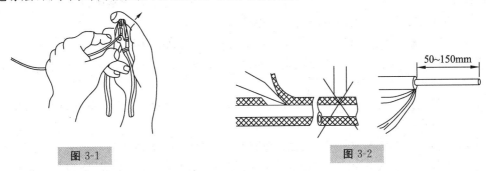

图 3-1   图 3-2

规格较大的塑料导线可以用电工刀剖削绝缘层,如图 3-2 所示。操作方法是:电工刀以 45°角切入塑料绝缘层(不要伤着线芯),然后刀面与导线保持 15°左右的角度,用力向外削出一条缺口,将绝缘层向下弯折离开线芯,用电工刀切齐。

◇ 塑料软线绝缘层的剖削。一般用剥线钳或钢丝钳剥离;不可用电工刀剖削,以免伤着线芯。

◇ 护套线保护层和绝缘层的剖削。先用电工刀剖削保护层(图 3-3),然后再剖削绝缘层,绝缘层的剖削与上述相同。

2. 导线的连接方法

配线过程中,因导线长度不够或线路需要分支,而把一根导线和另一根导线连接起来,称为导线的连接。导线间连接的方法，根据导线的种类、直径及其所处的工作地点的不同而各异。

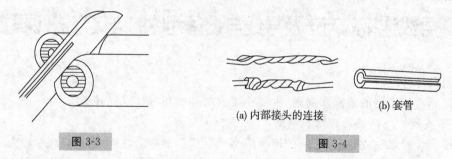

图 3-3　　　　　　　　　　　　　　(a) 内部接头的连接　　(b) 套管

图 3-4

● 电磁线的连接方法。它的连接通常分线圈内部的连接和线圈外部的连接。

◇ 线圈内部的连接。圆导线线头常采用绞接后再锡焊（又称钎焊）的连接方法，绞接必须均匀，两端封口，不可留有切口毛刺，如图 3-4(a) 所示。圆导线直径在 2mm 以上的接头常用镀过锡的薄铜皮制成的套管[图 3-4(b)]套接后注入锡液。使用时，其内径与导线直径相配合，长度一般为导线直径的 8 倍左右。

矩形导线通常用套管连接，方法与上述相同。锡焊时切不可用具有酸性的焊剂。

◇ 线圈外部的连接。线圈与线圈之间的线头串、并联连接，通常采用绞接后再锡焊的方法；截面较大的导线，则采用乙炔气焊。线圈的引出线端与接线桩连接采用如图 3-5 所示的接线耳。先将接线耳与线端用压接钳压接（或者锡焊），然后再与接线桩用螺钉压接。锡焊前，接线耳必须预先镀锡，线端应清除表面氧化层。锡焊封口应丰满，表面光滑。

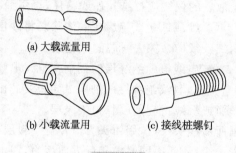

(a) 大载流量用

(b) 小载流量用　　(c) 接线桩螺钉

图 3-5

以上为铜芯电磁线的连接方法。铝芯电磁线连接时，内部不允许有接头；外部必须用专门的焊接工艺，或者用压接钳压接。

● 电线电缆的连接方法。电线电缆有铜线芯和铝线芯两种材料，因而它们的连接方法也不同。

◇ 铜芯线的连接方法。铜芯线间连接的方法有绞接、焊接、压接及螺栓连接等，这里只介绍绞接的方法。

· 单股芯线的直接连接。首先剖削绝缘层 $L=35D\sim45D$（D 为导线的直径），然后把两线头按图 3-6(a) 所示 X 形相交，再按 3-6(b) 图所示，互相绞合 2～3 圈，接着将线端在线芯上各自紧密缠绕 5～6 圈，长度为芯线直径的 6～8 倍，如图 3-6(c) 所示，再将多余的芯线剪去，钳平切口毛刺，绞紧连接线头。

· 单股芯线的分支连接。首先剖削分支干线绝缘层 $L=15D\sim20D$，再剖削分支支线绝缘层 $L=35D\sim45D$，然后把支线芯线线头与干线芯线十字相交[图 3-7(a)]，环绕成结状，再把支线线头抽紧扳直，然后紧密地缠到芯线上，缠绕长度为芯线直径的 8～10 倍，剪去多余芯线，钳平切口毛刺。较大截面导线分支连接方法可不打结，直接紧密地缠到芯线上，缠绕长度为芯线直径的 8～10 倍，最后锡焊处理。

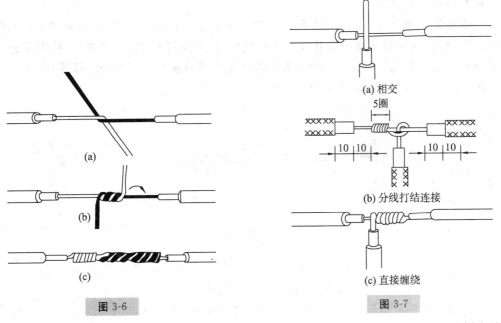

(a) 相交

5圈

(b) 分线打结连接

10 10　　10 10

(c) 直接缠绕

图 3-6　　　　　　图 3-7

· 多股芯线的直接连接。可按下面步骤进行：剖削绝缘层 $L=35D\sim45D$，对剖去绝缘层芯线的根部进行绞接，然后将余下部分的芯线按图 3-8(a)的方法分散，并将每股芯线拉直。将一对线头隔股对叉，两两相交，如图 3-8(b)所示，然后捏平两端每一股芯线，如图 3-8(c)所示。将一端芯线分成三组，并将第一组芯线扳起垂直于芯线，如图 3-8(d)所示；然后按一个方向紧贴并缠两圈，再扳成与芯线平行的直角，如图 3-8(e)所示。接下去紧缠第二组和第三组芯线，注意后一组芯线扳起时，应紧贴前组芯线已弯成的直角根部，如图 3-8(f)、(g)所示，当缠绕到第二圈时，应把前两组多余的芯线剪去，其切口应刚好被第三圈全部压住；当缠绕到两圈半时，把三根芯线多余的端头剪去，使之正好绕满三圈并钳平切口毛刺。其他端的连接缠绕方法完全相同，如图 3-8(h)、(i)所示。

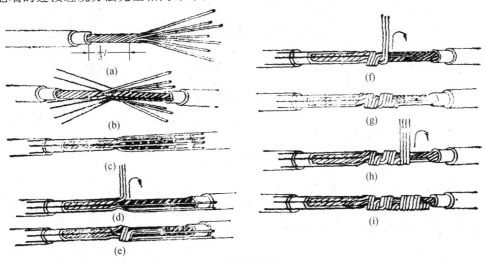

图 3-8

若芯线股数太多，可剪去中间的几股芯线，但缠接后，连接处尚须进行锡焊，以增加其机械强度和改善导电性能。

· 多股芯线的分支连接。首先剖削分支干线绝缘层 $L=15D\sim20D$ 和分支支线绝缘层 $L=35D\sim45D$；然后将干线芯线分成 4、3 两部分，分支线芯线分成 4、3 两组；接着将分支线中的一组 4 插入干线中间，绞紧干线；随即将分支线两组各自紧密缠绕3～5圈，长度为芯线直径的 10～15 倍；最后剪去多余部分并钳平切口，如图 3-9 所示。

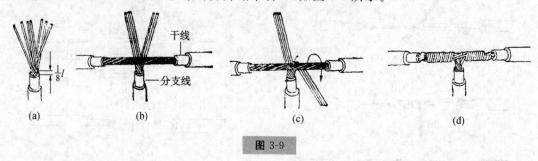

干线
分支线

(a)　　　　　(b)　　　　　(c)　　　　　(d)

图 3-9

◇ 铝芯线的连接方法。由于铝极易氧化，氧化铝的电阻率又很高，因此铝芯线不允许采用铜芯线的绞接方法，一般用螺钉压接法和冷压连接法。

· 螺钉压接法。适用于截面积较小的单股芯线的连接，在线路上可以通过开关、灯头和其他电器上的接线桩螺钉进行连接。连接时，先把芯线表面的氧化铝膜刷除，再涂上凡士林锌膏或中性凡士林，然后用螺钉压接。若两个或两个以上线头同接在一个线桩上时，则应先将它们的线头绞（或缠）成一体，然后再压接。

· 冷压连接法。一般用于相同截面积的单股或多股铝导线的连接。先将导线端的绝缘层剖削 50mm、55mm，刷除线芯表面的氧化膜和油污，涂上导电膏，再将线芯分别从两端插入相应尺寸的铝连接管内（圆形管，两线端分别插入到铝连接管的一半处；椭圆形管，两线端各伸出连接管约 4mm），最后用压接钳压到规定的尺寸。压接时应使所有的压坑处于一条直线上，成形后如图 3-10 所示。

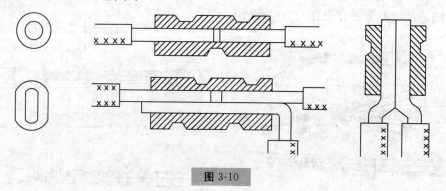

图 3-10

3. 导线与接线桩头的连接方法

机床电气设备上的电气装置和电器用具均设有供连接导线用的接线桩。常用接线桩有针孔式、螺钉平压式和瓦形式三种，如图 3-11 所示。

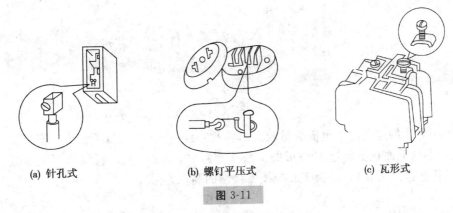

(a) 针孔式　　　(b) 螺钉平压式　　　(c) 瓦形式

图 3-11

● 导线与针孔式接线桩的连接。针孔式接线桩是依靠置于针孔顶部的压紧螺钉压住导线线芯而完成连接的。电流容量较大或连接要求较高时,通常用两个压紧螺钉。

◇ 单股芯线接头的连接。通常芯线直径都小于针孔,且多数都可插入双根芯线,故必须把导线的芯线折成双股并列后插入针孔,并应使压紧螺钉顶在双股芯线的中间,如图 3-12(a)所示。

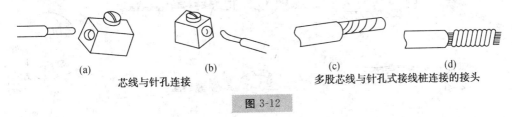

(a)　　　(b)　　　(c)　　　(d)

芯线与针孔连接　　　　　多股芯线与针孔式接线桩连接的接头

图 3-12

如果芯线直径较大,无法插入双股芯线,则应把单股芯线的接头略上翘,如图 3-12(b)所示,然后插入针孔。

◇ 多股芯线接头的连接。先用钢丝钳将多股芯线绞缠紧密[图 3-12(c)],以保证压紧螺钉顶压时多股芯线不松散。由于多股芯线的载流量较大,针孔上部往往有两个压紧螺钉,连接时应先拧紧第一个压紧螺钉(靠近针孔端口的),后拧紧第二个,然后反复作两次。在连接时,芯线直径与针孔直径一般应比较相称(即匹配),尽量避免出现针孔过大或过小的现象。

若针孔过大时,可用一根单股芯线(直径应根据针孔大于芯线直径的多少而定)在已作进一步绞紧后的芯线上紧密地排绕一层[图 3-12(d)],然后进行连接。

若针孔过小时,可把多股芯线处于中心部位的芯线剪去(7 股线剪去 1 股,19 股剪去 1~7 股)重新绞接后,再进行连接。

单股芯线或多股芯线的接头在插入针孔时必须插到底;同时,导线的绝缘层不得插入针孔内。

● 导线与平压式接线桩的连接。平压式接线桩是依靠半圆头螺钉的平面,并通过垫圈紧压导线芯线来完成连接的。

◇ 单股导线的连接。对电流容量较小的单股芯线,连接前应把芯线弯成压接圈(俗称羊眼圈)或者锡焊在接线耳上。压接圈的弯法如图 3-13 所示。连接时,压接圈或接线耳必须压在垫圈下边,压接圈的弯曲方向必须与螺钉的拧紧方向保持一致,导线绝缘层不可压入垫圈(不得用弹簧垫圈)内,螺钉必须拧紧。

图 3-13

◇ 多股导线的连接。对电流容量较大的多股芯线,一般应在芯线线头上安装接线耳后连接;但在芯线截面积不超过 10mm² 的 7 股线连接时,也允许把芯线线头弯成多股芯线的压接圈进行连接。图 3-14(a)为多股导线压接圈的制作方法。

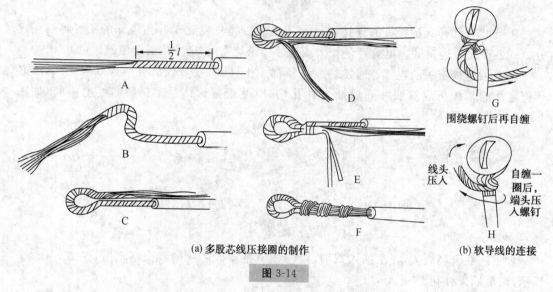

(a) 多股芯线压接圈的制作　　　　　(b) 软导线的连接

图 3-14

◇ 软导线的连接。应按图 3-14(b)的方法进行连接。

● 导线与瓦形接线桩的连接。瓦形接线桩压紧方式与平压式接线桩类似,只是垫圈改用瓦形构造。图 3-15(a)为一个线头接入接线桩,图 3-15(b)为两个线头接入接线桩。

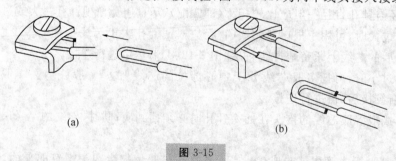

(a)　　　　　　　　　(b)

图 3-15

● 导线与接线桩连接时的基本要求如下:

◇ 对需分清相位的接线桩,必须先分清导线相位,然后方可连接;单相电路必须分清相线和中性线,并应按电气装置的要求进行连接(如安装电灯时,相线应与开关连接);导线有色标的,必须按规定连接。

◇ 小截面铝芯导线与铝接线桩连接前必须涂凡士林锌膏或中性凡士林,大截面铝芯导线与铜接线桩连接时,应采用铜铝过渡接头。

　　◇ 小截面铝芯导线与接线桩连接时,必须留有能供再剖削 2～3 次线头的余量导线,按图 3-16 所示盘成弹簧状。

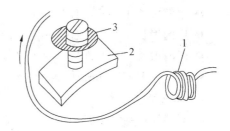

1—余量导线盘成弹簧状;2—接线桩;
3—余量导线的处理方法

图 3-16

　　◇ 导线绝缘层既不可贴在接线桩上,也不可离接线桩太远,使芯线裸露太长。

　　◇ 软导线线头与接线桩连接时,不允许出现多股芯线松散、断股和外露等现象。

　　◇ 线头与接线桩必须连接得平服、紧密和牢固可靠,使连接处的接触电阻减少到最小程度。

4. 绝缘层恢复的方法

　　绝缘导线的绝缘层破损或连接导线后,一般要恢复绝缘,其绝缘强度应与原来的一样。

　　● 线圈内部导线绝缘层的恢复。绝缘层的恢复应根据线圈层间和匝间承受的电压、线圈的技术要求,选用相应的绝缘材料包缠。常用的绝缘材料有(绝缘强度按顺序递增):电容纸、黄蜡绸、黄蜡布、青壳纸和涤纶薄膜等。耐热性以电容纸和青壳纸为最高,厚度以电容纸和涤纶薄膜为最薄。

　　线圈内部导线绝缘层一般采用衬垫法修复,即在绝缘层破损处(或接头处)上下衬垫一至两层绝缘材料,左右两侧借助于相邻线圈将其压住。绝缘垫层前后两端都要放出一倍于破损长度的余量。随着新材料的不断出现,现在大多采用先将自干绝缘漆涂敷后再衬垫绝缘层的修复方法。

　　● 电线电缆绝缘层的恢复。导线绝缘层的恢复通常采用包缠法。一般选用黄蜡带、涤纶薄膜带和黑胶带等绝缘材料,绝缘带的宽度一般选用 20mm 较好。在 380V 线路上的电线电缆恢复绝缘时,必须先包缠 1～2 层黄蜡带(或涤纶薄膜带),然后再包缠黑胶带,图 3-17 所示为绝缘带的包缠方法(图中 l 为绝缘带的宽度)。

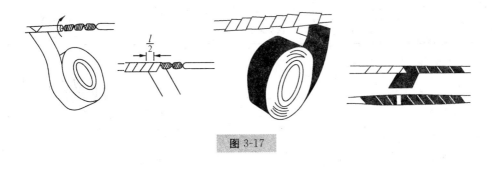

图 3-17

考 核 试 题

1. 考核内容

● 剖削导线绝缘层。

● 连接导线。

● 恢复绝缘层。

- 用两根长 1.2m 的 BV2.5mm² (1/1.76mm) 塑料铜芯线做一字形连接。
- 用两根长 1.2m 的 BV4mm² (1/2.24mm) 塑料铜芯线做 T 字形分支连接。
- 用两根长 1.2m 的 BV10mm² (7/1.33mm) 塑料铜芯线做一字形连接。
- 用两根长 1.2m 的 BV16mm² (7/1.7mm) 塑料铜芯线做 T 字形分支连接。
- 用一根 BV2.5mm² 塑料铜芯线做压接圈。

2. 注意事项

- 剖削导线绝缘层时不要损伤线芯。
- 导线缠绕方法要正确。
- 导线缠绕后要平直、整齐和紧密。
- 使用绝缘带包缠时,应均匀紧密,不能过疏,更不允许露出芯线。

3. 评分标准

评分标准见表 3-1。

表 3-1

项　目	配　分	评　分　标　准	扣　分	得　分
剖削绝缘层	30 分	剖削工具选择不当,扣 5~10 分		
		划伤线芯,扣 10~30 分		
按要求连接导线	50 分	绞接方法不对,扣 10~20 分		
		焊接方法不符合要求,扣 10~20 分		
		导线连接达不到要求,扣 10~30 分		
恢复导线绝缘	20 分	绝缘带包缠不均匀,扣 5~10 分		
		绝缘带包缠紧密程度不够,扣 5~10 分		
		绝缘带包缠后露出铜线,扣 10~20 分		
工时		共计 60min,每超过 10min 扣 10 分		
备注		各项扣分最高不超过该项配分	实际得分	

第4章　一般电气线路及照明安装工艺

4.1　线路分类和安装工艺

4.1.1　室内配线的基本要求及工艺

室内配线不仅要求安全可靠,而且要求线路布局合理、整齐、牢固。

● 配线时要求导线额定电压应大于线路的工作电压,导线绝缘状况应符合线路安装方式和环境敷设条件,导线截面应满足供电负荷和机械强度要求。

● 接头的质量是造成线路故障和事故的主要因素之一,所以配线时应尽量减少导线接头。在导线的连接和分支处,应避免受到机械力的作用。穿管导线和槽板配线中间不允许有接头,必要时可采用接线盒(如线管较长)或分线盒(如线路分支)。

● 明线敷设要保持水平和垂直。敷设时,导线与地面的最小距离应符合规定,否则应穿管保护,以利安全和防止受机械损伤。配线位置应便于检查和维护。

● 绝缘导线穿越楼板时,应将导线穿入钢管或硬塑料管内保护。保护管上端口距地面不应小于1.8m,下端口到楼板下为止。

● 导线穿墙时,也应加装保护管(瓷管、塑料管、竹管或钢管)。保护管伸出墙面的长度不应小于10mm,并保持一定的倾斜度。

● 导线通过建筑物的伸缩缝或沉降缝时,敷设导线应稍有余量。敷设线管时,应装设补偿装置。

● 导线相互交叉时,为避免相互碰触,应在每根导线上加套绝缘管,并将套管在导线上固定牢靠。

● 为确保安全,室内外电气管线和配电设备与各种管道间以及与建筑物、地面间的最小允许距离应满足一定要求。

4.1.2　室内配线的工序

室内配线主要包括以下工作内容。

● 熟悉设计施工图,做好预留预埋工作(其主要内容有:电源引入方式的预留应埋位置,电源引入配电箱的路径,垂直引上、引下以及水平穿越梁、柱、墙等的位置和预留保护管）。

● 按设计施工图确定灯具、插座、开关、配电箱及电气设备的准确位置,并沿建筑物确定导线敷设的路径。

● 在土建粉刷前,将配线中所有的固定点打好眼孔,将预埋件埋齐,并检查有无遗漏和错位。

● 装设绝缘支撑物、线夹或线管及开关箱、盒。

● 敷设导线。

● 连接导线。

● 将导线出线端与电器元件及设备连接。

● 检验工程是否符合设计和安装工艺要求。

4.1.3　照明电路安装工艺要求

照明器具由灯具、灯座、开关、插座、挂线盒等组成。

● 灯具的安装高度：室内不低于 2m,室外不低于 3m。

● 根据不同场合和用途使用导线,导线线径应符合规定。

● 室内照明开关一般安装在门边便于操作的位置。拉线开关一般离地 2～3m,扳把开关一般离地 1.3m,与门框距离 150～200mm。

● 插座的安装高度一般离地 1.4m,幼儿园等应不低于 1.8m。暗装插座一般可离地 30mm,同一场所高度一致。

● 固定灯具需采用接线盒及木台等配件。

● 采用螺口灯头应将相线接入螺口内中心弹片上,零线接入螺旋部分。

● 吊灯灯具超过 3kg 时应预埋吊钩或螺栓,软线吊灯重量限 1kg 以下,超过应加装吊链。

● 照明装置接线应牢固,接触良好,需要接地或接零的器具应由接地螺栓连接牢固,不得用导线缠绕。

● 所有开关均应接在电源相线上,扳把开关应向上为接通,向下为断开。

● 插座插孔的极性为：对单相双极双孔,水平安装,左零右相；垂直安装,上零下相。对单相三极三孔,应为正三角形安装,上为接地,左下为零,右下为相。

4.2　明敷和暗敷线路

4.2.1　塑料护套线配线

塑料护套线是一种具有塑料护套层的双芯或多芯绝缘导线,可直接敷设在空心板等物体表面上,用铝片线卡(或塑料线卡)作为导线的支撑物。

1. 塑料护套线配线的方法

塑料护套线配线有以下几种方法：

● 划线定位。按照线路的走向、电器的安装位置,用弹线袋划线,并按护套线的要求每隔150～300mm 划出铝片线卡的位置,靠近开关插座和灯具等处均需设置铝片线。

● 凿眼并安装木榫。錾打整个线路中的木榫孔,并安装好所有的木榫。

● 固定铝片线卡。按固定方式的不同,铝片线卡的形状有用小钉固定和用黏合剂固定两种。在木结构上,可用铁钉固定铝片线卡;在抹灰浆的墙上,每隔 4～5 挡,进入木台和转弯处需用小铁钉在木榫上固定铝片线卡;其余的可用小铁钉直接将铝片线卡钉入灰浆中;在砖墙和混凝土墙上可用木榫或环氧树脂黏合剂固定铝片线卡。

● 敷设导线。勒直导线,将护套线依次夹入铝片线卡。

● 铝片线卡的夹持。护套线均置于铝片线卡的钉孔位后,即可按如图 4-1 所示的方法将铝片线卡收紧夹持护套线。

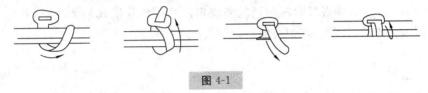

图 4-1

2. 塑料护套线配线的要求

塑料护套线配线要求如下:

● 护套线的接头应在开关、灯头盒和插座等外,必要时可装接线盒,使其整齐美观。

● 导线穿墙和楼板时应穿保护管,其凸出墙面距离约为 3～10mm。

● 与各种管道紧贴交叉时,应加装保护套。

● 当护套线暗设在空心楼板孔内时,应将板孔内清除干净,中间不允许有接头。

● 塑料护套线转弯时,转弯角度要大,以免损伤导线,转弯前后应各用一个铝片夹住,如图 4-2(a)所示。

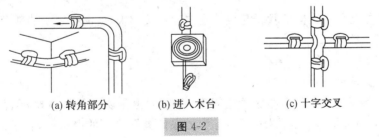

(a) 转角部分　　　(b) 进入木台　　　(c) 十字交叉

图 4-2

● 塑料护套线进入木台前应安装一个铝片线卡,如图 4-2(b)所示。

● 两根护套线相互交叉时,交叉处要用四个铝片线卡夹住,如图 4-2(c)所示。护套线应尽量避免交叉。

● 护套线路的离地最小距离不得小于 0.15m,在穿越楼板及离地低于 0.15m 的一段护套线,应加电线管保护。

4.2.2　管线线路

把绝缘导线穿在管内配线称为线管配线。线管配线有明配和暗配两种:明配是把线管敷设在墙上以及其他明露处,要配置得横平竖直,要求管距短、弯头小;暗配是将线管置于墙等建筑物内部,线管较长。

1. 线管配线的方法

线管配线的方法有如下几种。

（1）线管选择

根据敷设的场所来选择敷设线管类型,如潮湿和有腐蚀气体的场所采用管壁较厚的白铁管;干燥场所采用管壁较薄的电线管;腐蚀性较大的场所采用硬塑料管。

根据穿管导线截面积和根数来选择线管的管径。一般要求穿管导线的总截面积（包括绝缘层）不应超过线管内径截面积的 40%。

（2）落料

落料前应检查线管质量,有裂缝、凹陷及管内有杂物的线管均不能使用。按两个接线盒之间为一个线段,根据线路弯曲转角情况来决定用几根线管接成一个线段,并确定弯曲部位。一个线段内应尽可能减少管口的连接接口。

（3）弯管

弯管方法如下:

● 为便于线管穿线,管子的弯曲角度一般不应大于 90°。明管敷设时,管子的曲率半径 $R \geqslant 4d$;暗管敷设时,管子的曲率半径 $R \geqslant 6d$（d 为管子的外径）。

● 直径在 50mm 以下的线管,可用弯管器进行弯曲。弯曲时要逐渐移动弯管器棒,且一次弯曲的弧度不可过大,否则要弯裂或弯瘪线管。凡管壁较薄且直径较大的线管,弯曲时管内要灌满沙,否则要把钢管弯瘪;如果加热弯曲,要用干燥无水分的沙灌满,并在管两端塞上木塞。弯曲硬塑料管时,先将塑料管用电炉或喷灯加热,然后放到木胚具上弯曲成型。

（4）锯管

按实际长度需要用钢锯锯管,锯割时应使管口平整,并要锉去毛刺和锋口。

（5）套丝

为了使管子与管子之间或管子与接线盒之间连接起来,就需在管子端部套丝,钢管套丝时可用管子套丝绞板。

（6）线管连接

各种连接方法如下:

● 钢管与钢管连接。钢管与钢管之间的连接,无论是明配管线或暗配管线,最好采用管箍连接（尤其对埋地线管和防爆线管）。为了保证钢管接口的严密性,管子的丝扣部分应顺螺纹方向缠上麻丝,并在麻丝上涂上一层白漆,再用管箍拧紧,使两管端部吻合。

● 钢管与接线盒的连接。钢管的端部与各种接线盒连接时,在接线盒内外应各用一个薄形螺母（又称纳子或锁紧螺母）夹紧线管,如图 4-3 所示。

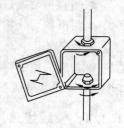

图 4-3

● 硬塑料管之间的连接。硬塑料管的连接分为插入法连接和套接法连接。

◇ 插入法连接。连接前先将待连接的两根管子的管口分别做成内倒角和外倒角,然后用汽油或酒精把管子的插接段的油污和杂物擦干净,接着将一个管子插接段放在电炉或喷灯上加热至 145℃ 左右,待其呈柔软状态后,将另一个管子插入部分涂一层胶合剂（过氧乙烯胶）后迅速插入柔软段,立即用湿布冷却,使管子恢复原来的硬度。

◇ 套接法连接。连接前先将同径的硬塑料管加热扩大成套管,然后把需要连接的两管端倒角,用汽油或酒精擦干净,待汽油挥发后,涂上黏合剂,迅速插入热套管中。

(7)线管的接地

配线的钢管必须可靠接地。为此,在钢管与钢管、钢管与配电箱及接线盒等连接处用由6～10mm 圆钢制成的跨接线连接,并在线的始末端和分支线管上分别与接地体可靠连接,使线路所有线管都可靠接地。

(8)线管的固定

线管明线敷设时应采用管卡支持,线管进入开关、灯头、插座、接线盒孔前 300mm 处,以及线管弯头两边均需用管卡固定。管卡均应安装在木结构或木榫上。

线管在砖墙内暗线敷设时,一般在土建砌砖时预埋,否则应先在砖墙上留槽或开槽,然后在砖缝里打入木榫并钉钉子,再用铁丝将线管绑扎在钉子上,进一步将钉子钉入。

线管在混凝土内暗线敷设时,可用铁丝将管子绑扎在钢筋上,也可用钉子钉在模板上,将管子用垫块垫高 15mm 以上,使管子与混凝土模板间保持足够的距离,并防止浇灌混凝土时管子脱开。

(9)清扫线管、穿线

穿线前先清扫线管,用压缩空气或用在钢线上绑扎擦布的办法,将管内杂物和水分清除。穿线的方法如下:选用由 $\phi 1.2mm$ 的钢线做引线。当线管较短且弯头较少时,可把钢丝引线直接由管子的一端送向另一端。如果线管较长或弯头较多,将钢丝引线从一端穿入管子的另一端有困难时,可以从管的两端同时穿入钢丝引线,引线端弯成小钩。当钢丝引线在管中相遇时,用手转动引线使其钩在一起,然后把一根引线拉出,即可将导线牵引入管。

导线穿入线管前,线管口应先套上护圈,接着按线管长度,加上两端连接所需的长度余量截取导线,剥离导线两端的绝缘层,并同时在两端头标有同一根导线的记号。再将所有导线和钢丝引线缠绕。穿线时,一个人将导线理顺往管内送,另一个人在另一端抽拉钢丝引线,这样便可将导线穿入线管。

2. 线管配线的要求

线管配线的要求如下:

● 穿管导线的绝缘强度应不低于 500V;规定导线的最小截面,铜芯线为 1mm^2,铝芯线为 2.5 mm^2。

● 线管内导线不准有接头,也不准穿入绝缘层破损后经过包缠恢复绝缘的导线。

● 管内导线不得超过 10 根,不同电压或进入不同电能表的导线不得穿在同一根线管内,但一台电动机内包括控制和信号回路的所有导线及同一台设备的多台电动机线路,允许穿在同一根线管内。

● 除直流回路导线和接地导线外,不得在钢管内穿单根导线。

● 线管转弯时,应采用弯曲线管的方法,不宜采用制成品的月亮弯,以免造成管口接头过多。

● 线管线路应尽可能少转角或弯曲。因为转角越多,穿线越困难。

● 在混凝土内暗线敷设线管,必须使用壁厚为 3mm 的电线管。当电线管的外径超过

混凝土厚度的 $\frac{1}{3}$ 时,不准将电线管埋在混凝土内,以免影响混凝土的强度。

4.3　电能表的接线与安装

4.3.1　单相电能表

1. 电能表的选择

选择单相电能表时,应考虑照明灯具和其他家用电器的耗电量,单相电能表的额定电流应大于室内所有用电器具的总电流。

2. 单相电能表的接线

常用单相电能表的接线盒内有 4 个接线端,自左向右按"1"、"2"、"3"、"4"编号。接线方法为"1"、"3"接进线,"2"、"4"接出线,如图 4-4(c)所示。有些电能表的接线方法特殊,具体接线时应以电能表所附接线图为依据。

3. 单相电能表的安装

单相电能表一般应装在配电盘的左边或上方,而开关应装在右边或下方,与上、下进线孔的距离大约为 80mm,与其他仪表的左右距离大约为 60mm,如图 4-4(b)所示。安装时应注意,电能表与地面必须垂直,否则将会影响电能表计数的准确性,实际接线如图 4-4(c)所示。图 4-4(a)所示为常见单相电能计量配电线路图,目前,刀开关、用户熔断器通常由单相空气开关代替。

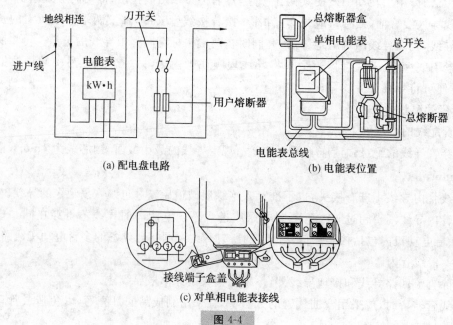

(a) 配电盘电路　　　　　　　　　(b) 电能表位置

(c) 对单相电能表接线

图 4-4

4.3.2　三相电能表(课题三)

课题目标:
- 掌握三相电能表的工作原理。
- 掌握三相有功电能表的安装接线工艺。

三相电能表按用途分为有功电能表和无功电能表两种,分别计量有功功率和无功功率。按接线方式,分为三相三线表和三相四线表,分别与三相三线制和三相四线制电路相接。有功电能表的规格按额定电流值划分,常用的规格有 3A、5A、10A、25A、50A、75A 和 100A 等多种。无功电能表的额定电流通常只有 5A 一挡,与电流互感器配合使用,额定电压分为100V 和 380V 两种。

1. 有功电能表的接线

有功电能表接线的关键是电压线圈应并联在线路上,而电流线圈则应串联在线路上。具体接线时,应以电能表的接线图为依据。各种电能表的接线端子应按从左到右的顺序编号,常用三相有功电能表的接线如图 4-5 所示。

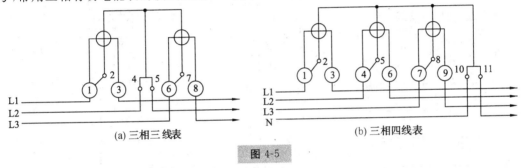

(a) 三相三线表　　　　　　　　(b) 三相四线表

图 4-5

2. 无功电能表的接线

用电量较大而又需要进行功率因数补偿的用户,一般应安装无功电能表来测量无功功率的消耗量。无功电能表电压线圈的额定电压如果是 100V,则应装电压互感器,将电源电压降低到 100V 以下再接入无功电能表;电压互感器二次绕组的一个接线端子应可靠接地,以免一、二次绕组之间的绝缘击穿时烧毁电能表。常见的无功电能表接线方法如图 4-6 所示。

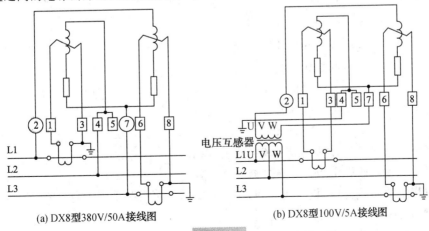

(a) DX8型380V/50A接线图　　　　　(b) DX8型100V/5A接线图

图 4-6

3. 电流互感器与有功电能表配用的接线

电流互感器二次绕组标有"K1"或"＋"的接线端子应与电能表电流线圈的进线端子连接,不可接反,每个节点必须连接得牢固可靠。

电流互感器的一次绕组接线端子分别标有"L1"(或"＋")和"L2"(或"－"),其中,L1 接主回路的进线,L2 接主回路的出线,不可接反。具体接线方法如图 4-7 所示。

4. 三相电能表的安装

● 电能表表盘应安装平直。表盘下沿离地面一般不应低于 1.3m,而大容量表盘的下沿离地面允许降低到 1.0～1.2m。

● 电能表应装在配电装置的左侧或下方,切忌装在右侧或上方。同时,为了保证抄寻方便,应将电能表(中心尺寸)装在离地面 1.4～1.8m 的位置上。如果需要并列安装多只电能表,两表之间的中心距离不得小于 200mm。

● 任意一相的计算负载电流超过 120A 时,应配装电流互感器;最大计算负载电流超过现有电能表的额定电流时也应加装电流互感器。

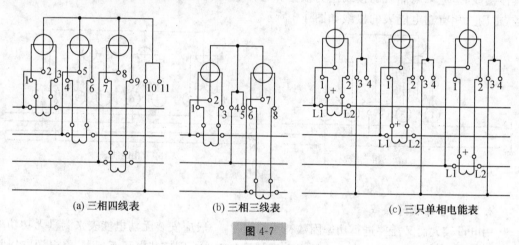

(a) 三相四线表　　　　　(b) 三相三线表　　　　　(c) 三只单相电能表

图 4-7

考 核 试 题

1. 考核内容

● 考生根据下列要求设计接线原理图。

◇ 采用电流互感器间接式入表。

◇ 原理图中图形符号按国标 GB 4728—85,文字符号按 GB 7159—87 执行。

● 考生根据负载有关数据选择电气元件及规格(填表)。

负载 $U=380V$,$P=60kW$,$\cos\varphi=0.8$,$I=114A$。

● 考生根据自己设计的接线原理图安装接线。

◇ 考生无须更改固定板上原有电器元件位置。

◇ 以板上明布线为主,板后线为辅,一次回路和二次回路采用双色导线分开布线。

2. 考生绘制接线原理图

考生必须根据要求绘制接线原理图。

3. **参数数据**（单芯铜绝缘导线在空气中敷设参考载流量）

表 4-1

导线截面积/mm²	1.0	1.5	2.5	4	6	10	16	25	35
允许电流/A	19	24	32	42	55	75	105	138	170

电流互感器一次测电流（A）有关数据如表 4-2 所示：

表 4-2

电流/A	5	10	15	30	50	75	100	150	200	300

4. **考生选择电气元件填表**

表 4-3

文字符号	名 称	规 格	数 量
	三相三元件有功电能表		
	电流互感器	变比　　额定电流	
	空气开关	额定电流　　热整定电流	
FU		熔断器电流　　熔体电流	
	一次回路导线	截面积	
	二次回路导线	截面积	

5. **评分标准**（以下内容非考生填写）

评分标准见表 4-4。

表 4-4

项目内容	配分	评 分 标 准	扣 分	得 分	评分人
设计接线原理图	20	图形符号、文字符号与新国标不符,每处扣4分			
		设计不符合要求、有错误,扣20分			
选择电气元件	15	电气元件规格选择不对,每个扣4分			
		文字符号名称、数量填写错误,每个扣2分			

续表

项目内容	配分	评 分 标 准		扣　分	得　分	评分人
安装接线	30	没按电气原理图接线,扣 10 分				
		布线不横平竖直、不紧贴板面,扣 5～15 分				
		走线交叉、反圈、露铜过长、压绝缘层,每处扣 1 分				
		接头松动、线芯或绝缘损伤,每处扣 3 分				
通电试车	30	一次试车不成功,扣 20 分				
		发生短路、烧毁电器元件,扣 20 分				
安全文明生产	5	违反安全文明生产规定,扣 5 分				
规定时间	3h		时间扣分			
备注	乱线敷设加扣不安全分 15 分			总得分		
	每超 5min 扣 5 分,不足 5min 按 5min 计					
	每个项目扣分不可超过该项目配分					

第5章　电动机拆装工艺及故障处理

5.1　电动机的工作原理

电动机要产生旋转磁场必须具备两个条件：

● 三相绕组必须对称分布，在定子铁芯空间上相差 120°角度。

● 通入三相对称绕组的电流也必须对称，大小、频率相同，相位差为 120°。

图 5-1(a)所示的是最简单的三相绕组分布剖面图，图上标出了三个绕组首尾端分布位置，实际上是线圈的有效边嵌放位置，三个线圈的绕组结构完全对称，空间位置上互差 120°角度。

图 5-1(b)所示是三相绕组星形连接的电路图，绕组的首端接三相电源，图中标出了电流的参考方向。

图 5-1(c)是定子绕组流入的三相交流电波形图，各相的电流为

$$i_U = I\sin\omega t, i_V = I\sin(\omega t - 120°), i_W = I\sin(\omega t + 120°)$$

图 5-1(d)选用一个周期的五个特定瞬间来分析三相交流电流通入后，电动机气隙磁场的变化情况。

● 当 $\omega t = 0$ 时，i_U 电流为 0，i_W 电流为正，说明电流实际方向与图 5-1(b)中的 W 相所标的参考方向相同，从 W_1 流进为"⊕"，从 W_2 流出为"⊙"（规定"⊕"表示向纸面流进，"⊙"表示从纸面流出）。i_V 电流为负，说明电流实际方向应与图 5-1(b)中的 V 相所标的参考方向相反，即从 V_2 流进，V_1 流出。通电导体产生的磁场方向可用安培定则判断：W_1、V_2 线圈有效边电流流入，产生的磁感线为顺时针方向，W_2、V_1 线圈有效边电流流出，产生的磁感线方向为逆时针方向。V、W 两相电流的合成磁场如图 5-1(d)中的 $\omega t = 0$ 所示。磁感线穿过定子、转子的间隙部位时，磁场恰好合成一对磁极，上方是 N 极，下方是 S 极。

● 当 $\omega t = \dfrac{\pi}{2}$ 时，i_U 电流达到正最大值，i_V、i_W 电流为负值，实际电流方向从 U_1 流入、U_2 流出后，分别再由 W_2、V_2 流入，W_1、V_1 流出，电流合成磁场方向应如图 5-1(d)的 $\omega t = \dfrac{\pi}{2}$ 所示，可见磁场方向已较 $\omega t = 0$ 时顺时针转过 90°。

● 用同样的方法可以分别画出 $\omega t = \pi$、$\omega t = \dfrac{3\pi}{2}$、$\omega t = 2\pi$ 时的合成磁场，如图 5-1(d)所示。从这几个图中可以看出，随着交流电一周的结束，三相合成磁场刚好顺时针旋转了一周。

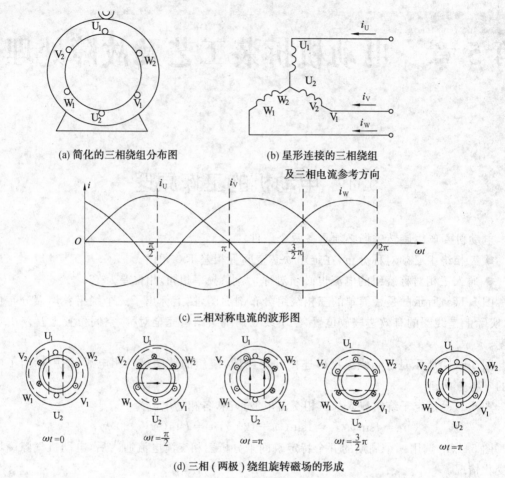

(a) 简化的三相绕组分布图　　　　(b) 星形连接的三相绕组
　　　　　　　　　　　　　　　　　及三相电流参考方向

(c) 三相对称电流的波形图

(d) 三相（两极）绕组旋转磁场的形成

图 5-1

5.2　三相笼型异步电动机的拆装(课题四)

课题目标:

● 熟悉电动机的基本结构。

● 掌握电动机的拆装工艺。

1. 拆装前的准备

● 备齐工具:锤、撬棒、木螺刀、拉具、厚木板、钢棒、扳手、油盆、汽油(柴油)、棉布、毛刷、套筒。

● 选好电动机拆装的合适地点,事先清洁和整理好现场环境。

● 熟悉被拆电动机的结构特点、拆装要领以及它所存在的缺陷。

● 作好标记。

◇ 标出电源线在接线盒中的相序。

◇ 标出联轴器或皮带轮与轴台的距离。

◇ 标出端盖、轴承、轴承盖的负荷端与非负荷端。

◇ 标出机座在工作现场基础上的详细位置。

◇ 标出绕组引出线在机座上的出口方向。

◇ 拆除电源线和保护接地线，并用兆欧表测出绕组的绝缘电阻，记好数据。

◇ 拧下地脚螺母，将电动机拆离并搬至解体现场。若电动机与机座间有垫片，应记录并妥善保存。

2．拆卸步骤（图 5-2）

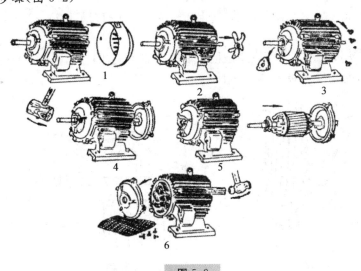

图 5-2

● 拆下皮带轮或联轴器，拆下电动机尾部风罩。

● 拆下电动机尾部扇叶。

● 拆下前轴承外盖和前后端盖紧固螺钉。

● 用木板（或铝板、铜板）垫在转轴前端，将转子连后端盖一起从止口中敲出。若使用的是木榔头，可直接敲打转轴前端。

● 从定子中取出转子。

● 用木方伸进定子铁芯顶住前端盖，使用榔头把前端盖敲出，再拆前后轴承及轴承内盖。

3．主要部件的拆卸方法

（1）端盖的拆卸

先将端盖与机座接合处做上对正记号，接着拆下前端盖的紧固螺丝，用木螺刀在周围接缝中均匀加力，将其撬出，或用铁棒等将端盖敲转一定角度，用棒敲打或用拉具将其拉出。

（2）拉具的使用

操作时，拉钩对称地钩住物体，三个钩爪须受力一致，中间主螺杆与转轴中心线一致。然

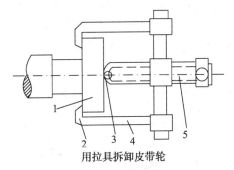

用拉具拆卸皮带轮

1—连接件；2—钩爪；3—钢珠；
4—拉杆；5—主螺杆

图 5-3

后用扳手旋动主螺杆,用力均匀、平稳,如图 5-3 所示。

（3）抽出转子

在抽出转子时,应在转子下面气隙和绕组端部垫上厚纸板,以免抽转子时碰伤铁芯和绕组绝缘。对于 30kg 以内转子可直接用手抽出,抽出一半时,一手拿出转子中部,另一手继续平稳抽出转子;较大电动机转子应使用起重设备吊出。

（4）轴承的拆卸

● 用拉具拆卸。拆卸时,钩爪应抓牢轴承内圈,以免损坏轴承。

● 用楔形铜棒敲打。用铜棒在倾斜方向顶住轴承内圈,用锤敲打铜棒,边敲打边将铜棒沿轴承内圈均匀移动,直至敲下轴承,禁止在一个部位敲打(图 5-4)。注意敲打时不要损伤转轴。

● 用两块厚铁板敲打。用两块厚铁板在轴承内圈下夹住转轴,铁板用能纳下转子的圆筒支住,在转轴上垫上厚木板敲打取下轴承(图 5-5)。

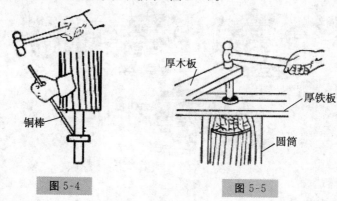

图 5-4　　　　　　　　　图 5-5

4. 轴承的检查与装配

应检查轴承滚动件是否转动灵活而不松旷,再检查轴承内圈和外圈间游隙是否过大。在轴承中按其定量的 $\frac{1}{3} \sim \frac{2}{3}$ 的容积加足润滑油,加得过多,会导致运转中轴承发热等。安装时,轴承标号必须向外,以使下次更换时查对轴承型号。将合格的轴承套入轴内,为使轴承内圈受力均匀,应用一根内径比转轴外径略大而比轴承内圈略小的套筒抓住轴承内圈,将轴承敲打到位,也可用一根铁条抓住轴承内圈,在圆周上均匀敲打,使其到位。注意:铁条不能触碰转轴,以免将其打毛。轴承安装示意图如图 5-6 所示。

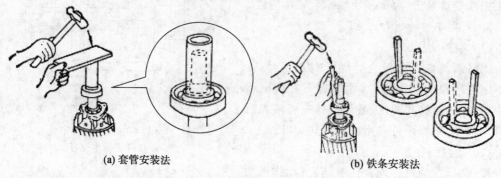

(a) 套管安装法　　　　　　　　　(b) 铁条安装法

图 5-6

5. 电动机的装配步骤

原则上按拆卸的相反步骤进行。表 5-1 为电动机拆装训练记录。

表 5-1

步骤	内容	工艺要点	结论
1	拆装前的准备	拆卸前后做的记号 端盖与机座间 _____	
2	拆卸顺序	1. _____；4. _____； 2. _____；5. _____； 3. _____；6. _____.	
3	端盖的拆卸 与装配	使用工具：_____ 操作要点：_____ _____.	
4	转子的取出	操作要点：_____ _____.	
5	轴承的拆卸 与装配	使用工具：_____； 操作要点：_____ _____.	

6. 特种电动机的拆装及接线与调试

拆装特种电动机的基本步骤如下：

● 熟悉特种电动机的结构及与普通电动机的不同点。

● 拆下接线盒,在端盖与机座连接处及各接线头处做好标记。

● 拆卸特种电动机,根据特种电动机的结构,依次拆开其外壳和内部转子。

● 清洗特种电动机的内部污物。

● 按与拆卸时相反的步骤重新装配特种电动机。

特种电动机拆装后的接线与调试步骤如下：

● 先用兆欧表检查特种电动机各绕组之间及各绕组对机壳的绝缘情况,要求各绝缘电阻不低于 $0.5\text{M}\Omega$。

● 将特种电动机的接线按照拆卸时做好的标记重新接好。

● 当检查接线正确无误后,可接通电源进行空载试车,试车时,应注意电动机的运转情况,发现异常应立即停车检查。

操作要点提示：

● 拉具的丝杆顶端要对准电动机轴的中心;加热的温度不能太高,要防止轴变形;拆卸过程中,不能用手锤直接敲打皮带轮,否则会使轴变形、皮带轮损坏。

● 取下风扇前,可用手锤在风扇四周均匀敲打,风扇即可取下;若风扇是塑料材料,可将风扇浸入热水中待膨胀后卸下。

● 不允许用手锤直接敲打端盖;起重机械的使用要注意安全,钢丝绳一定要绑牢。

● 抽出转子时,一定要小心缓慢,不得歪斜,防止碰伤定子绕组。

● 拉具的脚爪应紧扣在轴承的内圈上,拉具丝杆的顶点要对准转子轴的中心,扳动丝杆要慢,用力要均匀。

● 清洗轴承后,轴承涂注润滑脂不要超过腔体的 $\frac{2}{3}$。

● 装配时一定要对好标记,装配时拧紧端盖螺丝,必须四周用力均匀,按对角线上下左右逐步拧紧,绝不能先将一个螺丝拧紧后再去拧紧另一个螺丝。

● 用千斤顶安装皮带轮时,一定要用固定支持物顶住电动机的另一端。

● 兆欧表的使用要正确,绝缘电阻值低于 $0.5M\Omega$ 时要采取烘干措施。

● 使用转速表时一定要注意安全,用酒精温度计测量电动机的温度,检查铁芯是否过热。

● 发现电动机有异常现象时,应立即停车检查。

考 核 试 题

按工艺规程进行电磁调速电动机的拆卸、接线与调试。

(1) 考前准备

电工通用工具一套,万用表(自定)一块,兆欧表、转速表各一只,圆珠笔一支,草稿纸(自定)两张,电磁调速电动机(自定)一台,拉具(两爪或三爪)一把,汽油、刷子、干布、钠基润滑脂若干,手锤、木锤、铜棒、套筒各一把,绝缘胶布一卷,绝缘鞋、工作服等一套。

(2) 操作工艺

● 做好标记。拆下接线盒,在端盖与机座连接处及各接线头处做好标记。

● 拆卸异步电动机。拧开异步电动机端的固定螺钉,将异步电动机连同固定在其轴上的磁极一同抽出。

● 拆卸测速发电机。由轴伸端拆卸测速发电机的定子,取出转子,再将铝端盖取下,检查电磁转差离合器的外轴承;测速发电机转子的磁杯均为永磁式,一般采用的是钡铁氧体非金属磁钢,质地硬且脆,拆卸时必须注意不要损坏,应两侧同时用力,轻稳撬出。

● 拆卸转差离合器。拆开转差离合器的固定螺钉,并将转差离合器励磁线圈的引线从接线板上拆下,然后将电枢抽出,取下轴承端盖,检查内轴承,如有需要可用拉具拆下轴承。

● 重新装配。按与拆卸时相反的步骤重新装配电磁调速电动机,装配电枢时,必须注意顶住从动轴端,以免铝端盖受力而变形;装配测速发电机转子时,宜用套圈衬垫,再用锤子轻轻敲入。

● 测试与接线。

◇ 先用兆欧表检查电磁调速电动机各绕组之间及各绕组对机壳的绝缘情况,要求各绝缘电阻不低于 $2M\Omega$。

◇ 将电磁调速电动机中异步电动机的接线、转差离合器励磁线圈接线和测速发电机的接线重新接好,接上电源线,并检查接线的正确性;控制器出厂时配有 19 芯插头一个,应注意其接线的排列位置不得接错,JZTF 系列电磁调速电动机为 4 极时,U_1、V_1、W_1 接电源,U_2、V_2、W_2 空着不接;为 6 极时,U_2、V_2、W_2 接电源,U_1、V_1、W_1 空着不接。注意 U_1、V_1、W_1 和 U_2、V_2、W_2 绝不能同时通电。

◇ 检查熔丝规格是否合格,转速表指示是否为零,将调速电位器置零。

● 试车。当检查接线正确无误后,可接通电源进行空载试车,试车时,应注意电动机的旋转方向,如发现转向与所需要的方向相反时应立即停车,并将电源线的任意两根接头调换,即可改变转向。

启动后如发现任何不正常现象或响声时,须立即停车进行检查,待电动机空载运行正常后,才可将励磁电流送入转差离合器绕组,使输出轴随异步电动机同轴旋转,缓慢调节控制器上的电位器,让输出轴的转速逐渐提高到电动机的同步转速附近。若异步电动机和离合器全部正常,便可连续空载运转1～2h,随时注意各轴承有无发热或漏油现象。对于JZTF系列电磁调速电动机,应在4极和6极分别进行试车。

具体评分标准见表5-2。

表 5-2

主要内容	配分	考核要求	评分标准	扣分	得分	评分人
拆卸前的准备	10	1. 正确拆除电动机电源电缆头及电动机外壳保护接地线,电缆头应有保护措施 2. 正确拉下联轴器	拆除电动机电源电缆头及电动机外壳保护接地线工艺不正确,电缆头没有保护措施,共扣1分;拉联轴器方法不正确,扣1分			
拆卸	25	1. 拆卸方法和步骤正确 2. 不能碰伤绕组 3. 不损坏零部件 4. 标记清楚	拆卸方法和步骤不正确,每处扣1分;损伤绕组扣3分;损坏零部件,每处扣2分;装配标记不清楚,每处扣1分			
装配	25	1. 装配方法和步骤正确 2. 不能碰伤绕组 3. 不损坏零部件 4. 轴承清洗干净,加润滑油适量 5. 螺钉紧固 6. 装配后转动灵活	装配方法和步骤不正确,每处扣1分;损伤绕组扣3分;损坏零部件,每处扣2分;轴承清洗不干净、加润滑油不适量,每只扣1分;紧固螺钉未拧紧,每只扣1分;装配后转动不灵活,扣3分			
接线	10	1. 接线正确、熟练 2. 电动机外壳接地良好	接线不正确、不熟练,扣3分;电动机外壳接地不好,扣3分			
电气测量	15	1. 测量电动机绝缘电阻合格 2. 测量电动机的电流、振动、转速及温度等	测量电动机绝缘电阻不合格,扣2分;不会测量电动机的电流、振动、转速及温度等,扣3分			
试车	10	1. 空载试验方法正确 2. 根据试验结果判定电动机是否合格	空载试验方法不正确,扣3分;根据试验结果不会判定电动机是否合格,扣3分			
安全文明生产	5	违反安全文明生产规定,扣5分				
规定时间	4h		时间扣分		总得分	
备注	乱线敷设,加扣不安全分15分					
	每超5min扣5分,不足5min按5min计					
	每个项目扣分不可超过该项目配分					

5.3 定子绕组的拆换工艺(课题五)

课题目标：
- 掌握电动机绕组拆除、修整的基本工艺。
- 掌握绕线模的使用及绕组绕制工艺。

1. 记录原始数据

绕组重换记录卡

1. 铭牌数据：型号 _____ 功率 _____ 电压 _____ 电流 _____ 　　　　　转速 _____ 接法 _____ 绝缘等级 _____		
2. 绕组数据与绝缘材料： 　导线规格 _____ 每槽匝数 _____ 线圈数 _____ 并绕根数 _____ 　并联支路数 _____ 节距 _____ 绕组形式 _____ 端部伸出 _____ 　线圈周长 _____ 绝缘材料 _____ 槽绝缘厚度 _____ 槽楔尺寸 _____		
3.槽形尺寸	绕组接线草图	故障现象、原因及检修措施

● 导线规格可用千分尺或游标卡尺测线径，先用微火烧焦外绝缘层，用布擦净，测量多处，求其平均值。拆除相绕组应保留 1～2 个完整的样品线圈。

● 并绕根数：将同一极相组两线圈间跨接线的套管划破，数一下里面导线根数、线圈并联支路数，将绕组的引出线剪断，数里面的根数，再除以并绕根数即为支路数。小型电动机有时只有三个引出线，则应看其有没有三根线的并头，有则为星形，数引线内根数再除并绕根数；若无并头，则为三角形连接，引出线为两相绕组并接，应将引出线根数除以 2 再除以并绕根数。

● 判断节距，数旧绕组线圈内有效边跨越的槽数。

2. 拆除旧绕组

（1）冷拉法

将槽楔用扁铁条顶住敲出，将导线用木螺刀撬分几组，再用钳子将其拉出。另一端可先用斜口钳逐根剪断。

（2）冷冲法

可用平头凿将两端口线圈凿断，取一根可插入槽内的扁铁条顶住一端，用锤子敲打取出。绕组拆除后，清除槽内残留物，检查清除铁芯上的毛刺，修整槽齿等。

（3）溶剂法

溶剂的配方按丙酮 50％、甲苯 45％、石蜡 5％的重量比，先将石蜡加热熔化，再注入甲苯，最后加进丙酮搅拌而成。需要溶解绕组绝缘时，把电动机定子放在有盖的铁箱内，用毛刷将溶剂刷在绕组上，然后加盖密封，保持 2～3min，待绝缘软化，即可将绕组拆除。由于溶剂价格较贵，一般只能用于小型或微型电动机，这种溶剂能挥发毒物，使用时应注意保护人身安全。

3. 线圈绕制工艺

绕制电动机线圈之前,应按旧线圈的实际周长设计制作绕线模,若绕得太大,不仅浪费铜材,还会增加漏电抗,造成与端盖相碰,对地短路。若绕得太小,则绕线困难。在拆除旧绕组时,应保留一个较完整的样品线圈。

下面介绍万用绕线模的使用。

(1) 滑动模块的使用(调整绕组间的差值)

滑动模片主要是为交叉式、同心式绕组所设计的,使用时应首先算出或查表确定各大包或中包与小包绕组的"差"值,然后将滑动模片紧固串心镙钉放松,如果一端的模片调节尺寸不能满足要求时,再调另一端的滑动模片。模片刻度=绕组"差"值(注:对于"差"值,可允许单边调整的尽量单边调整)。

(2) 支架刻度的使用(调整绕组周长)

绕组型式和模块尺寸周长确定后,可按下式确定支架尺寸。

$$支架刻度 = (周长 - 基数)/2$$

式中,模块基数见表5-3(计算时同心式与交叉式绕组均以小包尺寸为准)。先将尺寸调节片的顶端箭头与计算得出的支架尺寸数据对准,然后紧固定位镙钉,按上模块即可绕制。各副模架的调节片均刻有本副线模的算式,使用非常方便。

表 5-3

Y系列 2、5.5、7.5 用1号模架	模号	基数	模片滑动范围/cm	支架滑动范围/cm	周长范围/cm
1号模适用 5.5~45kW	1	40	19	1~31	42~113
2号模适用 4~10kW	2	30	15	1~31	36~104
3号模适用 0.6~3kW	3	22	7	1~20	24.5~63
4号模适用 0.12~1.1kW	4	17	5	1~19.5	22~58.5

(3) 举例说明

● 交叉式。

例1　有一台 JO2-32-4 电动机,功率为 3kW,4极 36 槽,节距 1—9、2—10、18—11 绕组尺寸依次为 52cm、52cm、51cm,每相共 6 包,其差值为 1cm。

选用 2 号模块,并将一端模块的 2、3、5、6 联的滑动模片推到刻度 1 处。紧固串心镙钉,并按下式计算出支架刻度尺寸。

$$支架刻度 = (周长 - 基数)/2 = (51 - 30)/2\ cm = 10.5cm$$

将支架刻度调节片箭头对准支架 10.5 的刻度线上,紧固定位镙钉即可。

● 链式绕组的绕制。

例2　有一台 Y90S-4 电动机,知其功率为 1.1kW,4极 24 槽,节距 1—6,选用 3 号模块,查知其绕组尺寸为 37cm,每相共 4 包,按下式求出支架刻度:

$$支架刻度 = (周长 - 基数)/2 = (37 - 22)/2cm = 7.5cm$$

(链式绕组没有大、小包绕组,所以不必调整模块)

将刻度调节片的箭头对准支架刻度尺寸 7.5 处,紧固定位镙钉。按上模块,即可绕制。

（4）绕组的脱模方法

绕组绕制好后，用绑扎线将各包绕组分别绑扎好，松动螺帽，取出绕组和模块，用手捏住模块，相对于绕组旋转90°，即可取出模块。另一端模块也用同样方法取出。

（5）其他事项

● 在线模上的使用刻度指示值均为经换算后的数值。

● 绕制周长尺寸为19～25cm较小的绕组时，4号模块虽能绕制，但应卸下串心螺钉后才能取出另一端的模块。

● 本线模适用于交流三相绕组，对于交流单相正弦绕组，应采用单相绕线模。

绕线机及绕制后的线圈可参考图5-7。

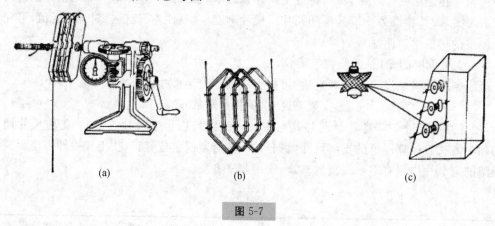

(a)   (b)   (c)

图 5-7

以 YH2M-4 电动机为例：4kW，380V，8.8A，1440r/min，$\cos\phi=0.82$，$Z=36$，$Y1=8$，$Y2=9$，$Y3=9$。参考周长 52cm、52cm、51cm，每槽线数 46，每相共 6 组线圈，则绕线模应选用 2 号模块，基数为 30。

$$\text{支架刻度}=(\text{周长}-\text{基数})/2=(51-30)/2\text{cm}=10.5\text{cm}$$

大包与小包差值为 10m。将模块一端 2、3、5、6 联的滑动模片一端推到刻度 1 上，1、4 滑动模块推到刻度 0 上，则 1、4 滑动模块与 2、3、5、6 相差 1cm。

将绕线模装好，支架长度调整好，坚固后，装在绕线机轴上绕制即好，将 6 组线圈绑扎好，连接线剪断分为 4 组线圈，2 个双包、2 个单包，从模具上取下。

注：学生实习绕制线圈时，采用手动缓慢绕制即可，安全为上。

5.4 绕组线圈计算及展开图、下线图（课题六）

课题目标：

掌握绕组线圈计算及展开图、下线图的绘制。

1. 定子绕组基本概念

（1）线圈

由一匝或多匝相互绝缘的导线绕制而成。放在槽中的部分称为有效边，它产生感应电动势、磁势。连接两个有效边的部分为端接线，它不产生感应电动势。

（2）槽数（Z）

铁芯上线槽总数，用来放置绕组线圈。

（3）磁极对数（P）

每相绕组通电后产生的磁极对数，磁极总是成对出现的，故磁极数为 $2P$，磁极对数决定转速。

$$n_1 = \frac{60f}{P}$$

其中 f 为频率。

（4）极距（τ）

沿定子铁芯内圆每个磁极所占范围，可用长度或线槽数表示。长度：$\tau = \frac{\pi D}{2P}$，其中 D 为定子铁芯内径。线槽数：$\tau = \frac{Z}{2P}$。

（5）节距（Y）

一个线圈两条有效边之间相隔的槽数。

当 $Y = \tau$ 时为整距线圈；当 $Y < \tau$ 时为短距线圈，缩短了线圈端接线，节约铜材；当 $Y > \tau$ 时为长距线圈。

（6）电角度（α）

一对磁极所占的角度为空间电角度，若有 P 对磁极，则电动机总空间电角度为

$$\alpha = P \times 360°$$

（7）槽距角（α'）

相邻两个槽之间的电角度，$\alpha' = \frac{P \times 360°}{Z}$

（8）相带分相

将 360° 分成 6 等份，每一等份为 60°。将定型子槽数合理分配到这 6 等份内，将 6 等份按逆时针旋转后为 A、Z、B、X、C、Y。A、X 为 A 相，B、Y 为 B 相，C、Z 为 C 相。假定 A、B、C 相带中电流向上，X、Y、Z 相带中电流向下。

2. 链式绕组

例 1 已知一台电动机 $Z = 24$，$P = 2$，$a = 1$，$Y = 5$，试绘绕组展开图。

解：① 槽距角 $\alpha' = \frac{P \times 360°}{Z} = \frac{2 \times 360°}{24} = 30°$。

② 每相绕组在每个磁极下所占线槽数 $q = \frac{Z}{2MP} = \frac{24}{2 \times 3 \times 2} = 2$，其中，$M$ 为电动机相数。

③ 节距 $Y = 5$。

④ 60° 分相（图 5-8）。

磁极对数 P 可表示其空间电角度分布的层数。例如，$P = 2$ 表示为 2 层分布。

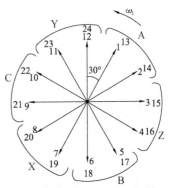

$P = 2$，$Z_1 = 24$ 电动机的基波电势星形向量图

图 5-8

（1）单层链式绕组。

如上述所示，$q=2$ 的小型电动机，不适宜采用同心式绕组。在实用中，它们常采用图 5-9 的端接方案。把它们的连接顺序重新组合，把 8 和 13、1 和 20 槽相连，则端部可缩短（相距 5 槽）。这时，导体内电流方向也同样能满足要求。按这样连接的四个线圈如图 5-9(a) 所示，它们在电动机中呈链式排列。在把 A 相 4 个线圈串成一相绕组时，按照有效边中电流方向，应以"尾接尾"的反串方式连接。

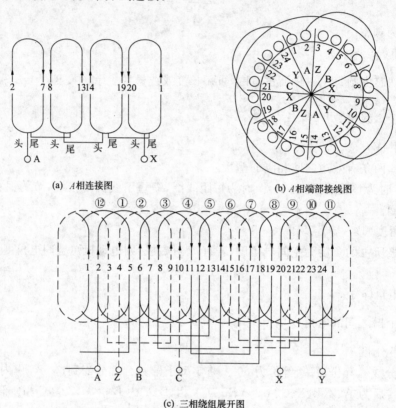

(a) A相连接图　　　　　　　　(b) A相端部接线图

(c) 三相绕组展开图

图 5-9

图 5-9(b) 是 A 相的端部连接图。用相同的端接方式可得到 B、C 相绕组，并可画出三相绕组展开图，如图 5-9(c) 所示。

单链绕组由于端部减短，一般能比同心式节约 $10\% \sim 20\%$ 的用铜量，在 $q=2$ 的小容量电动机中使用广泛。

（2）交叉式绕组

例 2　已知一台电动机 $Z=36$，$P=2$，$a=1$，$Y1=8$，$Y2=8$，$Y3=7$，试绘绕组展开图。

解：①　槽距角 $\alpha' = \dfrac{P \times 360°}{Z} = \dfrac{2 \times 360°}{36} = 20°$。

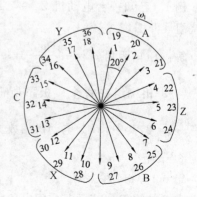

$P=2$，$Z_1=36$ 的基波电势星形向量图

图 5-10

② 每相绕组在每个磁极下所占线槽数 $q=\dfrac{Z}{2MP}=\dfrac{36}{2\times3\times2}=3$。

③ 节距 $Y1=8,Y2=8,Y3=7$。

④ 60°分相见图 5-10。

磁极对数 P 可表示其空间电角度分布的层数。例如，$P=2$ 表示为 2 层分布。

当电动机 $q=3$，即每极每相由 3(或大于 3 的奇数)个线圈组成时，便无法接成上图那样的单链绕组。在这种情况下，可采用图 5-11 的端接方案，由分相情况看，A 相带包括 1、2、3 槽和 19、20、21 槽；X 相带包括 10、11、12 槽和 28、29、30 槽。图 5-11(a)中把 2 和 10、3 和 11 槽接成节距为 8 的一个双圈，20 和 28、21 和 29 槽接成另一对极下的双圈；而把 12 和 19、30 和 1 槽接成节距为 7 的单圈，构成单、双圈交叉分布的绕组。在把各相的单、双圈串成一相绕组时，仍应以各有效边内电流方向为依据，如图 5-11(a)所示，采用"尾接尾"、"头接头"的反串方式连接。

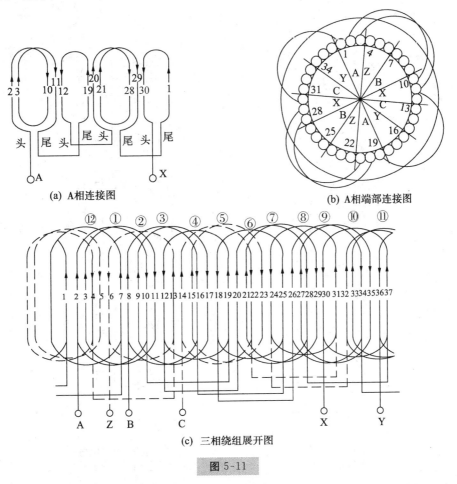

(a) A相连接图

(b) A相端部连接图

(c) 三相绕组展开图

图 5-11

图 5-11(b)是 A 相的端部连接图。按同样规律画出 B、C 相绕组后，可得图 5-11(c)的三相绕组展开图。该图是以每槽多匝的一般情况画出的。

以上介绍的几种单层绕组，具有槽的利用率高、不会发生相同短路、线圈数目较少、下线工时省等优点，在小型电动机中得到广泛使用。常用的 JO2 及 Y 系列电动机中，单层链式

绕组用于 $q=2$ 的 4、6、8 极电动机；单层交叉式绕组用于 $q=3$ 的 2 极和 4 极电动机。这些绕组形式在日常的修理工作中经常可以见到。但是，单层绕组下线后端部较厚，不易整形，且由于它的结构限定，不能利用适当的短距来改善绕组的电磁性能。因此，使用单层绕组的电动机性能一般较差。

3. 线圈嵌入图

$Z=24, P=2, a=1, Y=5$ 链式绕组下线图如图 5-12 所示。

首先将铁芯线槽编号，将 1 号线圈的一边嵌入第 7 槽，它的另一边要压在线圈 11、12 号的上面，要等线圈 11、12 嵌入第 3、第 5 槽之后才能嵌入第 2 槽，故只能将其吊入定子内，称为"吊把"。然后空一槽，将线圈 2 的一边嵌入第 9 槽，其另一边也要压在线圈 12 上面，然后空一槽（10），将线圈 3 的一边嵌入 11 槽，因 7、9 槽中已嵌入线圈的一边，线圈 3 的另一边可嵌入第 6 槽中。以后按"下一槽，空一槽"规律的嵌入线圈。

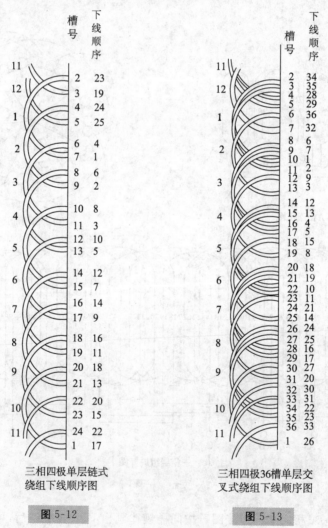

三相四极单层链式绕组下线顺序图

图 5-12

三相四极36槽单层交叉式绕组下线顺序图

图 5-13

$Z=36, P=2, a=1, Y_1=Y_2=8, Y_3=7$ 交叉式绕组下线图如图 5-13 所示。

将第一组大线圈下层边嵌入第 10、第 11 槽，由于它的另一边要压在线圈 11、12 号的上面，也做"吊把"处理。接着空一槽，将第二组小线圈一边嵌入第 13 槽，其另一边也做吊把处理。然后再空两槽,将第三组大线圈的一边嵌入第16、第17槽中,由于第一组、第二组线圈一边已嵌入第10、11、13槽,故第三组线圈另一边可嵌入第8、第9槽,接着空一槽,将第四组小线圈嵌入第19槽,另一边嵌入第12槽(图5-13)。以后按"嵌两槽,空一槽,嵌一槽,空两槽"的规律,依次嵌入线圈即可。

5.5 嵌线工艺(课题七)

课题目标:

掌握嵌线基本工艺方法。

嵌线常称下线,是拆换电动机绕组的关键步骤之一。下线质量的好坏,直接影响电动机的电气性能和使用寿命。作为电动机修理工,必须很好地掌握下线的基本工艺。本节向读者介绍下线专用手工工具的制作、下线的准备及下线的工艺。最后介绍一些不同形式绕组的下线规律。

1. 下线专用手工工具的制作

(1)划线板

划线板又叫理线板,是在嵌线圈时将导线划进铁芯槽,同时又将已嵌进铁芯槽的导线划直理顺的工具。划线板常用楠竹、胶绸板、不锈钢等磨制而成。长约150~200mm,宽约10~15mm,厚约3mm,前端略成尖形,一边偏薄,表面光滑,如图5-14(a)所示。

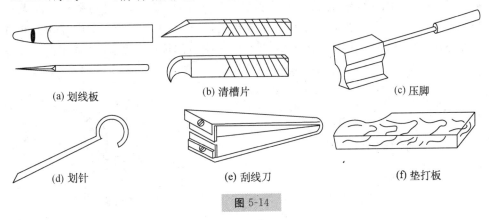

(a) 划线板　　(b) 清槽片　　(c) 压脚

(d) 划针　　(e) 刮线刀　　(f) 垫打板

图 5-14

(2)清槽片

清槽片是用来清除电动机定子铁芯槽内残存绝缘杂物或锈斑的专用工具。一般用断钢锯条在砂轮上磨成尖头或钩状,尾部用布条或绝缘带包扎而成。其形状如图5-14(b)所示。

(3)压脚

压脚是把已嵌进铁芯槽的导线压紧使其平整的专用工具。用黄铜或钢制成,其尺寸可根据铁芯槽的宽度制成不同规格、形状。其形状如图5-14(c)所示。

(4)划针

划针是在一槽导线嵌完以后用来包卷绝缘纸的工具。有时也可用来清槽,铲除槽内残存的绝缘物、漆瘤或锈斑。用不锈钢制成,形状如图5-14(d)所示。尺寸一般是直线部分长

200～250mm，粗约3～4mm，尖端部分略薄而尖，表面光滑。

（5）刮线刀

刮线刀用来刮掉导线上将要焊接部分的绝缘层，它的刀片可用铅笔刀的刀片或另制。刀架用1.5mm左右厚的铁皮制成。将刀片用螺丝钉紧固在刀架上。其形状如图5-14(e)所示。

（6）垫打板

垫打板是绕组嵌完后进行端部整形的工具，用硬木制成。在端部整形时，把它垫在绕组端部上，再用榔头在其上敲打整形，这样不致损坏绕组绝缘。其形状如图5-14(f)所示。

2. 嵌线前的准备

（1）常用工具和技术资料的准备

手工嵌线工具比较简单，除上面介绍的六种专用手工工具外，还应准备橡皮榔头（或木榔头），手术用弯头长柄剪刀、钢丝钳、铁榔头等。

技术资料主要指拆除旧绕组前所记录的资料及数据，特别是电动机极数、绕线节距、引线方向、并联支路数、绕组排列等。同时，对这台电动机下线、接线规律要心中有数。

（2）槽绝缘的准备和安放

电动机绝缘是否良好，同样关系着其电磁性能的好坏，在电动机的绝缘材料中，槽绝缘的安放和处理又是关键环节。

● 槽绝缘材料的选用。根据电动机的不同类型和现有绝缘材料情况选择不同的槽绝缘材料。

● 下料尺寸。槽绝缘长度应使它两端各伸出铁芯10～15mm。对功率较大的电动机，还应适当放长，并如图5-15所示在槽口外折成双层，这样可使它不能在槽内移动。同时，线圈嵌入后，槽绝缘两边翻过来包裹住导线，既增加了槽口的机械强度，又加强了槽口绝缘。

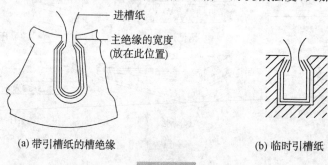

(a) 带引槽纸的槽绝缘　　　　　　　(b) 临时引槽纸

图 5-15

对槽绝缘宽度的要求因电动机容量大小和类型不同而异，一般有两种：一种是里层宽度除在槽内处贴紧槽壁外，上面要高出槽口约5～10mm并向两边分开，嵌线时作为引槽纸，便于将导线划入槽内，如图5-15(a)所示；另一种是里外两层绝缘纸宽度相同，在槽内各点紧贴槽壁但比槽口略低，嵌线时在槽口插入两片宽度约20mm聚脂薄膜青壳纸做临时引槽纸，如图5-15(b)所示。当一槽导线全部嵌完后，可将引槽纸抽出，插到另一槽使用。

在中小型电动机的下线工作中，内定子内径小，采用临时引槽纸容易占据空间，使嵌线不便。

一般采用上述第一种方法，即里层高出槽口代替引槽纸的方法，但不能把各槽的绝缘纸全部放好,而是放一槽嵌一槽,嵌完一槽就将高出槽口的绝缘纸剪去,用划针包卷后插入槽楔,然后再放入另一槽的绝缘,如图 5-16 所示。为了最大限度地增加槽内的嵌线空间,绝缘纸必须贴紧槽壁,如果槽底部成方形,应先把绝缘纸按槽形折好再安放入槽内。

裁剪绝缘纸时,若是玻璃丝漆布,一般应按与斜纹方向成 30°～45° 角裁剪。裁剪青壳纸应使纸张的纤维方向与槽绝缘的宽度方向相同,这样便于线圈嵌完后折叠封口。

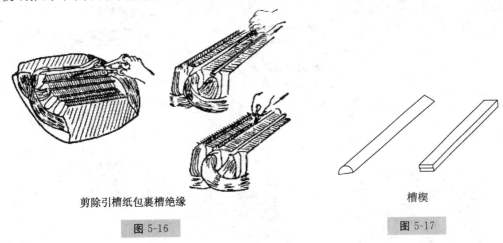

剪除引槽纸包裹槽绝缘

图 5-16

槽楔

图 5-17

（3）槽楔制作

槽楔通常用楠竹、胶绸板或环氧板作材料,横截面成梯形或圆冠形。形状和大小要与槽口内侧吻合,长度比槽绝缘略短,槽楔的一端底面要削薄且成斜口状以利插入线槽,如图 5-17 所示。若是楠竹槽楔,其青篾面应朝下。

3. 嵌线工艺

嵌线是一项细致工作,工作时必须小心谨慎,否则很可能造成返工或留下故障隐患。本节将叙述下线的工艺要求。

（1）引出线的处理

每个线圈组都有两根引出线,分别称为首端或尾端。每相绕组的引出线必须从定子的出线孔一侧引出,嵌线时应注意这一点[图 5-18（a）]。习惯上嵌线时把定子机座有出线孔的一侧置于操作者右边,放置待嵌线圈时,使其引出线对着定子腔。嵌线时把线圈逐个翻转后下进槽内。

（2）嵌线方法

单只线圈嵌线较简单,但对连续绕制的线圈组,下线时稍不注意就会嵌反,应特别注意。

下线翻转线圈时,先用右手把要嵌的一个线圈捏扁,并用左手捏住线圈另一端反向扭转,如图 5-18（b）所示,线圈边略带扭绞形,使线圈不致松散,也容易入槽。将捏扁线圈放在槽口处的外槽中间,左右捏住线圈,在槽口来回拉动,把一部分（或大部分）导线拉入槽内。剩余导线可用划线板划入槽内,划线时划线板必须从槽的一端连续划到另一端。注意用力适当,不可损伤导线绝缘。导线进槽应按绕制线圈顺序,导线在槽内特别是两端槽口处,必须整齐平行,不得交叉;否则,不但不易将全部导线划入,而且会造成导线拥挤,损伤绝缘,甚至压破槽口两端的槽绝缘,导致对地短路。在导线入槽的过程中,两掌向内、向下按压线圈端部,使端部向外张口,不让它胀紧在槽口,影响后面导线入槽,如图 5-18（c）所示。

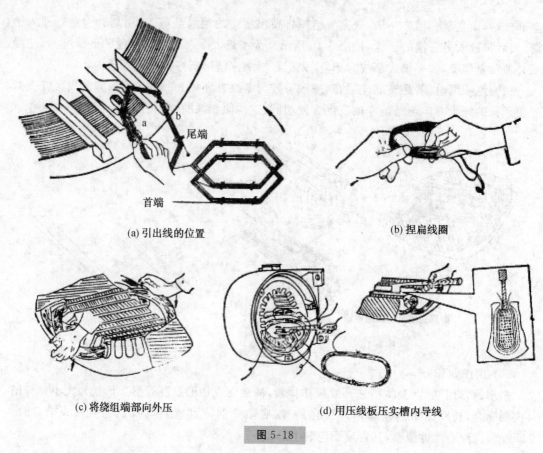

(a) 引出线的位置　　　　　　　　　(b) 捏扁线圈

(c) 将绕组端部向外压　　　　　(d) 用压线板压实槽内导线

图 5-18

如果槽内导线高低不平,可在压线板下衬树酯薄膜,从槽口的一端插进槽里,用小榔头轻轻敲打压线板上面,边敲打边将压线板向前推移,直到把槽内导线压平、压实为止,如图5-18(d)所示。

(3) 处理绝缘纸

如果是双层绕组,在底层线圈嵌完后,必须插入层间绝缘纸。层间绝缘纸采用与槽绝缘相同的材料,下料尺寸是:长度每边比槽绝缘长 10～20mm,即总长比铁芯长 40～70mm,宽度比槽宽 5mm 左右,弯成半圆形插入槽内。安放时,绝缘既不能伸出过多,又必须把下层导线盖完,不允许有任何下层导线翻到层间绝缘上面来,否则将造成相间短路,如图 5-19 所示。

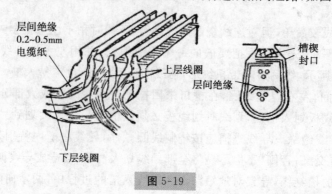

图 5-19

如果一槽导线全部嵌完即应处理槽口绝缘。方法有两种:第一,用长柄医用弯剪剪去槽口多余的槽绝缘,用划针从槽的一端插入其中一边的两层槽绝缘之间,把这一边的里层绝缘纸包在导线上面,如图 5-20(a)所示。再用另一根划针从另一边插入内外层绝缘纸之间,在第二根划针逐渐插入时,第一根划针随之慢慢退出,这样就把另一边的里层绝缘纸包裹在对面的绝缘纸上面,如图 5-20(b)所示。然后,再用同样方法将外层绝缘纸包裹在里层绝缘纸上,并用划针压紧绝缘纸,将槽楔慢慢打进槽里。随着槽楔不断进入,划针也不断退出。这样可使封口的槽绝缘实、贴,没有褶皱和破损,如图 5-20(c)所示。第二种方法是把高出槽口的多余槽绝缘剪到与槽口齐平后,把一块与层间绝缘材料相同、尺寸类似的绝缘纸弯成弧形插入槽里,将导线全部盖住,并用划针压紧,插入槽楔,如图 5-21 所示。

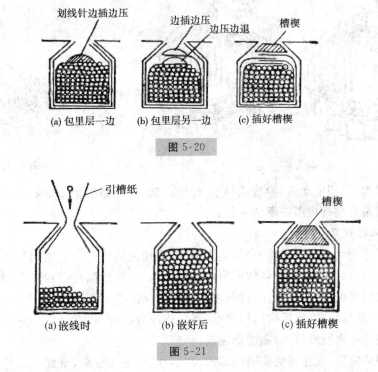

(a) 包里层一边　　　(b) 包里层另一边　　　(c) 插好槽楔

图 5-20

(a) 嵌线时　　　(b) 嵌好后　　　(c) 插好槽楔

图 5-21

相邻两组线圈如果是不同相的绕组,必须在这两组线圈间安放相间绝缘纸进行隔离。相间绝缘纸材料与槽绝缘相同。绝缘纸的形状和尺寸应视线圈端部的形状和大小而定。安放时注意保护绕组端部不被擦伤,方法是:先在定子圆周两端旋入端盖螺丝,然后以端盖螺丝作支点将定子竖直放置。若端盖螺丝长度不够,定子竖直放置会使下端绕组端部接触工作台时,可将定子竖直,放在端盖上,然后将划线板插入两相绕组端部之间,撬开一个缝隙。将相间绝缘纸插进缝隙里,如图 5-22 所示。注意相间绝缘纸必须插到底,压住层间绝缘或槽绝缘,把两相绕组完全隔开。在操作时,由于在槽口附近线圈间挤得紧,往往会出现绝缘纸插不到底,或一相的个别导线漏到绝缘纸的反面与另一相绕组绞在一起,造成相间短路隐患,必须认真检查。功率较大的电动机,由于导线粗、硬度大,安放相间绝缘纸困难,且不易保证质量,可以每嵌好一组线圈就垫一层相间绝缘纸。安放完相间绝缘纸后,最好用兆欧表测试三相绕组间的绝缘电阻,以便及时发现并排除隐患。一般新换绕组的冷态相间绝缘纸电阻可达 $50\sim100M\Omega$。

4. 端部整形

完成上述程序后,应对绕组进行整形。将它的两侧端部排列整齐、紧实,并敲成喇叭口。其目的是保证电动机绕组美观,运行时通风良好,转子的装卸方便。端部整形的方法是:将垫打板垫在绕组上,用小锤子敲打垫打板,使绕组端部向外扩张,边敲打边在端部圆周内侧移动垫打板,将端部扩成一个合适的喇叭口,如图 5-23 所示。喇叭口太小不利于通风和转子拆装;喇叭口太大,与端盖距离太近,甚至碰触端盖,影响绝缘性能。端部整形后,应重新检查相间绝缘纸是否错位或有无导线损坏。在排除这些故障后,最好再用兆欧表复查,看绕组相间绝缘纸和对地绝缘电阻是否符合要求。

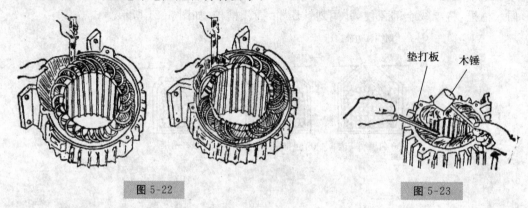

图 5-22   图 5-23

如果是微型、小型电动机,导线线径小,比较柔软,可不必用锤子敲打,用拇指和其余四指就可直接将端部整理成所需的形状。

5. 槽绝缘的放置

将与定子槽相吻合的槽绝缘叠好,装入槽内,再插入两张临时进线引槽纸。嵌线圈时,用右手将线圈捏扁,并用左手捏住线圈另一端反向扭转,使线圈略带绞形,不致松散。将线圈放在槽口的引槽纸中,左右捏住线圈,来回拉动使导线进入槽内,剩余部分可用划线板划入,应注意不可损伤线芯,然后取出引槽纸,将槽绝缘弯折叠压在线圈上,并用压线板压实,然后从另一端将槽楔慢慢打入,压线板逐渐退出。

所有线圈嵌完后,应在每组线圈端部插入"半月"形的绝缘纸,增加相间绝缘,将极绕组线头接好,与端处扎好,最后进行端部整形,用垫打板垫在绕组端部,轻敲使其向外扩张,扩成一个会退的喇叭口。

6. 定子绕组接线规律

三相异步电动机的修理是维修电工一项技术性强、难度较大的工作。它的困难,不仅在于电动机的拆、装、绕线、下线等工艺要求较高,而且体现在能否对下好线的线圈进行正确接线。前面对各类绕组的介绍中,已涉及了它们的接线方法,现把异步电动机定子绕组接线的一般规律总结如下:

(1) 线圈组(极相组)的接线规律

极相组是最常见、最典型的线圈组,它由一极下同一相的几个线圈串联而成。根据有效边内电流流向,各线圈之间应采用顺串方式,以"尾接头"的方法串联。中小型电动机往往把同一极相组的几个线圈一次连续绕成,线圈之间不需再接头。这时应注意下线时不要把线圈放错,造成某一线圈反串。

（2）一相绕组的接线规律

把各线圈组接为一相绕组时，虽然仍依据有效边内电流流向来连接，但这时的具体接法和连接形式却更多、更复杂。为了清晰地表达各线圈组之间的连接关系，生产实践中常使用绕组的接线图。

在进行一相绕组接线时，由于只关心线圈组之间的连接，不必考虑各线圈组在槽内的嵌放情况，也不需了解线圈组的内部结构和连接方式，故在绕组接线图中用一方框来代表线圈组，以方框之间的连接关系来说明它们的接线规律。

例如，4极单层同心式绕组，每相有两个线圈组（即一相中每对极对应一个线圈组），两线圈组中电流方向相同，以方框代替各线圈组，则可画出三相6个线圈组，如图5-24（a）所示。图中除标出相别和电流方向外，还给线圈组编了号，以利实际接线时识别。

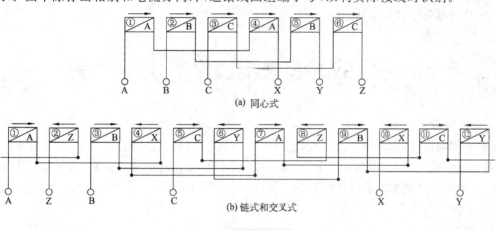

(a) 同心式

(b) 链式和交叉式

图 5-24

又如4极单链绕组，它是两对极的电动机，一相有4个线圈组。其特点是每对极下一相有两个电流方向相反的线圈（即每一极对应一个线圈），把线圈表示为方框，其接线图如图5-24（b）所示。由图可见，它共有12个方框，方框上的电流方向由各线圈中的电流决定，是正反交替的。

至于交叉式绕组，与上图的链式绕组仅在线圈结构上不同。二者的共同点是每对极下一相都有两个电流方向相反的线圈组。故它的接线图同样可画为图5-24（b）的形式。

从以上画出的接线图可见，接线图的形式只与电动机绕组形式和极数有关，而与电动机的其他参数（例如，槽数）无关，具有一定通用性。画接线图时，可首先由绕组形式画出一对极下的几个方框，并根据与各方框对应的线圈组中电流流向在方框上标出电流方向（应注意，方框上的电流方向是进行连接的依据，一定不能标错）。再根据电动机极对数目把已画出的一对极下的方框图重复多次，即得到电动机总的接线图。接线图既不像展开图那样复杂，又能很好地表达各线圈组间的连接关系，在修理工作中使用极广。

画出接线图后，就可进一步根据框上的电流方向来完成线圈组之间的接线。具体接线方式分为串联和并联两大类。

串联是指一相只有一条支路（并联支路数 $a=1$），即把所有线圈组串起来接成一相绕组。

图5-24（a）、（b）两图都是串联连接，但二者的串法不同。

图 5-24(a)是"尾接头"的顺串,这种串法有时也称为"庶极式串联"。采用这种串法的线圈组在电动机内必须处于同性磁极下(例如,A 和 A 相串),其特征是每相的线圈组数目为磁极数的一半,而且各线圈组内的电流方向相同。

图 5-24(b)是"尾接尾"的反串,也称为"显极式串联"。这种串法的线圈组必须处于异性磁极下(如 A 和 X 相串)。这时,每相的线圈组数与磁极数相等,且相邻各线圈组内的电流方向不同。

并联这里不作介绍,有兴趣的读者可参考其他书籍。

7. 端部线头的连接

首先在需连接的导线一头套入合适的绝缘套管,然后将需连接的导线线头绝缘处理干净,采用绞接法直接连接,如工艺需要还应搪锡,然后将套管套住对接部分,最后将所有线头用绑扎线与端部绕组牢牢绑扎。

5.6　绕组的初步检测及浸漆烘干处理

1. 绕组的初步检测

绕组在完成接线、端部整形及绑扎以后,浸漆以前,应对绕组进行检查和试验,看有无断路、短路、接地、线圈接错,以及直流电阻、绝缘电阻达不到要求等弊病。如有,在浸漆前线圈未固化,便于检查和翻修。若浸漆以后发现故障,翻修将困难得多。所以绕组在浸漆前的初步检测是十分必要的。

(1) 外观检查

第一,检查绕组端部是否过长,有没有碰触端盖或与端盖距离过近的可能。如有,必须对端部重新整形,方法是将线圈端部弧形部分向两边拉宽,缩短端部高度。第二,检查喇叭口是否符合要求,喇叭口过小,影响通风散热,甚至转子装不进去;喇叭口过大,又可能使其外侧端部与端盖距离过近或碰触端盖造成对地短路。第三,检查铁芯槽两端出口处槽绝缘是否破裂,如有,应用同规格绝缘纸将破损部位垫好。第四,检查槽楔或槽绝缘是否凸出槽口,槽楔是否松动,如有,应铲平槽楔或剪去槽绝缘多余部分,若槽楔松动,应予重换。第五,检查相间绝缘是否错位或未垫好,如有,应按要求垫到位。

(2) 测量绕组绝缘电阻

用兆欧表测量绕组的对地绝缘电阻和相间绝缘电阻。当使用兆欧表测量绝缘电阻低于规定值,甚至为零,则可判定电动机绝缘不良或存在短路。

若对地绝缘不良,可能是槽绝缘在槽端伸出槽口部分破损或未伸出槽口,或没有包裹好导线,使导线与铁芯相碰。要寻找对地短路点,在接线前用兆欧表检查最简单。

若相间绝缘不良,多半是相间绝缘错位或有个别导线漏隔,或者相间绝缘纸未插到底。对双层叠绕组,可能是层间绝缘未垫好,使两相绕组在一个铁芯槽内相碰。上述情况若故障点明显,可直接纠正。若故障点不明显,可以用划线板插入相间绕组的缝隙来回拨动绕组,看兆欧表指针是否有明显变化,由此逐点检查逐步纠正,直到相间绝缘达到要求为止。

(3) 检测三相绕组的直流电阻

小型电动机用万用表相应的电阻挡测量,大、中型电动机用双臂电桥测量,目的是检查三相直流电阻是否平衡。

测得各个电阻值并计算得平均电阻 R_P 后,通过比较了解三相直流电阻的平衡情况。三相绕组直流电阻不平衡,有如下三种可能原因:

● 相绕组内部接线错误,可能部分线圈未接入电路,或串、并联关系弄错。应对电阻严重偏离平均值的相绕组拆开检查,纠正错误的接线点。

● 绕制绕圈时,由于不慎或绕线机转动不灵造成匝数误差,若匝数相差不是太大,尚可使用,若误差太大,必须纠正。

● 导线质量不好或绕线嵌线不慎,使导线绝缘损坏,造成匝间短路。可用短路侦察器检查故障点并予以修理。

(4)检查绕组是否接错

绕组接错后直接通电试车,往往因为电流过大造成事故,严重时烧毁绕组。在初步检测时必须认真检查。下面介绍一种判断绕组是否接错的简便方法:将硅钢片剪成圆片形,正中间钻一小孔,穿入钢丝时圆片能以钢丝为轴灵活转动。用三相调压器向三相绕组通以 $20\sim$ 30V 的额定电压(注意:逐步升压,监视定子电流低于额定值,避免烧毁电动机)后,置于定子中心位置的硅钢圆片应正常转动。无论是极相组还是线圈接线错误,均会造成硅钢圆片转动不正常甚至停止转动。

(5)检测三相空载电流是否平衡

电动机全部装合,转动部分手动能灵活旋转后,即可进行空转检查并测定电动机三相空载电流(空载电流可用钳形表进行测量)。根据测量结果可对三相空载电流的对称性、稳定性和占额定电流的比例作出判断。若空载电流的上述各指标不满足有关要求,则可能是电动机绕组有匝数不等、接线错误等缺陷。应检查、排除后重测空载电流,直至合格为止。

2. 定子绕组绝缘结构

(1)电动机绝缘等级

和其他设备一样,三相异步电动机定子绕组的绝缘也可根据它的耐热程度分为不同等级。各种绝缘材料的分类如表 5-4 所示。

表 5-4

分类	耐温极限温度/℃	绝缘材料	常用电磁线
A	105	经浸漆处理的绵、丝、木等有机材料,如直板、黄蜡布、层压板等	各种纱包线、纸包线
E	120	在 A 级材料上复合或衬垫一层聚脂薄膜,如聚脂薄膜纸、复合箔等	高强度聚脂漆包线 QZ,缩醛漆包线
B	130	以云母、石棉、玻璃纤维等无机材料为基,以 A 级材料为补强,用有机漆胶合而成。如云母板、纸、醇酸玻璃漆布、聚脂薄膜石棉纸等	高强度聚脂漆包线 QZ、双玻璃丝包线、环氧漆包线
F	155	与 B 级相同,但用耐热硅有机漆胶合而成,如硅有机玻璃漆布	聚酰亚胺漆包线、硅有机漆浸的双玻璃丝包线
H	180	与 B 级相同,但无 A 级材料补强	同 F 级

在生产实践中广泛使用的各类低压(额定电压 500V 以下)异步电动机,常采用 A、E、B 几种绝缘。20 世纪五、六十年代生产的 J、J0 系列异步电动机,有的采用 A 级绝缘,但目前

已很少见;J、J0 系列是 60 年代定型的,在厂矿中使用极广,这类电动机一般采用 E 级绝缘;
Y 系列是 1982 年定型的新型异步电动机,它各方面性能均比前几个系列优越。它定型后,
J、J0 系列就被正式淘汰,不再生产。Y 系列采用 B 级绝缘。

（2）浸漆

浸漆就是将定子垂直放置在滴漆盘上,绕组一端向上,用漆刷向绕组上端部浇漆待绕组
缝隙灌满后,再将定子翻转浇另一端,直至浇透为止。

浸漆时,漆的黏度要适中,太黏可用二甲苯等溶剂稀释。普通电动机浸漆两次,供湿热
环境下使用的电动机浸漆 3～4 次。

（3）烘干

先预烘(110℃,4～6h),浸漆一次,烘干一次,共需烘干两次。烘干一般分两个阶段:低
温阶段,温度控制在 70～80℃,时间约 2～4h。此阶段溶剂挥发缓慢,可以避免表面很快结
成漆膜,使内部气体无法排除形成气泡;高温阶段,温度控制在 120℃左右,烘烤时间 8～
16h,此阶段使绕组表面形成坚固漆膜。在烘干过程中,每隔 1h 应测量一次绝缘电阻。

常用的烘干方法有:

● 灯泡烘干法。用红外线灯泡或白炽灯泡直接照射电动机绕组。改变灯泡功率大小,
就可以改变烘烤温度。

● 电流干燥法。小型电动机采用电流干燥法时,在定子绕组中通入单相 220V 交流电,
电流控制在电动机额定电流的 60％左右。测量绝缘电阻时,应切断电源。

3. 电动机常见故障及分析处理方法

电动机常见故障及分析处理方法如表 5-5 所示。

表 5-5

故障现象	可能原因	处理方法
电源接通后电动机不能启动	1. 定子绕组接线错误 2. 定子绕组断路、短路或接地,绕线电动机转子绕组断路 3. 负载过重或传动机构被卡住 4. 绕线电动机转子回路断开(电刷与滑环接触不良,变阻器断路,引线接触不良等) 5. 电源电压过低	1. 检查接线,纠正错误 2. 找出故障点,排除故障 3. 检查传动机构及负载 4. 找出断路点,并加以修复 5. 检查原因并排除
电动机温升过高或冒烟	1. 负载过重或启动过于频繁 2. 三相异步电动机断相运行 3. 定子绕组接线错误 4. 定子绕组接地或匝间、相间短路 5. 鼠笼电动机转子断条 6. 绕线电动机转子绕组断相运行 7. 定子、转子相擦 8. 通风不良 9. 电源电压过高或过低	1. 减轻负载,减少启动次数 2. 检查原因,排除故障 3. 检查定子绕组接线,加以纠正 4. 查出接地或短路部位,加以修复 5. 铸铝转子必须更换,铜条转子可修理或更换 6. 找出故障点并加以修理 7. 检查轴承,检查转子是否变形,进行修理或更换 8. 检查通风道是否畅通,对不可反转的电动机检查其转向 9. 检查原因并排除

续表

故障现象	可能原因	处理方法
电动机振动	1. 转子不平衡 2. 皮带轮不平衡或轴伸弯曲 3. 电动机与负载轴线未对齐 4. 电动机安装不良 5. 负载突然过重	1. 校正平衡 2. 检查并校正 3. 检查、调整机组的轴线 4. 检查安装情况及底脚螺栓 5. 减轻负载
运行时有异声	1. 定子、转子相擦 2. 轴承损坏或润滑不良 3. 电动机两相运行 4. 风叶碰机壳等	1. 见前述 2. 更换轴承,清洗轴承 3. 查出故障点并加以修复 4. 检查并消除故障
电动机带负载时转速过低	1. 电源电压过低 2. 负载过大 3. 鼠笼电动机转子断条 4. 绕线电动机转子绕组一相接触不良或断开	1. 检查电源电压 2. 核对负载 3. 见前述 4. 检查电刷压力,电刷与滑环接触情况及转子绕组
电动机外壳带电	1. 接地不良或接地电阻太大 2. 绕组受潮 3. 绝缘有损坏,有脏物或引出线碰壳	1. 按规定接好地线,消除接地不良处 2. 进行烘干处理 3. 修理,进行浸漆处理,清除脏物,重接引出线

第6章 电动机基本控制线路的安装、调试与检修

6.1 三相异步电动机控制线路的安装工艺

6.1.1 电动机控制线路的安装工艺

1. 电气配线

电气配线时必须严格按说明书和图纸的要求进行。电器与电源的接线都应穿在电线管内;电气控制柜、机床及床身之间的连线必须严格按照电气原理图或电气接线图进行接线。接线前,应先校线、套线号(用万用表、蜂鸣器等检查同一根线的两端,称为校线;校线后做上标记,即套一块编号的小牌,称为套线号)。接线时应避免错接。

(1) 电线管的敷设及穿线

● 电线管的敷设。设备内部的敷设采用塑料管或金属软管,也可采用绝缘带捆扎。设备外部的敷设采用金属软管,对于受拉压的地方,如悬挂操纵箱,一般采用橡皮管电缆套;可能受机械损伤的地方和电源引入线等处,采用铁管。

管路的敷设布置应做到不易受到损伤、整齐美观、连接可靠、节省材料、穿线方便等。尤其是线管与线管、线管与接线盒之间应采用不小于 4mm 的铁线焊接作为地线金属连接。

● 电线管的穿线。电线管内穿入导线的规格、型号、根数应符合图纸的要求,绝缘强度不低于 500V,铜导线的截面不小于 $1mm^2$,铝导线的截面不小于 $2.5mm^2$。

穿入同一管内的必须是同一回路的导线,尽量避免不同回路的导线穿在同一管内。

(2) 设备连接线的要求

设备内部与控制柜的配线必须严格按照图纸进行。连线前,先校线、套线号,再按照前面导线加工的操作方法剖削线头并接在接线桩上。同一平面上压两根以上不同截面导线时,大截面的放下层,小截面的放上层。

套在导线上的线号,要用环己酮和龙胆紫调成的写号药水书写,书写应工整,以防误读。

接线完毕后,还应根据电气原理图或接线图,全面检查各元器件与接线桩头之间以及它们各自相互之间的连线是否正确;各种电动机与电气控制装置相互之间的主回路连接也必须详细检查。检查线路时,应注意线路中电器的常闭触点及低阻值元件(如线圈、晶体管等)的影响,必要时应将接线的一端拆下来进行检查。

2. 制作安装的基本原理和工艺要求

（1）分析电路原理图

熟悉电路原理图，看懂线路各电器元件的控制关系及连接顺序。分析电路控制工作情况，明确电器元件的数目、种类及规格。

（2）绘制安装接线图

● 各电器元件按在底板上的实际位置绘出，一个元件所有部件应画在一起并用虚线框起来。

● 接线图中元件图形符号、文字符号、接线端子符号，应与原理图一致。

● 走向相同的相邻导线可绘成一股线，走线通道尽量少。

● 安装底板内外的电器元件之间的连线应通过接线端子板连接。

（3）检查电器元件

● 电器元件开关是否清洁整洁，触头闭合、分断是否灵活。

● 导线的截面积能否承受正常条件，能否承载最大电流，此外还应考虑电压降、机械角度等。

（4）固定电器元件

● 底板可选用 2.5～5mm 铜板或 5mm 绝缘板，四角是 90°的直角倒角。

● 定位：将元件在底板安好，用划针确定位置，用棒冲冲眼。

● 钻位：选择钻头略大于固定螺栓直径的钻头钻孔，或略小的钻头钻孔后再进行改正。

● 固定：紧固螺丝应加装平垫片和弹簧垫片，不可用力过猛使元件损坏。

（5）安装接线

接线应按接线图限定的走向进行，先主后辅，板前明敷设要求如下：

● 布线时，严禁损伤线芯和导线绝缘。

● 各电器元件接线端子引出导线的走向，以元件的水平中心线为界线。

● 各电器元件接线端子上引出或引入的导线，除间距很小和元件自身导线直接架空敷设外，其他导线必须紧贴板面敷设。

● 各电器元件的外露导线应走线合理，并尽可能做到横平竖直，变换走向要垂直，不可用钳子做 90°硬弯，以免损伤线芯和导线绝缘，应为 90°慢弯，弯曲半径为导线直径的 3～4 倍；同一元件上位置一致的端子和同型号电器元件中位置一致的端子上引出或引入的导线，要敷设在同一平面上，并应做到高低一致、前后一致，不得交叉，水平架空线应为合理走线。

● 所有接线端子、导线线头上都应套有与电路图上相应接点线号一致的编码套管，并按线号进行连接，连接必须牢固，不得松动。

● 在任何情况下，接线端子必须与导线截面积和材料性质相适应，当接线端子不适合连接软线或较小截面积的软线时，可以在导线端头上穿上压接端子并压紧。

● 一般一个接线端子只能连接一根导线，如果采用专门设计的端子，可以连接两根或多根导线，但导线的连接方式必须正规合理。

（6）根据电路图检验配电盘内部布线的正确性

● 根据电路图检验布线，防止错接、漏接，观察接线是否牢固可靠。

● 用万用表 $R \times 100$ 挡检查，表棒分接 FU2 两端。

◇ 按下相应的按钮，测得相应线圈的电阻值。

　　◇ 按下相应的 KM 触头架，测得相应线圈的电阻值。

　　◇ 按下启动按钮或 KM 触头架，同时按下停止按钮，由通到断测得电阻值。

　　◇ 可靠连接电动机和各电器元件金属外壳的保护接地线。

　　◇ 连接电源、电动机、按钮开关等配电盘外部的导线。

　　◇ 检查无误后通电试车。

　　● 空操作试车。断开主电路负载，合上电源，按下启动按钮，观察电器动作是否符合要求，按下停止按钮，观察电器动作是否正常。

　　● 带负荷试车。合上电源，按下启动按钮，观察电动机工作是否符合要求。

　　3. 槽板布线要求

　　● 严禁损伤线芯和导线绝缘。

　　● 各电器元件接线端子引出导线的走向，以元件的水平中心线为界线，在水平中心线以上接线端子引出的导线，必须进入元件上面的走线槽；在水平中心线以下接线端子引出的导线，必须进入元件下面的走线槽，任何导线都不允许从水平方向进入走线槽内。

　　● 各电器元件接线端子上引出或引入的导线，除间距很小和元件自身导线直接架空敷设外，其他导线必须经过走线槽进行连接。

　　● 进入走线槽内的导线要完全置于走线槽内，并应尽可能避免交叉和导线过长，装线不要超过槽容量的 70％，以便于能盖上线槽盖和以后的装配及维修。

　　● 各电器元件与走线槽之间的外露导线走线应合理，并尽可能做到横平竖直，变换走向要直。同一元件上位置一致的端子和同型号电器元件中位置一致的端子上引出或引入的导线，要敷设在同一平面上，并应做到高低一致或前后一致，不得交叉。

　　● 所有接线端子、导线线头上都应套有与电路图上相应接点线号一致的编码套管，并按线号进行连接，连接必须牢固，不得松动。

　　● 在任何情况下，接线端子必须与导线截面积和材料性质相适应，当接线端子不适合连接软线或较小截面积的软线时，可以在导线端头上穿上压接端子并压紧。

　　● 一般一个接线端子只能连接一根导线，如果采用专门设计的端子，可以连接两根或多根导线，但导线的连接方式必须正规合理。

6.1.2　常用低压电器的选用

　　1. 断路器的选用

　　● 其额定电压应大于或等于线路或设备的额定工作电压。对配电电路来说，应注意区别电源端保护还是负载端保护。

　　● 额定电流应大于或等于负载工作电流。若环境温度高，应适当选用额定电流稍大一些的断路器。

　　● 断路器的通断能力应大于或等于电路的最大短路电流。

　　● 断路器的类型应根据使用场合和保护要求来选用。例如，若额定电流为 630A，短路电流不太大的可选用塑料外壳式断路器。短路电流比较大的可选用限流式断路器。额定电流比较大或有选择性保护要求的应选择框架式断路器。对控制和保护含半导体器件的直流电路应选择直流快速断路器等。

　　● 欠电压脱扣器的额定电压应等于主电路的额定电压。

● 级间保护的配合应满足配电系统选择性保护的要求,以避免越级跳闸,扩大事故范围。

2. 熔断器的选用

(1) 熔断器的类型选择

根据线路要求、使用场合、安装条件和各类熔断器的适用范围来确定。

(2) 熔断器额定电压的选择

其额定电压应大于或等于线路的工作电压。

(3) 熔断器额定电流的选择

熔断器的额定电流大小与负载的大小及性质有关。

● 对于阻性负载的短路电流保护,应使熔断器的熔体电流等于或略大于电路的工作电流。

● 对于电动机负载,需考虑冲击电流的影响,应按下式计算:

单台电动机:　　　　　　$I_{FU} \geqslant (1.5 \sim 2.5)I_N$

式中,I_N 为电动机的额定电流。

多台电动机:　　　　　$I_{FU} \geqslant (1.5 \sim 2.5)I_{max} + \sum I_N$

式中,I_{max} 为容量最大的一台电动机的额定电流,$\sum I_N$ 为电动机额定电流的总和。

● 在电容器设备中,电容器电流是经常变化的,因此在这种设备中熔断器只作为短路保护。一般情况下,熔体的额定电流应大于电容器额定电流的 1.6 倍。

(4) 额定分断能力的选择

必须大于电路中可能出现的最大故障电流。

(5) 供电系统中配电电器与熔断器选择性保护的选择

在电路系统中,电器之间的选择性保护特性非常重要,它能把故障产生的影响限制在最小范围内,即要求电路中某一支路发生短路或过载故障时,只有距离故障点最近的熔断器动作,而主回路的熔断器或断路器不动作,这种合理的选配称为选择性配合。根据系统的具体条件,可分为熔断器之间上一级和下一级的选择性配合以及断路器与熔断器的选择性配合等。具体选择可参考各电器的保护特性。

3. 接触器的选用

● 根据负载性质选择接触器的类型。

● 额定电压应大于或等于主电路的工作电压。

● 额定电流应大于或等于被控电路的额定电流。对于电动机负载,还应根据其运行方式适当增大或减小。

● 吸引线圈的额定电压与频率要与所在控制电路的选用电压和频率相一致。

接触器是频繁通断负载的电器,其可靠性的高低,直接影响电气系统的性能。掌握接触器的故障分析及其排除方法可缩短电气设备维修的时间,作为工程技术人员必须熟练掌握。

4. 热继电器的选用

热继电器的选用主要根据电动机的使用场合和额定电流来确定热继电器的型号及额定电流等级。对于三角形连接的电动机,应选择带断相保护功能的热继电器,热继电器的整定电流应与电动机的额定电流相等。对于电动机长期过载保护,除采用热继电器外,还可采用温度继电器,它利用热敏电阻来检测电动机绕组的温升,将热敏电阻直接埋入电动机绕组,绕组的温度变化经热敏电阻转化为电信号,经电子线路比较放大,驱动继电器动作,达到保护的目的。PTC 热敏电阻埋入式温度继电器,可用于电动机的过载、断相、通风散热不良和机械故障的保护。由于其可以直接检测电动机的温升,对电动机的保护可靠性更高,目前已获得了广泛的应用。

6.1.3　电气系统图简介

　　电气系统图一般有三种:电气原理图、电器布置图、电气安装接线图。我们将在图上用不同的图形符号表示各种电气元件,用不同的文字符号表示电器元件的名称、序号和电气设备或线路的功能、状况和特征,还要标上表示导线的线号与接点编号等,各种图纸有其不同的用途和规定的画法,下面分别加以说明。

　　1. 电气控制系统图中的图形符号和文字符号

　　电气控制系统图中,电气元件的图形符号和文字符号必须有统一的国家标准。我国在1990 年以前采用国家科委 1964 年颁布的"电工系统图图形符号"的国家标准(即 GB 312—64)和"电工设备文字符号编制通则"(GB 315—64)的规定。近年来,各部门都相应引进了许多国外的先进设备和技术,为了适应新的发展需要,国家标准局颁布了 GB 4728—84"电气图用图形符号"及 GB 6988—87"电气制图"和 GB 7159—87"电气技术中的文字符号制订通则"。国家规定从 1990 年 1 月 1 日起,电气系统图中的文字符号和图形符号必须符合新的国家标准。

　　2. 电气原理图

　　电气系统图中电气原理图应用最多,为便于阅读与分析控制线路,根据简单、清晰的原则,采用电气元件展开的形式绘制电气原理图。它包括所有电气元件的导电部件和接线端点,但并不按电气元件的实际位置来画,也不反映电气元件的形状、大小和安装方式。

　　由于电气原理图具有结构简单,层次分明,适于研究、分析电路的工作原理等优点,所以无论在设计部门还是在生产现场都得到了广泛应用。

　　绘制电气原理图时应遵循如下原则:

　　● 电气原理图一般分主电路和辅助电路两部分:主电路就是从电源到电动机大电流通过的通路;辅助电路包括控制回路、照明电路、信号电路及保护电路等,由继电器和接触器的线圈、继电器的触头、接触器的辅助触头、按钮、照明灯、控制变压器等电器元件组成。

　　● 电气原理图中,各电器元件不画实际的外形图,而采用国家规定的统一标准,文字符号也要符合国家规定。

　　● 电气原理图中,各个电气元件和部件在控制线路中的位置,应根据便于阅读的原则安排,同一电器元件的各部件根据需要可以不画在一起,但文字符号要相同。

　　● 图中所有电器的触头都应按没有通电和没有外力作用时的初始开闭状态画出。例如,继电器、接触器的触头按吸引线圈不通电时的状态画,控制器按手柄处于零位时的状态画;按钮、行程开关触头按不受外力作用时的状态画等。

　　● 电气原理图中,无论是主电路还是辅助电路,各电气元件一般按动作顺序从上到下、从左到右依次排列,可水平布置或者垂直布置。

　　● 电气原理图中,有直接联系的交叉导线连接点要用黑圆点表示;无直接联系的交叉导线连接点不画黑圆点。

3. 电器元件布置图

电器元件布置图主要用来表明电气设备上所有电动机电器的实际位置,为生产机械电气控制设备的制造、安装、维修提供必要的资料。以机床电器布置图为例,它主要由机床电气设备布置图、控制柜及控制板电气设备布置图、操纵台及悬挂操纵箱电气设备布置图等组成。电器元件布置图可按电气控制系统的复杂程度集中绘制或单独绘制。但在绘制这类图形时,机床轮廓线用细实线或点划线表示,所有能见到的以及需要表示清楚的电气设备,均用粗实线绘制出简单的外形轮廓。

4. 电气安装接线图

电气安装接线图是为了安装电气设备和电器元件进行配线或检修电器故障服务的。在图中可显示出电气设备中各元件的空间位置和接线情况,可在安装或检修时对照原理图使用。它是根据电器位置布置依据合理经济等原则安排的,图 6-1 为某机床电气接线图。它表示机床电气设备各个单元之间的接线关系,并标注出外部接线所需的数据。根据机床设备的接线图就可以进行机床电气设备的总装接线。图 6-1 中中心线框中部件的接线可根据电气原理图进行。对某些较为复杂的电气设备,电气安装板上元件较多时,还可画出安装板的接线图。对于简单设备,仅画出接线图就可以了。实际工作中,接线图常与电气原理图结合起来使用。

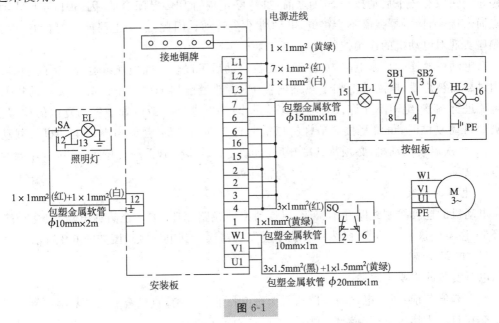

图 6-1

图 6-1 表明了该电气设备中电源进线、按钮板、照明灯、行程开关、电动机与机床安装板接线端之间的连接关系,也标注了所采用的包塑金属软管的直径和长度,连接导线的根数、截面积及颜色。如按钮板与电气安装板的连接,按钮板上有 SB1、SB2、HL1 及 HL2 四个元件,SB1 与 SB2 有一端相连为"3",HL1 与 HL2 有一端相连为"地"。其余的 2、3、4、6、7、15、16 通过 $7 \times 1mm^2$ 的红色线接到安装板上相应的接线端,与安装板上的元件相连。黄绿双色线则接到接地铜排上。所采用的包塑金属软管的直径为 5mm,长度为 1m。其他元件与安装板的连接关系这里不再赘述。

6.2 基本控制线路的安装、调试与检修

6.2.1 三相异步电动机的正转控制线路(课题八)

课题目标:

● 掌握电动机的正转控制方式的分析方法,进一步加深对电气控制线路的理解。

● 掌握三相异步电动机正转控制线路的安装和故障检修方法。

1. 工作原理

按下 SB1,接触器 KM 线圈得电,接触器 KM 的主、辅触头吸合。一方面因 KM 的主触头闭合,主电路接通使电动机得电旋转;另一方面因 KM 的辅助触头闭合使启动按钮 SB1 被短接,不管启动按钮 SB1 状态如何,接触器的线圈都处于得电状态,实现了控制电路的"自锁"或"自保"功能。正因为这个"自锁"功能的存在,一旦按下启动按钮 SB1,电动机就会连续不停地运转,只有按下停止按钮 SB2,控制电路才被切断,电动机才因接触器线圈失电而停止。在没有按下启动按钮 SB1 之前,虽然停止按钮 SB2 是闭合的,因 SB1 与 KM 辅助触点尚未接通,接触器线圈不会得电,电动机不会转动。因此,这一电路能按"启动—停止"的顺序实现对电动机的连续控制。

在电动机的连续控制电路中,由于电动机启动后可以长时间地连续运行,为了避免电动机因过载而被烧毁,电路中增加了热继电器 FR。热继电器的整定电流必须按电动机的额定电流进行调整,绝对不允许人为弯折双金属片;热继电器一般应置于手动复位的位置上,当需要自动复位时,可将复位调节螺钉以顺时针方向向里旋;热继电器因电动机过载动作后,若要再次启动电动机,必须待其冷却后(自动复位需 5min,手动复位需 2min),才能使热继电器复位。

2. 电路的安装

电动机的连续控制线路并不复杂,与点动控制线路相比,多一个热继电器,又多一个自锁环节,注意到这两个环节,接线一般就不会发生错误。其电气接线图如图 6-2 所示。

(1)电路安装

电路安装的主要步骤如下:

● 在未安装前,对照电气原理图核对所有电器元件,并重点检查与测试热继电器。

● 在自制工作台上按电器位置图用木螺钉固定元器件。

● 接线。

● 用万用表认真检查电路,确保接线正确无误。

● 连接电动机,进行板外配线。

● 经指导教师检查后,按规定操作通电试验。如果电路有故障或不能达到预期控制功能,重新检查线路,直到完全成功。

● 回答教师的提问或解决教师所设置的故障。

● 拆除线路,反复练习。

（2）接线注意事项

● 控制电路的电源从线电压中取出，电压值是 380V，而不是 220V。

● 自锁环节采用接触器常开辅助触点并接在启动按钮两端的方式，而不是接到主触头或常闭触头上。

● 尽量使用三色导线，做到横平竖直、清洁美观。

● 导线的接头要牢固、可靠。

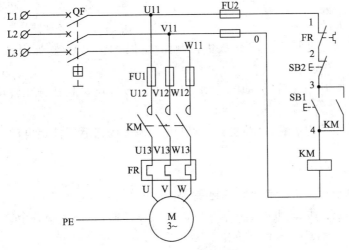

(a) 电气原理图

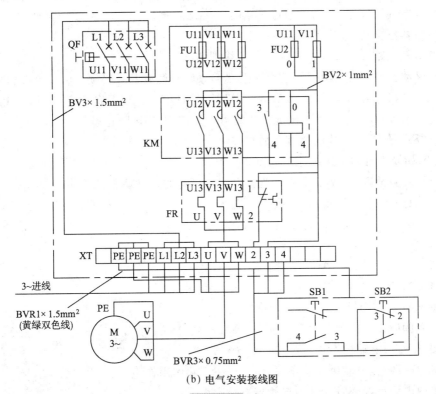

(b) 电气安装接线图

图 6-2

3. 电路的常见故障分析与检修

电动机的连续控制线路比较简单，只要按要求细心连接，一般是不会发生故障的，即使出现故障也很容易排除。电路的常见故障及其可能原因如下：

● 通电试验时，一按下启动按钮 SB2，熔断器 FU2 便熔断，原因可能是接触器线圈短路或碰壳。

● 通电试验时，一按下启动按钮 SB2，熔断器 FU1 便熔断，原因可能是电动机相间短路或线圈碰壳。

● 电路一上电，电动机便转动，SB1、SB2 失去控制作用，原因是接触器坏或触头接错。

● 电路一上电，电动机便转动，SB2 失去控制作用，但 SB1 仍有效，原因是 SB2 有故障或错接成常闭按钮了。

● 通电试验时，按下 SB2 后，电动机转动，但一松开 SB2 电动机便停止转动，原因是自锁触头接错。

● 通电试验时，按下 SB2 后，电动机转动；但按下 SB1 按钮后不能使电动机停止转动，原因是 SB1 接错。

4. 实训内容及要求

(1) 三相异步电动机连续控制线路的连接

● 仔细观察三相异步电动机连续控制系统的电气原理图，认识图中各个电器符号的含义，明确各个元件的作用，认真分析其工作原理。

● 按原理图中给出的电器元件列出元器件明细表，清点元件数量并检验其质量。

● 根据电气原理图，画出电器位置草图。

● 按电器位置草图，将各电器元件安装在木台上。

● 按电气线路安装的工艺要求进行接线训练。

● 自己动手检查电路，特别注意接触器的自锁常开触点 KM 必须与启动按钮 SB2 并联。

● 经老师检查后通电试验。启动电动机时，最好用右手按下启动按钮 SB2，同时用左手轻触停止按钮 SB1，以保证万一出现故障时可立即按下 SB1，防止事故扩大。

● 反复练习，提高接线的速度和质量。

(2) 三相异步电动机连续控制线路的故障检修

● 自己设置故障点(至少 5 个)，观察电路故障时的故障现象。例如：

◇ 去除停止按钮 SB1 或 SB，短路。

◇ 将 SB2 换为常闭按钮。

◇ 将 KM 线圈的两个接线端子断开一个不接。

◇ 将 KM 主触头的三个接线端子断开一个不接。

◇ 将 KM 三个主触点中的一个垫上一张小纸片。

◇ 将 KM 的辅助触头断开一个不接。

● 由老师假设故障现象，由学生分析故障发生的可能原因。例如：

◇ 按下 SB2，电动机不转。

◇ 接通电源后，电动机转个不停，SB1 按钮不起作用。

◇ 接通电源后，电动机不转，接触器有嗡嗡声。

◇ 合上 QS 后，熔断器 FU2 马上熔断。

◇ 合上 QS 后,按下 SB2 按钮,电动机缓慢启动一会儿接触器释放,再按 SB2 电路无反应。

6.2.2 三相异步电动机的正反转控制线路(课题九)

课题目标:
● 掌握接触器连锁控制方式的分析方法,进一步加深对电气控制线路的理解。
● 掌握三相异步电动机正反转控制线路的安装和故障检修方法。

1. 电路的工作原理

在生产加工过程中,往往要求电动机能够实现可逆运行。如机床工作台的前进与后退、主轴的正转与反转、起重机吊钩的上升与下降等,这就要求电动机可以正反转。由电动机原理可知,若将接至电动机的三相电源进线中的任意两相对调,即可使电动机反转。所以可逆运行控制线路实质上是两个方向相反的单向运行线路,但为了避免误动作引起电源相间短路,又在这两个相反方向的单向运行线路中加设了必要的互锁。按照电动机可逆运行操作顺序的不同,有"正—停—反"和"正—反—停"两种控制线路。

(1)电动机"正—停—反"控制线路

图 6-3 为电动机正反转控制线路。该图为利用两个接触器的常闭触头 KM1、KM2 起相互控制作用,即一个接触器通电时,利用其常闭辅助触头的断开来锁住对方线圈的电路。这种利用两个接触器的常闭辅助触头互相控制的方法叫做互锁,两对起互锁作用的触头叫做互锁触头。

图 6-3(a)控制线路作正反向操作控制时,必须首先按下停止按钮 SB1,然后再反向启动,因此它是"正—停—反"控制线路。

线路的工作原理如下:先合上电源开关 QS。

① 正转控制

按下 SB1→KM1 线圈得电 { →KM1 自锁触头闭合自锁 →电动机 M 启动运转
→KM1 主触头闭合
→KM1 连锁触头分断对 KM2 的连锁

② 反转控制

先按下 SB3→KM1 线圈失电 { →KM1 自锁触头分断,解除自锁 →电动机 M 停转
→KM1 主触头分断
→KM1 连锁触头恢复闭合,解除对 KM2 的连锁

再按下 SB2→KM2 线圈得电 { →KM2 自锁触头闭合自锁 →电动机 M 启动反转
→KM2 主触头闭合
→KM2 连锁触头分断对 KM1 的连锁

(2)电动机"正—反—停"控制线路

实际生产中为了提高劳动生产率,减少辅助工时,要求直接实现正反转的变换控制。由于电动机正转的时候,按下反转按钮时首先应断开正转接触器线圈线路,待正转接触器释放后再接通反转接触器,为此可以采用两只复合按钮实现之。其控制线路如图 6-3(b)所示。

在这个线路中,正转启动按钮 SB2 的常开触头用来使正转接触器 KM1 的线圈瞬时通电,其常闭触头则串联在反转接触器 KM2 线圈的电路中,用来使之释放。反转启动按钮 SB3 也按 SB2 同样安排,当按下 SB2 或 SB3 时,首先是常闭触头断开,然后才是常开触头闭合。这样在需要改变电动机运转方向时,就不必按 SB1 停止按钮了,可直接操作正反转按

钮,即能实现电动机运转情况的改变。

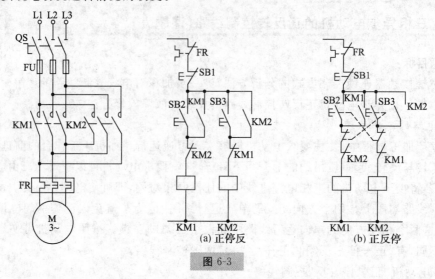

图 6-3

图 6-3(b)的线路中既有接触器的互锁,又有按钮的互锁,保证了电路可靠地工作,为电力拖动控制系统所常用。

2. 实训内容及要求

(1)电器元件的检测

要求用正确的方法逐个进行测试。

(2)三相异步电动机正反转控制线路的连接

● 仔细分析三相异步电动机正反转控制系统的电气原理图,掌握图中各个电器符号的含义,明确各个元件的作用,认真分析其工作原理。

● 按原理图中给出的电器元件列出元器件明细表,清点元器件数量并检验其质量。

● 按电器位置草图,将各电器安装在木台上。

● 按电气线路安装的工艺要求进行接线练习。由于导线较多,接线时最好使用编码套管。

● 自己动手检查电路。主电路中正反转时必须换相;控制电路中注意接触器主触点和辅助触点的连接方法。两接触器的互锁触点千万不能接错,否则主电路两相短路。

● 经老师检查后通电试验。试验时,先合上 QS,再检验 SB2 与 SB1、SB3 与 SB1 的控制是否正常。

● 反复练习,提高接线的速度和质量。

3. 电路的故障分析与检修

该电路故障发生率比较高。常见故障主要有以下几方面的原因:

● 按下 SB2,电动机不转,按下 SB3,电动机运转正常,故障原因可能是 KM1 线圈断路,或 SB2 损坏产生断路。

● 按下 SB2,电动机正常运转,但按下 SB3 后电动机不反转,接通电源后,电动机转个不停,SB3 按钮不起作用,故障原因可能是 KM2 线圈断路,或 SB3 损坏产生断路。

● 在电动机正转或反转时,按下 SB1 不能停车,故障原因可能是 SB1 失效。

● 按下 SB2 或 SB3 电动机都不转,按下 SB1 后,再按 SB2 或 SB3,则电动机工作正常,故障原因是 SB1 坏或接错。

● 合上 QS 后,熔断器 FU2 马上熔断,故障原因可能是 KM1 或 KM2 线圈、触头短路。

● 合上 QS 后,熔断器 FU1 马上熔断,故障原因可能是 KM1 或 KM2 短路,或电动机相间短路,或正反转主电路换相线接错。

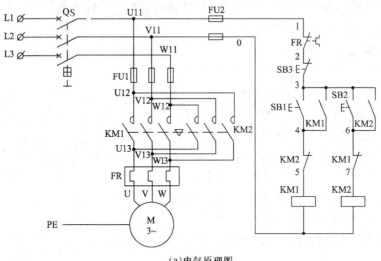

(a)电气原理图

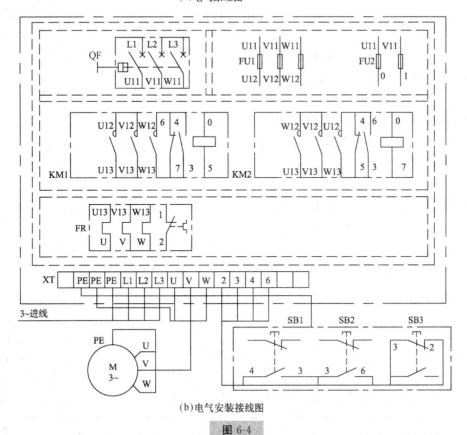

(b)电气安装接线图

图 6-4

● 按下 SB2 后电动机正常运行,再按下 SB3,FU1 马上熔断,故障原因可能是正反转主电路换相线接错。图 6-4 是电动机"正—停—反"控制的电气原理图及安装接线图。

　　4. 自己设置故障并检修

● 自己设置故障点(至少 5 个),观察电路故障时的故障现象。例如:

◇ 将停止按钮 SB1 换成常开按钮。

◇ 将 KM1 常开辅助触头与 SB2 串联,KM2 常开辅助触头与 SB3 串联。

◇ 将 KM1 和 KM2 的常开辅助触头对调位置。

◇ 将 KM1 线圈断路。

◇ 将 KM1 和 KM2 的常开主触点直接并联不换相。

◇ 将 KM1 主触头的三个接线端子断开一个不接。

● 由老师假设故障现象,由学生分析故障发生的可能原因。例如:

◇ 按下 SB1,电动机不转;按下 SB2,电动机运转正常。

◇ 接通电源后,电动机转个不停,SB3 按钮不起作用;按下 SB2 后,电动机停止转动。

◇ 合上 QS 后,熔断器 FU2 马上熔断。

◇ 按下 SB2,电动机运转正常;但按下 SB3 后,电动机不反转。

◇ 在电动机正转或反转时,按下 SB1 不能停车。

◇ 按下 SB2,电动机正常运行;再按下 SB3,FU1 马上熔断。

考 核 试 题

　　1. 正反转控制线路考核内容

● 控制线路中有短路、过载保护。

● 采用交流接触器辅助触点联锁。

● 根据以上要求设计并绘制电气原理图。

三相异步电动机铭牌数据如下:

Y-112M-4

额定功率:4kW　　　　额定电压:380V　　　　额定电流:8.8A

接法:△　　　　　　 转速:1440 r/min　　　 频率:50Hz

　　2. 绘制电气原理图

表 6-1

文字符号	名　称	规　格		数量
	空气开关	热整定电流:	额定电流:	
FU1		熔断器电流:	熔体电流:	
FU2		熔断器电流:	熔体电流:	
KM1—2		额定电流:	线圈电压:	
FR		热整定电流:		
SB		LA4-3H　　5A　　3联式		
XT		额定电流:		
	主电路导线	截面积:		
	控制电路导线	截面积:		

　　3. 评分标准

评分标准见表 6-2。

表6-2

项目内容	配分	评 分 标 准	扣分	得分	评分人
绘原理图	15	图形、文字符号与国标不符,每处扣4分			
		设计电路不符合要求有错误,扣10分			
选择电器元件	10	文字符号、名称、数量填写不对,每处扣1分			
		电器元件规格选择不对,每处扣2分			
		电器元件整定值、熔芯选配不对,每处扣5分			
安装接线	35	没按电气原理图接线,扣5分			
		布线不横平竖直,不紧贴板面,扣5~15分			
		走线交叉、反圈、露铜过长、压绝缘层,每处扣1分			
		接头松动、线芯或绝缘损伤,每处扣3分			
通电试车	35	一次试车不成功,扣20分(通电由评分人员制定)			
		发生短路,烧毁电器元件,扣20分			
安全文明生产	5	违反安全文明生产规定,扣5分			
规定时间	2h	开始时间　　　结束时间　　　时间扣分	总得分		
备注		每超5min,扣5分,不足5min按5min计			
		每个项目扣分不可超过该项目配分			
		乱线敷设加扣不安全分,扣20分			

6.2.3　三相异步电动机的自动往返控制线路(课题十)

课题目标:

● 掌握自动往返控制方式的分析方法,进一步加深对电气控制线路的理解。

● 掌握三相异步电动机自动往返控制线路的安装和故障检修方法。

在生产实践中,有些生产机械的工作台需要自动往复运动,如龙门刨床、导轨磨床等。图6-5即为最基本的自动往复循环控制线路,它是利用行程开关实现往复运动控制的,通常称为行程控制原则。

限位开关SQ1放在左端需要反向的位置,而SQ2放在右端需要反向的位置,机械挡铁要装在运动部件上。启动时,利用正向或反向启动按钮,如按正转按钮SB2,KM1通电吸合并自锁,电动机作正向旋转带动机床运动部件左移,当运动部件移至左端并碰到SQ1时,将SQ1压下,其常闭触头断开,切断KM1接触器线圈电路,同时其常开触头闭合,接通反转接触器KM2线圈电路,此时,电动机由正向旋转变为反向旋转,带动运动部件向右移动直到压下SQ2限位开关,电动机由反转又变成正转,这样驱动运行部件进行往复循环运动。需要停止时,按停止按钮SB1即可停止运转。

由上述控制情况可以看出,运动部件每经过一个自动往复循环,电动机要进行两次反接制动过程,将出现较大的反接制动电流和机械冲击。因此,这种线路只适用于电动机容量较小、循环周期较长、电动机转轴具有足够刚性的拖动系统中。另外,在选择接触器容量时应比一般情况下选择的容量大一些。

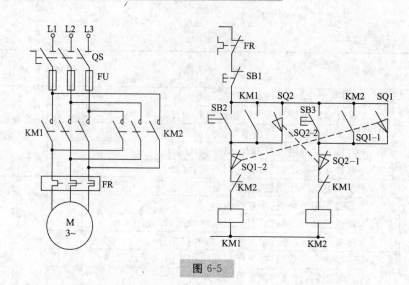

图 6-5

　　除了利用限位开关实现往复循环之外,还可利用限位开关控制进给运动到预定点自动停止的限位保护等电路,其应用相当广泛。

　　自动往复行程控制电路的工作流程图如下:

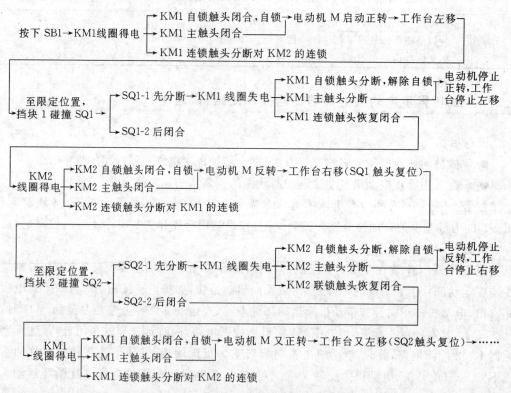

6.2.4　三相异步电动机的星形-三角形控制线路(课题十一)

课题目标:

● 掌握星形-三角形控制方式的分析方法,进一步加深对电气控制线路的理解。

● 掌握三相异步电动机星形-三角形控制线路的安装和故障检修方法。

正常运行时定子绕组接成三角形,而且三相绕组六个抽头均引出的笼型异步电动机常采用星形-三角形减压启动方法来达到限制启动电流的目的。

启动时,定子绕组首先接成星形,待转速上升到接近额定转速时,将定子绕组的接线由星形接成三角形,电动机便进入全电压正常运行状态。因功率在 4kW 以上的三相笼型异步电动机均为三角形接法,故都可以采用星形-三角形启动方法。

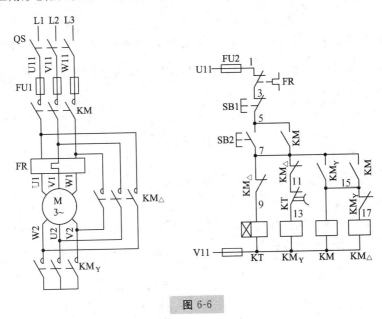

图 6-6

星形-三角形换接减压启动控制线路(图 6-6)工作流程图如下:

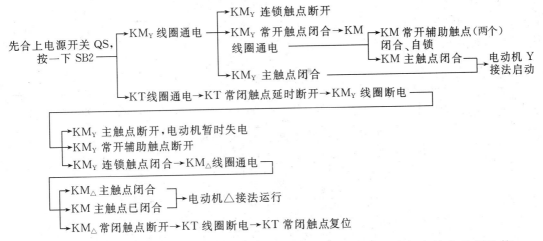

下面来分析星形-三角形减压启动时的启动电流和启动转矩,并与直接启动相比较。

设 U_N 为电网的线电压,U_{YP} 为定子绕组星形接法时的相电压,$U_{\triangle P}$ 为定子绕组三角形接法时的相电压,I_{YP} 为星形接法时的启动相电流,$I_{\triangle P}$ 为三角形接法时的启动相电流,I_{YL} 为星形接法时的启动线电流,$I_{\triangle L}$ 为三角形接法时的启动线电流,Z 为绕组每相阻抗。

Y 接法启动时
$$I_{YL}=I_{YP}=\frac{U_{YP}}{Z}=\frac{U_N/\sqrt{3}}{Z}=\frac{U_N}{\sqrt{3}Z},$$

△接法启动时
$$I_{\triangle P}=\frac{U_{\triangle P}}{Z}=\frac{U_N}{Z},\quad I_{\triangle L}=\sqrt{3}I_{\triangle P}=\sqrt{3}\frac{U_N}{Z}$$

两式相除，得 $\dfrac{I_{YL}}{I_{\triangle L}}=\dfrac{\frac{U_N}{\sqrt{3}Z}}{\sqrt{3}\frac{U_N}{Z}}=\dfrac{1}{3}$，可见，星形接法的启动线电流为三角形接法的1/3。

设 M_{QY} 为星形接法的启动转矩，M_Q 为三角形接法的启动转矩，则星形接法的启动转矩为三角形接法的 $\dfrac{1}{3}$，所以星形-三角形启动只适用于空载或轻载启动，且正常工作是三角形接法的电动机，此法经济可靠。

考核试题

1. 三相异步电动机的星形-三角形控制线路考核要求
● 根据电气原理图安装接线。
● 根据电动机铭牌数据选择电气元件及规格等。
● 三相异步电动机铭牌数据如下：

Y－132M－4

| 7.5kW | 380V | 1450 r/min |
| △ | 15.4A | 50Hz |

2. 电气原理图
电气原理图见图 6-6。
3. 评分标准
评分标准见表 6-3。

表 6-3

项目内容	配分	评 分 标 准	扣分	得分	评分人
选择电器元件	15	1. 文字符号、名称、数量填写不对，每个扣1分			
		2. 电器元件规格选择不对，每个扣2分			
		3. 热整定值、熔芯选配不对，每个扣5分			
安装接线	40	1. 没按电气原理图接线，扣10分			
		2. 布线不横平竖直、不紧贴板面，扣5～15分			
		3. 走线交叉、反圈、露铜过长、压绝缘层，每处扣1分			
		4. 接头松动、线芯或绝缘损伤，每处扣3分			
通电试车	40	1. 一次试车不成功，扣20分			
		2. 发生短路、烧毁电器元件，扣20分			
		3. 通电由评分人员不带电动机空载操作			
安全文明生产	5	违反安全文明生产规定，扣5分			

续表

规定 时间	3.0 h	开始时间		结束时间		时间 扣分		总得分
备注	1. 乱线敷设加扣不安全分 15 分							
	2. 每超 5min 扣 5 分,不足 5min 按 5min 计							
	3. 每个项目扣分不可超过该项目配分							

6.2.5　双速电动机自动变速控制线路(课题十二)

课题目标:

● 掌握双速电动机自动变速控制方式的分析方法,进一步加深对电气控制线路的理解。

● 掌握双速电动机自动变速控制线路的安装和故障检修方法。

图 6-7 为 4/2 极的双速异步电动机定子绕组接线示意图,图 6-7(a)将电动机定了绕组的 U1、V1、W1 三个接线端接三相交流电源,而将定子绕组的 U2、V2、W2 三个接线端悬空,三相定子绕组接成三角形。此时每相绕组中的①、②线圈串联,电流方向如图 6-7(a)中虚线箭头所示,电动机以 4 极运行,此时为低速。若将电动机定子绕组的

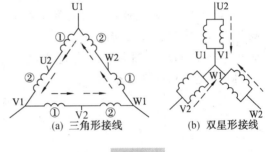

(a) 三角形接线　　(b) 双星形接线

图 6-7

三个接线端子 U1、V1、W1 连在一起,而将 U2、V2、W2 接三相交流电源,则原来三相定子绕组的三角形接线即变为双星形接线,此时每相绕组中的①、②线圈相互并联,电流方向如图 6-7(b)中虚线箭头所示,于是电动机便以 2 极运行,此时为高速。

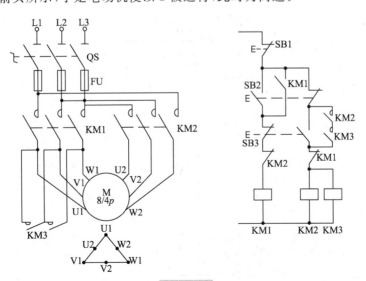

图 6-8

双速电动机的控制线路有许多种,可以用双速手动开关进行控制,其线路较简单,不能带负荷启动。一般是用交流接触器来改变定子绕组的接线方法,从而改变其转速。

用按钮和接触器控制双速电动机的控制线路如图6-8所示。其工作原理如下:先合上电源开关QS,按下低速启动按钮SB2,低速接触器KM1线圈获电,互锁触头断开,自锁触头闭合,KM1主触头闭合,电动机定子绕组作三角形连结,电动机低速运转。

如需换为高速运转,可按下高速启动按钮SB3,于是低速接触器KM1线圈断电释放,主触头断开,自锁触头断开,互锁触头闭合,几乎同时高速接触器KM2和KM3线圈获电动作,主触头闭合,使电动机定子绕组连成双星形并联,电动机高速运转。因为电动机的高速运转是由KM2和KM3两个接触器来控制的,所以把它们的常开辅助触头串联起来作为自锁,只有当两个接触器都吸合时才允许工作。

考 核 试 题

1. 双速电动机自动变速控制线路考核要求
● 根据电气原理图安装接线。
● 考生根据电动机铭牌数据选择电气元件及规格等(见表6-1)。
三相异步电动机铭牌数据如下:

YD112M-4/2

3.3kW/4kW　　(1450 r/min)/(2890 r/min)　　△/2Y　　7.4A/8.6A

2. 电气原理图
电气原理图见图6-9。

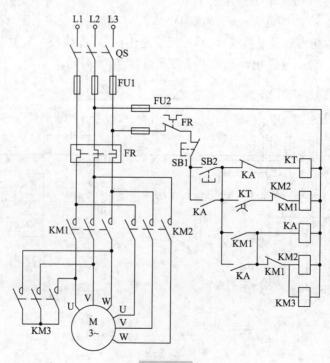

图 6-9

3. 评分标准

评分标准见表 6-3。

6.2.6 正反转控制及停车能耗制动控制线路(课题十三)

课题目标:

● 掌握正反转控制及停车能耗制动控制方式的分析方法,进一步加深对电气控制线路的理解。

● 掌握正反转控制及停车能耗制动控制线路的安装和故障检修方法。

所谓能耗制动,就是在电动机脱离三相交流电源之后,定子绕组上加一个直流电压,通入直流电流,利用转子感应电流与静止磁场的作用以达到制动的目的。根据能耗制动时间控制原则,可用时间继电器进行控制;也可以根据能耗制动速度控制原则,用速度继电器进行控制。下面主要以单向能耗制动控制线路为例来说明。

图 6-10 为时间控制原则控制的单向能耗制动控制线路。在电动机正常运行的时候,若按下停止按钮 SB1,电动机由 KM1 断电释放而脱离三相交流电源,直流电源则由于接触器 KM2 线圈通电、KM2 主触头闭合而加入定子绕组,时间继电器 KT 线圈与 KM2 线圈同时通电并自锁,于是电动机进入能耗制动状态。当其转子的惯性速度接近于零时,时间继电器延时打开的常闭触头断开接触器 KM2 线圈电路。由于 KM2 常开辅助触头的复位,时间继电器 KT 线圈的电源也被断开,电动机能耗制动结束。图 6-10 中 KT 的瞬时常开触头的作用是考虑 KT 线圈断线或机械卡住故障时,电动机在按下按钮 SB1 后电动机能迅速制动,两相的定子绕组不致长期接入能耗制动的直流电流。该线路具有手动控制能耗制动的能力,只要使停止按钮 SB1 处于按下的状态,电动机就能实现能耗制动。

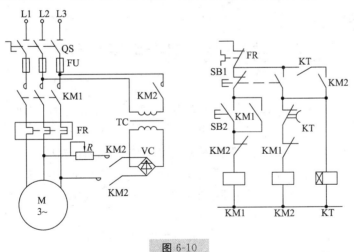

图 6-10

考 核 试 题

1. **正反转控制及停车能耗制动控制线路**

● 根据电气原理图安装接线。

● 考生根据电动机铭牌数据选择电气元件及规格等(表 6-1)。

三相异步电动机铭牌数据如下:

Y-160M-4

11kW　　380V　　1440 r/min　　△　　22.6A　　50Hz

2. 电气原理图

电气原理图如图 6-11 所示。

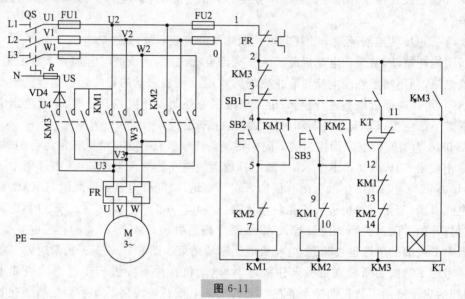

图 6-11

3. 评分标准

评分标准见表 6-3。

6.2.7　三台电动机顺序启动逆序停车控制线路(课题十四)

课题目标:

● 掌握三台电动机顺序启动逆序停车控制方式的分析方法,进一步加深对电气控制线路的理解。

● 正反转控制及停车能耗制动控制线路的安装和故障检修方法。

在装有多台电动机的生产机械上,各电动机所起的作用是不同的,有时需按一定的顺序启动或停止,才能保证操作过程的合理和工作的安全可靠。例如,X62W 型万能铣床上要求主轴电动机启动后,进给电动机才能启动。

控制电路实现电动机顺序控制的几种线路如图 6-12 所示。

图 6-12(a)所示控制电路的特点是:电动机 M2 的控制电路先与接触器 KM1 的线圈并接,然后再与 KM1 的自锁触头串接,这样就保证了 M1 启动后,M2 才能启动的顺序控制要求。

图 6-12(b)所示控制电路的特点是:在电动机 M2 的控制电路中串接了接触器 KM1 的常开辅助触头。显然,只要 M1 不启动,即使按下 SB2-1,由于 KM1 的常开辅助触头未闭合,KM2 线圈也不能得电,从而保证了 M1 启动后,M2 才能启动的控制要求。线路中停止按钮 SB1-2 控制两台电动机同时停止,SB2-2 控制 M2 的单独停止。

图6-12(c)所示控制电路是在图6-12(b)所示电路中的SB1-2的两端并接了接触器KM2的常开辅助触头,从而实现了M1启动后M2才能启动,而M2停止后M1才能停止的控制要求,即M1、M2是顺序启动,逆序停止。

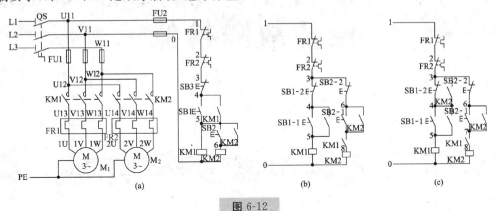

图6-12

考 核 试 题

1. 考核内容

● 根据电气原理图安装接线。

● 根据电动机铭牌数据选择电气元件及规格等(见表6-1)。

三相异步电动机铭牌数据如下:

Y-160M-4

11kW　　　380V　　　1440 r/min　　　△　　　22.6A　　　50Hz

2. 电气原理图

电气原理图见图6-13。

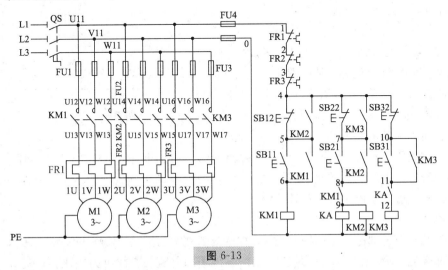

图6-13

3. 评分标准

评分标准见表6-3。

第 7 章　常用生产机械电气控制设备故障检修

7.1　电气控制线路的故障检查方法

7.1.1　电阻检查法

1. 电阻测量法

电阻测量法分为分段测量法和分阶测量法,图 7-1 为分段电阻测量示意图。

检查时,先断开电源,把万用表拨到电阻挡,然后逐段测量相邻两标号点(1—2)、(2—3)、(3—4)、(4—5)之间的电阻。若测得某两点间电阻很大,说明该触点接触不良或导线断路。若测得(5—6)间电阻很大(无穷大),则线圈断线或接线脱落;若电阻接近零,则线圈可能短路。必须注意,用电阻测量法检查故障一定要断开电路电源,否则会烧坏万用表;所测电路如果

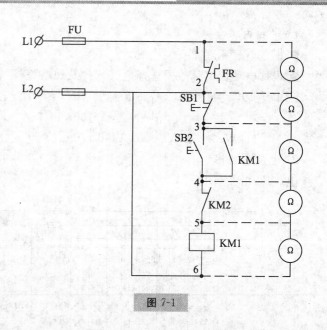

图 7-1

并联了其他电路,所测电阻值就不准确,容易误导。因此,测量时必须将被测电路与其他电路断开。最后一点要注意的是,要选择好万用表的量程,如测量触点电阻时,量程不要太高,否则可能掩盖触点接触不良的故障。

2. 短接法

机床电气设备的故障多为断路故障,如导线断路、虚连、虚焊、触头接触不良、熔断器熔断等。对这类故障,用短接法查找往往比用电压法和电阻法查找更为快捷。检查时,只需用一根绝缘良好的导线,将所怀疑的断路部位短接,当短接到某处,电路接通,说明故障就在该处。

（1）局部短接法

局部短接法的示意图如图 7-2 所示。

按下启动按钮 SB2 时，若 KM1 不吸合，说明电路中存在故障，可运用局部短接法进行检查。检查前，先用万用表测量（1—6）两点间电压，电压不正常，不能用短接法检查。在电压正常的情况下，按下启动按钮 SB2 不放，用一根绝缘良好的导线，分别短接标号相邻的两点（1—2）、（2—3）、（3—4）、（4—5）。当短接到某两点时，KM1吸合，说明这两点间有断路故障。

（2）长短接法

长短接法是用导线一次短接两个或多个触头查找故障的方法。

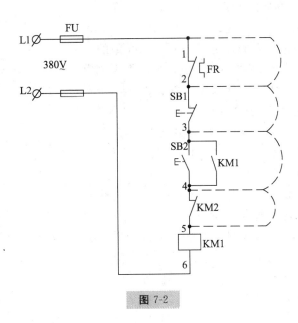

图 7-2

相对局部短接法，长短接法有两个重要作用和优点。一是在两个以上触头同时接触时，局部短接法很容易造成判断错误，而长短接法可避免误判。以图 7-2 为例，先用长短接法将（1—5）点短接，如果 KM1 吸合，说明（1—5）这段电路有断路故障，然后再用短接法或电压法、电阻法逐段检查，找出故障点。二是使用长短接法，可把故障压缩到极小的范围。如先短接（1—3）点，KM1 不吸合，再短接（3—5）点，KM1 能吸合，说明故障在（4—5）点之间电路中，再用局部短接法即可确定故障点。必须注意，短接法是带电操作，因此要切实注意安全。短接前要看清电路，防止错接烧坏电器设备。短接法只适用于检查连接导线及触头一类的断路故障，对线圈绕组电阻等断路故障，不能采用此法。对机床的某些重要部位最好不要使用短接法，若考虑不周，会造成事故。

7.1.2　电压检查法

图 7-3 为测量示意图。接通电源，按下启动按钮 SB2，正常时，KM1 吸合并自锁，将万用表拨到 500 挡，对电路进行测量。这时电路中（1—2）、（2—3）、（3—4）、（4—5）各段电压均应为 0，（5—6）两点电压应为 380V。

1. 触点故障

按下按钮 SB2，若 KM1 不吸合，可用万用表测量（1—6）之间的电压，若测得电压为380V，说明电源电压正常，熔断器是好的。可接着测量（1—5）之间各段电压，如（1—2）之间电压为 380V，则热继电器 FR 保护触点已动作或接触不良，应查找 FR 所保护的电动机是否过载或 FR 整定电流是否调得太小，触点本身是否接触不好或连线松脱；如（4—5）之间电压为 380V，则 KM2 触点或连接导线有故障，依此类推。

2. 线圈故障

若（1—5）之间各段电压都为 0，（5—6）之间的电压为 380V，而 KM1 不吸合，则故障是KM1 线圈或连接导线断开。

除了分段测量法,还有分阶测量法和对地测量法。分阶测量法一般是将电压表的一根表笔固定在线路的一端(如图 7-3 中的 6 点),另一根表笔由下而上依次接到 5、4、3、2、1 各点,正常时,电表读数为电源电压。若无读数,则表笔逐级上移,当移至某点读数正常,说明该点以前触头或接线完好,故障一般是此点后第一个触头(即刚跨过的触头)或连线断路。因为这种测量方法像上台阶一样,故称为分阶测量法。对地测量法适用于机床电气控制线路接 220V 电压且零线直接接于机床床身的电路检修,根据电路中各点对地电压来判断、确定故障点。

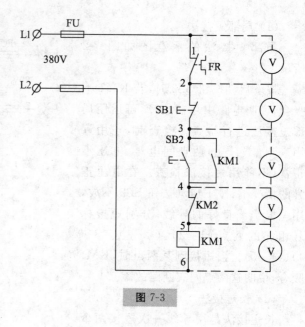

图 7-3

7.2 车床常见故障分析与处理

7.2.1 C616 型普通车床电气控制系统图

1. 电气控制线路特点

C616 型车床属于小型普通车床,床身最大工件回转半径为 160mm,最大工件长度为 500mm。

图 7-4 是 C616 型车床的电气原理图。该电路由三部分组成:从电源到三台电动机的电路称为主回路,这部分电路中通过的电流大;而由接触器、继电器等组成的电路称为控制回路,采用 380V 电源供电;第三部分是照明及指示回路,由变压器 TC 次级供电,其中指示灯 HL 的电压为 6.3V,照明灯 EL 的电压为 36V 安全电压。

该车床共有三台电动机,其中 M1 为主电动机,功率为 4kW,通过 KM1 和 KM2 可实现正反转,并具有过载保护、短路保护和零压保护装置;M2 为润滑泵电动机,由接触器 KM3 控制;M3 为冷却泵电动机,功率为 0.125kW,它除了受 KM3 控制外,还可视实际需要由转换开关 QS2 实现任意通、断。由于 SA1-1 为常闭触点,故 L13→1→3→5→19→L11 的电路接通,中间继电器 KA 得电吸合,它的常开触点(5—19)接通,为开车作好了准备。

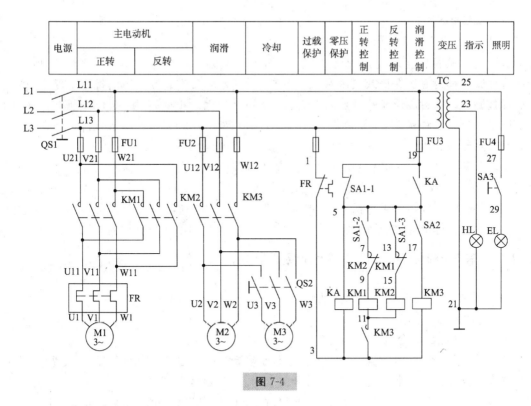

图 7-4

2. 润滑泵、冷却泵启动

在启动主电动机之前，先合上 SA2，则接触器 KM3 吸合。一方面，KM3 的主触点闭合，使润滑泵电动机 M2 启动运转；另一方面，KM3 的常开辅助触点（3—11）接通，为 KM1、KM2 吸合准备了电路。这就保证了先启动润滑泵电动机，使车床润滑良好后才能启动主电动机。在润滑泵电动机 M2 启动后，可合上转换开关 QS2，使冷却泵电动机 M3 启动运转。

3. 主电动机启动

SA1 为鼓形转换开关，它有一对常闭触点 SA1-1、两对常开触点 SA1-2 及 SA1-3。当启动手柄置于"零位"时，SA1-1 闭合，两对常开触点均断开；当启动手柄置于"正转"位置时，则 SA1-2 闭合，而 SA1-1、SA1-3 断开；当启动手柄置于"反转"位置时，则 SA1-3 闭合，而SA1-1 及 SA1-2 断开。这种转换开关可代替按钮进行操作。有些 C616 车床是用按钮进行操作的，其作用与转换开关相同。

主电动机工作过程如下：将启动手柄置于"正转"位置，即 SA1-2 接通，故 L13→1→3→11→9→7→5→19→L11 接通，接触器 KM1 得电吸合，它的主触点闭合，使主电动机 M1 启动正转，同时，KM1 的常闭辅助触点使（13—15）断开，其作用是对反转接触器 KM2 进行连锁。

若需主电动机反转，只要将启动手柄置于"反转"位置，这时 SA1-3 接通，而 SA1-2 断开，则接触器 KM1 释放，正转停止，并解除了对 KM2 的连锁，使（13—15）接通，接触器 KM2 吸合，使 M1 反转。

需要主电动机 M1 停止时，只要将 SA1 置于"零位"，则 SA1-2 及 SA1-3 均断开，正转或反转均停止，并为下次启动主电动机作好准备。

4. 零压保护

零压保护又称为失压保护。所谓零压保护就是电动机在正常工作过程中,因外界原因断电时,电动机将停止运转,而恢复供电以后,电路不会自行接通,电动机不会自行启动运转,这种保护称为零压保护或欠压保护。如图 7-1 所示的带有自锁环节的控制电路中,电动机启动以后,KM 的常开辅助触点闭合自锁,因外界原因断电时,接触器 KM 断电释放,电动机停转,同时自锁被解除,恢复供电后,若不操作启动按钮 SB2,KM 不会自行吸合,电动机 M 不会自行启动。

C616 车床的零压保护是通过中间继电器 KA 实现的:当启动手柄不在"零位"时,即电动机 M1 在正转或反转工作状态而断电时,中间继电器 KA 断电释放,它的常开触点(5—19)断开,恢复供电后,由于手柄不在"零位",即 SA1-1 已断开,KA 不会吸合,它的常开触点(5—19)不会自行接通,电动机 M1 不会自行启动,从而起到了零压保护的作用。

7.2.2　车床控制线路的故障检修(课题十五)

下面介绍常见的电气故障及其维修。

1. 润滑泵电动机 M2 不能启动

(1) KM3 能够吸合,但 M2 不能启动

这类故障原因主要是在电源部分。先检查熔断器 FU2 的熔芯是否熔断,接头是否松动、脱落。若熔断器正常,再检查电源总开关 QS1 的接触是否良好,可将 QS1 合上,用万用表的交流 500V 挡测量出线端的电压,正常时,任意两个出线端的电压均应为 380V。若 FU2 和 QS1 均正常,则可能是 KM3 主触点接触不良。引起主触点接触不良的原因之一是触点上有油污,应清除干净;原因之二是触点表面因电弧作用后形成金属小珠,应及时铲除,使三对主触点均接触良好。然后,可用万用表测量电动机 M2 接线端子 U2、V2、W2 之间的电压值。正常时,任意两端之间的电压应为 380V,这时,说明从电源到 M2 主电路中各电器触点和导线均正常。

(2) M2 电动机不能启动,且 KM3 又不吸合

这类故障主要是检查控制回路,然后可用电压法或电阻法对 L13→1→3→5→19→L11 和 L13→1→3→17→5→19→L11 两条控制回路进行检测,从而找出故障点并予排除,使接触器 KM3 得以吸合。

2. 主电动机 M1 不能启动

(1) M1 不能正转

将启动手柄置于"正转"位置时,SA1-2 应该接通,在 M1 已经启动的前提下,说明 L13→1→3 和 5→19→L11 两段电路已经接通,在这种情况下,故障既可能在控制电路中,也可能在主电路中。

在控制电路中,检查 3→11→9→7→5 电路,正常时,(3—11)、(9—7)、(7—5)的电压都应为 0。否则,说明某个触点或导线接触不良。排除触点故障后,测量(9—11)之间的电压应为 380V。若 KM1 仍不吸合,就是 KM1 接线松动或线圈内部断开。若 KM1 已经吸合,而 M1 仍不能启动运转,则故障在主电路中,应着重检查 KM1 主触点是否接触良好、热继电器 FR 的热元件是否烧断或脱焊、各连接导线是否接触牢固。正常时,U1、V1、W1 均应有电,且任意两线之间的电压应为 380V。

（2）M1 能正转而不能反转

若将启动手柄置于"反转"位置，而 M1 不能反转，其故障既可能是在控制回路的 11→15→13→5 的一段电路中，也可能是 KM2 的主触点接触不良，可用排除正转故障相同的方法加以排除。

3. 冷却泵电动机 M3 不能启动

若润滑泵电动机 M2 可以启动而冷却泵电动机 M3 不能启动，其故障就发生在转换开关 QS2 及其连接导线上，可用万用表分别检测 QS2 的进线端、出线端和 M3 引线端子的电压值。

4. 照明灯和指示灯电路的故障

控制变压器 TC 原边电压为 380V，副边有两个电压：其中（21—23）为指示灯电源，电压值为 6.3V，若电压正常而指示灯 HL 不亮，则应检查灯泡是否烧断，导线及灯头座是否接触良好；（21—25）为照明灯 EL 的电源，为 36V 安全电压，若 EL 不亮，先检查灯泡是否烧坏，再检查熔断器 FU4 的熔体是否熔断及开关 SA3、导线、灯头座是否接触良好。

7.3　钻床常见故障分析与处理

7.3.1　钻床电气控制系统图

1. 钻床电路的原理与维修

钻床是一种用途广泛的通用机床。它的结构形式很多，有立式钻床、卧式钻床、深孔钻床及多轴钻床等。摇臂钻床是一种立式钻床，在钻床中具有一定的典型性，主要用于对大型零件进行钻孔、扩孔、锪孔、铰孔和攻螺纹等。如果增加辅助设备，还可以进行镗孔，适用于成批生产时加工多种孔的大型零件。

摇臂钻床的运动形式分为：主运动、进给运动和辅助运动。其中主运动为主轴的旋转运动；进给运动为主轴的纵向移动；辅助运动有摇臂沿外立柱的垂直移动，主轴箱沿摇臂的径向移动，摇臂与外立柱一起相对于内立柱的回转运动。

由于摇臂钻床的工艺范围广、调速范围大、运动多，其电力拖动及其控制有如下特点：

● 摇臂钻床的运动部件较多，为简化传动装置，常采用多电动机拖动。

● 为了适应多种加工方式的要求，要求主轴和进给速度有较大的调速范围。主轴的低速运动主要用于攻螺纹、扩孔、铰孔等工艺，这些负载为恒转矩负载，一般速度下加工为恒功率负载。

● 摇臂钻床的主运动和进给运动分别为主轴的旋转运动与主轴的纵向移动。因此，可将主轴变速机构和进给变速机构放在一个变速箱内，两种运动由一台电动机拖动。

● 加工螺纹时要求主轴能正、反转。摇臂钻床采用机械方法变换转向，因此，电动机不需要正、反转。

● 摇臂升降由单独的电动机拖动，必须有正、反转。

● 钻削加工时，要求主轴箱紧固在摇臂导轨上，外立柱紧固在内立柱上，摇臂紧固在外立柱上。这些运动部件的夹紧与放松,有的采用手柄机械操作,有的依靠夹紧电动机带动液压泵通过夹紧机构来实现[即电气—液压—机械装置来实现(有的采用电气—机械装置;有的采用电气—液压装置)]。视各种摇臂钻床、各种运动部件的不同而不同,相应的电气控制也各不相同。

● 加工时,为对刀具及工件进行冷却,需要有冷却泵,由专门的电动机拖动。

● 采取必要的连锁和保护措施。如过载短路保护、限位保护、零压保护以及主轴旋转与摇臂升降不允许同时进行的连锁。

2. Z35 型摇臂钻床

图 7-5 为 Z35 摇臂钻床的电气控制原理图。本机床采用四台电动机拖动。其中 M1 为冷却泵电动机,M2 为主轴电动机,M3 为摇臂升降电动机,M4 为立柱松紧电动机。

冷却泵电动机	主轴电动机	摇臂升降电动机	立柱松紧电动机	零压保护	主轴启动	摇臂		立柱	
						上升	下降	放松	夹紧

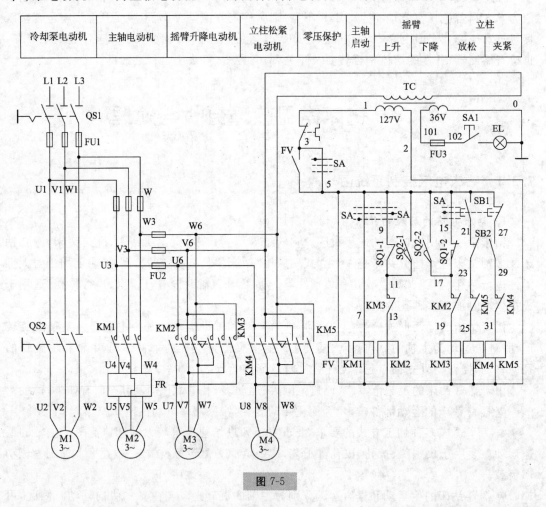

图 7-5

7.3.2 钻床控制线路的故障检修(课题十六)

常见电气故障与维修如下:

1. 主轴电动机不能启动

首先应检查熔断器 FU1 和 FU2 是否熔断;其次,检查十字开关 SA 的触头(3—5)和(5—

7)以及接触器 KM1 的主触头接触是否良好。若 SA 触头(3—5)接触不良,在将手柄扳到左边位置时,零压保护继电器 FV 不能得电吸合;若 SA 触头(5—7)接触不良,在手柄从左边扳到右边位置时,接触器 KM1 的线圈不能得电吸合;若十字开关的触头接触良好,而是接触器 KM1 的主触头接触不良时,则扳动手柄后,可听到接触器 KM1 的通电吸合声,但主轴电动机不启动。此外,连接触头的导线断路或接头松脱、热继电器 FR 动作后未复位,也会使主轴电动机不能启动。当发生上述故障时,要仔细分析故障原因,找出故障点,及时修复。

有时,电动机启动不了的原因是由电源电压过低、零压保护继电器 FV 或接触器 KM1 不能吸合引起的,这不属于电路故障。

2. 主轴电动机不能停车

正常情况下,当十字开关手柄扳到中间位置时,接触器 KM1 应断电释放,主轴电动机 M2 应停止运转。如果 M2 不能停车,多半是接触器 KM1 的动、静触头熔焊在一起造成的。这时,只有断开电源总开关 QS1,电动机才会停转。熔焊的触头要更换。同时,还必须找出触头熔焊的原因。如电动机是否过载,触头容量是否太小,触头弹簧是否损坏等。如果是触头容量不够而产生熔焊,则应选用容量大一些的接触器。在故障彻底排除后,才可重新启动主轴电动机。

3. 主轴电动机不能正常启动,并伴有"嗡嗡"声,而摇臂升降电动机 M3、立柱松紧电动机 M4 能正常启动运行

此故障通常是由电动机的三相供电线路缺相引起的。M3 和 M4 启动正常,说明公共线路是好的,故障发生在接触器 KM1 主触头到电动机 M2 之间的电路上。常见的故障原因有:

● KM1 三个主触头中有一个接触不良。

● 电动机 M2 定子绕组有一相的接线松动、脱落等。

● 热继电器 FR 的加热元件中有一相烧断。

如果是加热元件烧断,还应检查电动机 M2 的绕组是否短路。彻底排除了故障,电动机 M2 即可恢复正常。

4. 冷却泵电动机 M1 启动正常,但主轴电动机 M2、摇臂升降电动机 M3、立柱松紧电动机 M4 均不能正常启动

由 Z35 摇臂钻床的结构可知,电动机 M2、M3、M4 及其控制电路都是通过汇流环 W 来供电的。M1 启动正常,而 M2、M3、M4 不能正常启动,说明电源开关 QS1、QS2、熔断器 FU1 都是好的,故障发生在汇流环 W 及其后面的电路中。常见的故障原因有:

● 汇流环由铸铁制造,容易生锈,造成汇流环接触不良,使后面电路供不上电或电动机缺相运行,或控制电路无电源不工作。

● 熔断器 FU2 熔断,也会使得 M2、M3、M4 均不能启动,或 M2 能启动,但 M3、M4 缺相启动运行。具体情况要视 FU2 三根熔体的熔断情况来分析。

5. 主轴电动机刚启动一下即停止,然后不能再启动

首先应检查熔断器 FU1 是否熔断。如果更换新的熔体后重新启动又烧断,说明电动机绕组内部有短路故障。其次,还应检查热继电器 FR 常闭触头(1—3)是否断开。导致 FR 动作的原因通常有:电动机严重过载;FR 整定值偏小,以致未过载就动作;电动机启动时间过长,以致 FR 在启动过程中脱扣等。遇到这种故障,要一项一项仔细检查,找出故障原因,进行针对性修理。

6. 摇臂上升（下降）夹紧后电动机 M3 仍正、反转重复不停

此故障的原因是鼓形组合开关 SQ2 的两副常开触头调节得太近，使它们不能及时分断。图 7-6 中 3 和 4 是两块随转鼓 5 一起转动的动触头，两副常开静触头 1、2 分别对应 SQ2-1 和 SQ2-2，6 是转轴。当摇臂不作升降时，要求两副常开静触头 1、2 正好处于两块动触头 3 和 4 之间，使 SQ2-1 和 SQ2-2 都处于分断状态。如转轴受外力作用，使转鼓顺时针方向转过一个角度，则下面一对常开静触头 SQ2-2 接通；若转鼓逆时针旋转一个角度，则上面一对常开静触头 2-1 接通。由于动触头 3 和 4 的位置决定了转鼓旋转至两副常开静触头接通的角度，所以，鼓形组合开关 SQ2 是摇臂升降与松紧的关键。如果动触头 3 和 4 调整得太近，当摇臂上升到预定位置，将十字开关手柄扳回中间位置时，接触器 KM2 断电释放。由于 SQ2-2 在摇臂松开时已接通，故接触器 KM3 得电，电动机将反转，通过夹紧机构使摇臂夹紧；同时，摇臂夹紧机构带动转轴 6 逆时针旋转一个角度，使 SQ2-2 离开动触头 4 处于分断状态，KM3 断电，电动机 M3 断电。由于惯性，电动机及机械部分仍继续转过一段距离。此时，因动触头 3 和 4 调整得很近，使鼓形组合开关转过中间切断位置，动触头 3 又将 SQ2-1 接通，接触器 KM2 再次得电动作，电动机 M3 又正转起来。如此不断循环，造成电动机 M3 正、反转摆动运转，使摇臂夹紧和放松动作重复不停。

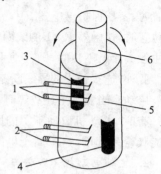

1、2—常开静触头；3、4—动触头；
5—转鼓；6—转轴

图 7-6

7. 摇臂升降后不能充分夹紧

引起此故障的原因有三个：

● 鼓形开关动触头的夹紧螺栓松动，造成动触头 3 或 4 的位置偏移。正常情况下，当摇臂放松上升到所需位置，将十字开关手柄扳到中间位置时，SQ2-2 应早已接通，使接触器 KM3 及时得电动作，摇臂自动夹紧。如果动触头 4 位置偏移，使 SQ2-2 未按要求闭合，则 KM3 不能得电，电动机 M3 也就不能反转进行夹紧，使摇臂仍处于放松状态。

● 鼓形组合开关的动、静触头弯扭、磨损、接触不良或两副常开静触头过早分断，也使摇臂不能充分夹紧。

● 在检修安装时，没有注意鼓形开关的两副常开触头的原始位置与夹紧装置的协调配合，起不到夹紧作用。例如，安装与鼓形组合开关相连的齿轮时，如果与前面扇形齿条的啮合偏移，就会使得摇臂夹紧机构在没有到达夹紧位置（或超过夹紧位置）时便停止运动。

8. 摇臂上升完毕没有夹紧作用，而下降完毕有夹紧作用；或上升完毕有夹紧作用，而下降完毕没有夹紧作用

如故障 7 中所分析的，当鼓形组合开关动触头的夹紧螺栓松动造成动触头 3 或 4 的位置偏移时，就会使 SQ2-1 或 SQ2-2 在应该闭合的时候不能闭合，电动机 M3 不能产生反转进行夹紧。若摇臂上升完毕不能夹紧，而下降完毕有夹紧作用，则是动触头 4 和静触头 SQ2-2 的故障；反之，若上升完毕有夹紧作用，而下降完毕不能夹紧，则是动触头 3 和静触头 SQ2-1 的故障。

9. 摇臂上升（或下降）后不能按需要停止

这种故障也是因鼓形组合开关的动触头 3 或 4 的位置调整得不正确造成的。例如，当十字开关手柄扳到向上位置时,接触器 KM2 得电动作,电动机 M3 正转,摇臂的夹紧装置放松并上升,这时应该是 SQ2-2 接通。但由于鼓形组合开关的起始位置未调准,反而将 SQ2-1 接通,使得在将十字开关手柄扳回中间位置时,不能切断接触器 KM2 的线圈电路,上升运动不能停止。甚至到了极限位置,限位开关 SQ1-1 也不能将它切断。发生这种故障时,应立即拉开电源总开关 QS1,避免机床运动部件与已装好的工件相撞。

　　10. 立柱只能放松、不能夹紧,或只能夹紧、不能放松

　　立柱的放松、夹紧是通过电动机 M4 正、反转,驱动齿轮式油泵,送出高压油,经一定的油路系统和传动机构来实现的。立柱只能放松,不能夹紧,电气、液压、机械几方面的故障都可能发生。首先应检查按下 SB2 时,KM5 是否吸合,M4 是否能启动运转,也就是电气控制是否正常。如果电气部分是好的,则故障出现在液压、机械部分,应检查油路系统和相应的传动机构是否完好;反过来,若立柱只能夹紧、不能放松,则应按照上面的步骤检查接触器 KM4 及其控制电路、相应的油路系统和传动机构,找出故障点。

7.4　M7140 型卧轴矩台平面磨床

7.4.1　电磁吸盘的结构

　　电磁吸盘的结构如图 7-7 所示,它实质上是一个直流电磁铁,由铁芯、线圈和工作台三部分组成。在工作台 1 的平面内嵌入极靴,极靴与工作台之间用由铅锡合金等绝磁材料制成的薄层 4 隔开。吸引线圈 3 套在盘体内的铁芯 2 上。当线圈中有直流电流通过时,在盘面非磁性间隙两边就形成一对磁极,由于磁感线从工件中通过,就将工件牢牢吸在盘面上。若工件加工完毕,只需将电磁吸盘激磁线圈的电流切断,即可取下工件。工作台单位面积的吸力约在 $2 \times 10^4 \sim 13 \times 10^4$ N 范围内,线圈消耗功率为 $100 \sim 300$ kW。

　　常见磁盘有圆形和矩形两种。按内部构造分有单芯柱和多芯柱。单芯柱式磁盘只有一个铁芯柱和一个线圈,因而磁感线分布不均匀,只适宜于一般小型磁盘。多芯柱式磁盘则是由几个甚至十几个铁芯柱和线圈组成,所以磁感线分布比较均匀,吸力特性较好。

　　电磁吸盘的控制电路根据不同的要求可采用不同的控制方法,常见电路一般可分为三个部分:励磁控制部分、退磁控制部分、电磁盘保护

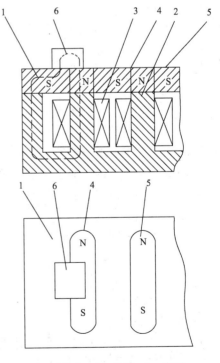

1—工作台;2—铁芯;3—线圈;
4—绝缘薄层;5—极靴;6—工件

图 7-7

部分。

第一部分是为电磁盘励磁提供直流电源,一般采用二极管整流、直流发电机供电或晶闸管(又称可控硅)整流。第二部分是工件加工完毕后为取出工件,给电磁盘提供退磁电源。一般采用转换开关给电磁盘通以反向直流电流,或通以逐渐变小最后趋近于零的交变电流。采用后一种方式退磁常见的有两种方法:一种是采用多组输出的控制变压器,通过转换开关将电磁盘依次通以由高到低的交流电压;另一种是采用晶闸管退磁装置。第三部分主要是防止工件在加工过程中电磁盘突然断电或励磁电流减小而造成电磁盘失磁或吸力下降,使工件脱出而发生事故。一般在电路中串联欠电流继电器。当流过电路的电流下降时,欠电流继电器动作,同时切断砂轮电动机主电路,使砂轮停止运转,以免造成事故。

7.4.2　M7140 型卧轴矩台平面磨床

该机床适用于加工各种零件的平面。

主运动是由一台砂轮电动机带动砂轮的旋转而实现的。砂轮架由一台交流电动机带动,使砂轮在垂直方向做快速移动。砂轮在垂直方向上可进行手动进给和液压自动进给。

工件的纵向和横向进给运动是由工作台的纵向往复运动和横向移动实现的。工件的夹紧采用电磁吸盘,电磁吸盘的励磁电压由一台直流发电机提供,直流发电机则由一台交流电动机拖动。冷却液由一台冷却泵电动机带动冷却泵供给。液压系统的压力油由一台交流电动机带动液压泵提供。

1. 电路工作原理

M7140 平面磨床电气线路如图 7-8 所示。

(1) 电路的组成

包括主电路、交流控制电路、直流控制电路、照明电路四部分。

① 主电路的组成。包括砂轮电动机电路、冷却泵电动机电路、液压泵电动机电路、直流发电机拖动电动机电路、砂轮架垂直快速移动电动机电路。

② 交流控制电路的组成。包括砂轮电动机与冷却泵电动机控制电路、液压泵电动机控制电路、砂轮架垂直快速移动电动机控制电路、直流发电机拖动电动机控制电路。

③ 直流控制电路的组成。包括电磁盘控制电路。

④ 照明电路的组成。包括工作灯和信号灯控制电路。

(2) 控制原理

合上电源开关 QF,电磁盘转换开关 SA2 扳向"接通"位置。

砂轮电动机的启动:按下 SB2 启动按钮,接触器 KM1 吸合。电流通路:3→SB1→5→SB2→7→KM1→12→FR1-1→10→FR1→FR2→6→FR3→4。KM1 吸合后通过 5→KA3→9→KM1→7 电路自锁。

其他部分读者自行分析。

退磁:工件磨好后,停止发电机组,将吸盘转换开关 SA2 置于"退磁"位置,利用发电机的惯性使发电机的直流电流反向通入,电磁吸盘退磁。

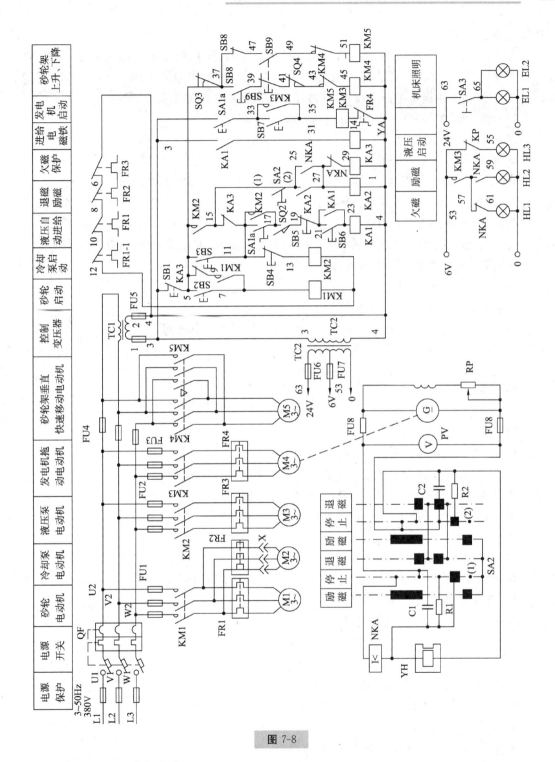

图 7-8

2. 常见电气故障与维修

（1）所有电动机均不能启动

对该故障应该从下列两方面入手：首先检查主电源部分，然后检查控制回路部分。

先检查电网进入自动开关 QF 前、后的三相电源电压是否正常，借此判断 QF 触点是否接触不良或损坏。

对控制回路部分的检查,首先应该检查控制变压器 TC1 输入、输出端电压是否正常,然后检查保险丝 FU5 是否完好,接触是否可靠。最后检查热继电器 FR1-1、FR1、FR2、FR3、FR4 中是否有误动作或保护启动等,其触点是否有损坏或接触不良等。

(2)砂轮电动机 M1 和冷却泵电动机 M2 均不能启动

可从下列几方面进行检查:

● 熔断器 FU1 是否完好。

● 接触器 KM1 的触点接触是否良好,线圈是否断线或接触不良。

● 启动按钮 SB2 按下后是否导通。

(3)冷却泵电动机 M2 不能启动

先检查 FR2 的触点和三相插座及连线接触是否正常;如正常,则电动机 M2 已损坏。

(4)液压泵电动机 M3 不能启动

可从下列几方面检查:

● 停止按钮 SB4 接触是否良好。

● 接触器 KM2 触点是否接触不良,线圈是否断线或接触不良。

● 启动按钮 SB3 按下后接触是否良好。

● 熔断器 FU2 是否完好。

● 电动机 M3 是否正常。

(5)砂轮架垂直快速移动电动机 M5 不能启动

可从下列几方面检查:

● 熔断器 FU4 是否完好。

● 接触器 KM4、KM5 触点接触是否良好,线圈是否断线或接触不良。

● 连锁开关 SQ3、行程开关 SQ4 是否接触不良。

● 按钮开关 SB8、SB9 触点接触是否良好。

(6)砂轮架只能向上快速移动

应从下列几方面检查:

● 接触器 KM5 触点接触是否良好,线圈是否断线或接触不良。

● KM4 连锁触点(49—51)是否接触不良。

● 按钮开关 SB8、SB9 触点接触是否良好。

(7)直流拖动电动机 M4 不能启动

造成该故障的原因有以下几方面:

● 接触器 KM3 线圈断线或触点接触不良。

● 按钮开关 SB7 接触不良。

● 开关 SQ1 接触不良。

● 热继电器 FR4 损坏或触点接触不良。

● 电动机 M4 损坏。

(8)热继电器保护动作

发现热继电器动作时,应找出其原因,发现潜在的故障隐患,并采取相应措施防止故障扩大或烧毁电动机。热继电器跳闸的原因有以下几个方面:

● 机床传动部分机械卡死,这需要对相应的机械部分进行检查,必要时可将负载拆下,让电动机空载启动以确定是机械部分故障还是电器部分故障。

● 机床频繁启动或工作超负荷。

● 电源部分开关触点或接触器触点接触电阻太大形成电压降,引起电动机工作时过电流,检查时应重点检查主电路相应接触器触点电压是否正常。

● 电动机机械故障,如电动机前、后轴承不同轴,轴承损坏,主轴转子卡死,都会使电动机负荷加重。

(9) 直流发电机 G 无电压输出

排除该故障可从下列几方面着手:

● 剩磁消失,可采用外接直流电源通入励磁场绕组以产生磁场。

● 励磁绕组接反。

● 旋转方向错误,可调整拖动电动机 M4 的相序。

● 励磁绕组断路,可检查励磁绕组及磁场变阻器 BP 接线是否松脱或接错、是否断路或短路。

● 发电机电枢绕组断路或短路,换向器表面及接头片短路。

● 电刷接触不良。

● 磁场回路电阻太大,重新调整回路电阻。

(10) 直流发电机 G 输出电压太低

排除该故障可从下面几方面着手:

● 并励磁场绕组部分短路,可分别检查每个磁场绕组的电阻,阻值较低的那一组即为部分短路的绕组。

● 电刷位置不正。

● 换向片之间存在导电体,可用汽油或无水酒精清除杂物。

● 换向极绕组接反。

● 发电机过载,电磁盘或其控制电路中存在短路或局部短路故障。

(11) 电磁吸盘 YH 无吸力

可按下列程序进行检查,检查发电机是否有直流电压输出:

● 若无输出,则检查熔断器 FU8 是否完好。再检查发电机输出端是否有电压输出,若无输出,可按故障(9)的方法检查直流发电机。

● 若有输出,可检查转换开关 SA2 触点是否接触不良或损坏;欠电流继电器 NKA 线圈是否断路;电磁吸盘 YH 是否接触不良或损坏。

(12) 电磁吸盘 YH 吸力不足

在处理该故障时可分两步进行:

● 将转换开关 SA2 置于"停"位置,用万用表检查发电机空载输出电压,如低于 110V,则说明由于发电机输出电压太低造成吸盘吸力不足,可按故障(9)的方法来进行检查。

● 若发电机空载输出在 130V 左右,则发电机正常,应检查转换开关 SA2 触点是否接触不良,电磁吸盘内部线圈是否接触不良或存在局部短路。

(13) 电磁吸盘 YH 退磁不净

可检查转换开关 SA2 置于"退磁"位置时触点的接触是否良好。

7.5　铣床常见故障分析与处理

7.5.1　铣床电气控制系统图

如图 7-9 所示。控制原理读者可自行分析。

7.5.2　铣床控制线路的故障检修（课题十七）

1. 主轴电动机不能启动

首先要判断是主电路元件发生故障还是控制电路元件发生故障。在电源开关 QS1 已合上的情况下，按下转换开关 SA4，工作照明灯 EL 亮，表示机床已通电。否则，应检查熔断器 FU1 是否熔断，照明灯供电电路是否完好。然后，按下主轴启动按钮 SB1 或 SB2，听接触器 KM1 是否有吸合声。若无吸合声，说明控制电路有问题。常见的故障原因有：

● 主轴换刀控制开关 SA1 仍在换刀位置，致使控制电路电源未接通，或 SA1 虽在正常工作位置，但常闭触头 SA1-2 接触不良，也使控制电源接不通。

● 主轴停止按钮的常闭触头 SB6-1、SB5-1，主轴冲动开关 SQ1 常闭触头（5—7）接触不良，接触器 KM1 线圈断线或接线松动、脱落等。

● 热继电器 FR1、FR2 保护动作后未复位或其常闭触头（6—8）、（8—10）接触不良，也使 KM1 不能通电吸合。此外，检查熔断器 FU4 是否熔断这一步骤也是不能忽视的。

若按下 SB1 或 SB2，KM1 有吸合声，表明控制电路正常，故障发生在主电路，常见的故障原因是：

● 主轴换向转换开关 SA3 没有放到相应的转向而处于中间停止位，或 SA3 触头接触不良。

● 接触器 KM1 的三个主触头中至少有两个接触不良。

● 主轴电动机 M1 定子绕组已烧断或接线端子松动、接线脱落等。

2. 按停止按钮后，主轴不停

此故障通常是由于主轴电动机启动、制动频繁，造成接触器 KM1 的主触头熔焊，致使按下停止按钮后，主轴电动机的三相电源断不掉引起的。必须注意的是，在按下停止按钮时，电磁离合器 YC1 对主轴电动机进行制动，由于此时主轴电动机的电源断不开，电动机会严重过载，机械上也会产生很大的冲击。从电气上来说，热继电器 FR1 的常闭触头（6—8）会动作，切断控制电路进行保护。但故障本身是由 KM1 主触头熔焊造成的，故热继电器的动作起不到保护作用。因此，只要出现异常情况，就应该赶快松开停止按钮，否则，电动机会很快烧坏。

3. 主轴停车时没有制动作用

本机床主轴电动机是由停止按钮 SB5 或 SB6 控制、电磁离合器 YC1 进行制动的。主轴停车无制动作用，常见的故障原因有：

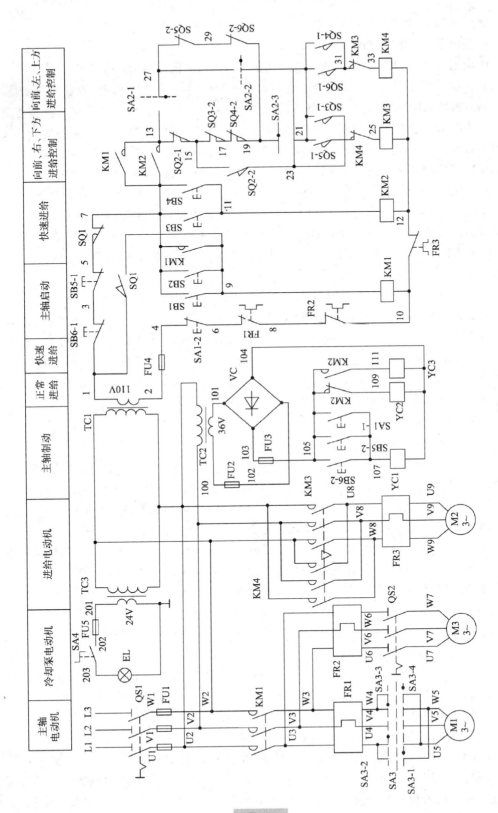

图 7-9

● 熔断器 FU2、FU3 的熔体熔断。

● 整流器 VC 中的整流二极管容易损坏。

● 电磁离合器 YC1 的线圈断线或接线松动、脱落,电刷接触不良等。

YC1 的线圈是用环氧树脂粘合在电磁离合器的套筒内,散热条件差,容易发热而烧坏。电磁离合器的电刷是用 40 目铜丝布与直径 0.5mm 电线锡焊后,以电线为中心紧密卷绕而成。其线圈用直径 0.41mmQZ 型漆包线绕 780 匝,直流电阻约 24～26Ω,绕毕要进行浸漆处理。另外,离合器的动片和静片经常摩擦,是易损件,检修时不能忽视;其次,停止按钮 SB5、SB6 的常开触头在按下时接触不良,也会使主轴停车时没有制动作用。

4. 主轴上刀、换刀制动时无制动作用

主轴上刀、换刀制动是由转换开关 SA1 进行控制的。当开关扳到"接通"位时,SA1-1 接通电磁离合器 YC1 电源,对主轴进行制动。如果主轴停车时制动工作正常,则故障是 SA1-1 触头接触不良所致;如果主轴停车时无制动作用,则故障的判断、寻找与故障(3)是一样的。

5. 主轴电动机启动后旋转缓慢或不能旋转,且伴随明显的"嗡嗡"声

此故障现象是电动机缺相运行的明显症状。常见的故障点是接触器 KM1 三个主触头中有一个接触不良,或者主轴换向转换开关 SA3 的一个触头接触不良,电动机绕组的引出端子有一个端子接线松动、脱落等。此外,从控制变压器 TC1 原边与主电路的连接看出,如果电源开关 QS1 中间一个触头接触不良或熔断器 FU1 中间一个熔断,并不影响控制电路的正常工作,而主轴电动机(进给电动机和冷却泵电动机如果启动,情况也是一样的)则会处于缺相运行状态。

6. 主轴变速时,主轴电动机无变速冲动作用

为使主轴变速后齿轮顺利啮合,专门设置了一个主轴冲动开关 SQ1。当将变速手柄拉出时,不会碰到 SQ1。只有在将手柄推回原处的过程中,才会使冲动开关 SQ1 动作一下,又恢复原位。SQ1 的动作顺序应该是:常闭触头(5—7)先断开,然后常开触头(1—9)合上;紧接着,常开触头先断开,常闭触头后合上。这是在较短时间内完成的一个冲动过程。主轴电动机在变速时无变速冲动作用的原因通常是冲动开关 SQ1 的固定螺丝松动,其位置发生改变;或者机床大修后,SQ1 位置放得不正确,致使手柄复位时碰不到。这可在停电后慢慢操作,观察 SQ1 的位置是否满足上述过程,并进行调整。此外,SQ1 常开触头(1—9)如果在压合时接触不良或接线松动脱落,也会出现上述故障。

7. 主电动机一启动,进给电动机就转动;但扳动任一进给手柄,都不能进给

此故障是由圆工作台控制开关 SA2 拨到了"接通"位置造成的。这时,触点 SA2-1、SA2-3 断开,SA2-2 闭合。由于各进给手柄恰好都在零位,故主电动机一启动,接触器 KM3 就得电,进给电动机跟着转动。扳动任一进给手柄,都会切断 KM3 的通电回路,使进给电动机停转,不能进给。只要将 SA2 拨到"断开"位,就可正常进给了。

8. 工作台向下进给正常,但不能向上进给

工作台向下进给正常,说明控制电源正常,进给电动机 M2 也是好的,故障发生在工作台向上进给的专用控制电路上。由于工作台的向上进给运动是通过操纵垂直与横向进给手柄,压动相应的行程开关 SQ4 来实现的。如果 SQ4 的安装位置偏移或固定螺丝松动,就有可能在将垂直与横向进给手柄扳到向上位置时,不能压到 SQ4,使 KM4 不能通电吸合。此外,SQ4-1 触点接触不良或接线松动脱落,KM4 线圈断线或接线松脱,KM3 常闭触头(31—3)接触不良,KM4 主触头接触不良,也会出现上述故障。

9. 工作台上下进给正常,但左右不能进给

工作台向上、向下进给正常,证明进给电动机 M2 主回路及接触器 KM3、KM4 以及行程开关 SQ5-2 和 SQ6-2 的工作都正常,而 SQ5-1 和 SQ6-1 同时发生故障的可能性很小。这样,故障的范围就压缩到三个行程开关的三对触头 SQ2-1、SQ3-2、SQ4-2。这三对触头只要有一对接触不良或损坏,就会使工作台向左或向右不能进给。可用万用表分别测量这三个触头之间的电阻,来判断哪对触头损坏。在这三对触头中,SQ2-1 是变速瞬时冲动开关,常因变速时手柄扳动过猛而损坏。

10. 工作台向左进给正常,但向右不能进给

工作台向左进给正常,表明控制回路中从(13→15→17→19→21)这段纵向进给的公共电路是好的,接触器 KM4 是好的,进给电动机 M2 及主回路也基本上是正常的。故障范围缩小到行程开关 SQ5-1 和 KM4 常闭触头(23—25)、接触器 KM3 线圈这段电路以及 KM3 在主回路的三个主触头上。常见的故障有行程开关 SQ5 固定螺丝松动、安装位置移动,致使纵向进给手柄扳到右边时压不到 SQ5。另外,SQ5-1 接线松脱,KM4 常闭触头(23—25)接触不良,KM3 线圈断线或主触头接触不良,也是有可能发生的。可通过观察或用万用表测电阻的方法来确定故障点。

11. 工作台向右进给正常,但向左不能进给

此故障的分析和寻找方法与上例类似。由于向右进给正常,表明纵向进给的公共控制电路是好的。即从 SQ2-1、SQ3-2、SQ4-2 到 SA2-3 这一段电路没问题,故障发生在向左进给的专用电路上。常见的故障有:
- 行程开关 SQ6 固定螺丝松动或安装位置移动,使得纵向进给手柄扳到左边时压不到 SQ6。
- SQ6-1、KM3 常闭触头(31—33)接触不良或接线松脱。
- 接触器 KM4 线圈断线或主触头接触不良等。

12. 工作台不能快速进给

在主轴电动机启动后,工作台能按预定方向进给,表明进给电动机 M2 及主回路、进给控制电路、电磁离合器 YC2 等均处于正常工作状态。当按下快速进给按钮 SB3 或 SB4 时,接触器 KM2 通电吸合,电磁离合器 YC2 断电,YC3 通电,工作台应按预定方向快速移动。若不能快速移动,常见的故障原因是 SB3 或 SB4 接触不良,KM2 线圈断线或接线松脱,KM2 常开触头(105—11)接触不良,YC3 线圈损坏或机械卡死,离合器的动、静摩擦片间隙调整不当等。

如果按下 SB3 或 SB4 时,KM2 吸合正常,则可断定故障发生在离合器 YC3 本身及其供电线路上,可用万用表测量线圈电阻、供电电压等是否正常,从而确定故障点。

13. 进给变速时,进给电动机无变速冲动作用

为使进给变速后齿轮能顺利啮合,专门设置了一个变速冲动开关 SQ2。当调到所需的进给速度后,将蘑菇形手柄继续向外拉到极限位置,随即推回原位。就在手柄拉到极限位置的瞬间,SQ2 被压动,其动作次序应该是:常闭触头 SQ2-1 先断开,常开触头 SQ2-2 后合上;紧接着常开触头 SQ2-2 先断开,常闭触头 SQ2-1 后合上,使接触器 KM3 线圈瞬间得电,进

给电动机 M2 实现冲动。冲动失灵的原因通常是 SQ2 位置不正确或固定螺丝松动,致使手柄外拉时压不到。可在断电后慢慢操作,观察其位置能否满足上述过程。如不满足,则适当调整其位置。此外,SQ2-2 接触不良或接线松脱,某个进给手柄不在零位,圆工作台控制开关 SA2 处于"接通"位,都会使变速冲动不能正常进行。

14. 工作台向左运动到极限位置,进给电动机不停车

工作台各个方向的运动都设有限位保护。在工作台向左运动到极限位置时,挡块将纵向操纵手柄碰回零位,行程开关 SQ6 复位,接触器 KM4 断电释放,进给电动机 M2 断电,进给运动自动停止。如果此时进给电动机停不下来,常见的故障原因是接触器 KM4 的主触头熔焊,无法切断进给电动机的电源。由于工作台的向上、向后运动也是由 KM4 控制的,故也会出现同样的故障。必须注意的是,KM4 主触头熔焊,还会导致工作台的向右、向下、向前运动不能进行。

15. 圆工作台控制开关扳到"接通"位,圆工作台不回转

将圆工作台控制开关 SA2 扳到"接通"位时,SA2-1、SA2-3 断开,SA2-2 接通,接触器 KM3 经(13→15→17→19→29→27→23→25)路径得电吸合;进给电动机 M2 正转,带动圆工作台做回转运动。如果圆工作台转不起来,常见的故障原因是 SA2-2 接触不良或接线松脱。此外,还要注意工作台的各个进给手柄是否都在零位,以及行程开关 SQ2-1、SQ3-2、SQ4-2、SQ5-2、SQ6-2 这些常闭触点是否接触良好。

16. 全部电动机都不能启动

显然,这是所有电动机的公用电源出故障所致。

本铣床电路有几组熔断器,其中 FU1、FU4 中任何一组熔断器熔断,都将造成全部电动机不能启动。检查熔断器必须仔细,RL1 型熔断器有熔断指示,有时指示器弹簧卡死跳不出来,可用手指弹一下来鉴别是否熔断。用试电笔检查,有时因布线电容或回路有电,给人以错觉,最好用万用表或串联灯泡检查。若发现熔断器熔断,应找现场操作人员了解设备运行情况,并检查设备有无异常现象。若无异常,应考虑熔断器是否合适。更换合适的熔断器后,再通电试验,若熔断器再次熔断,则应怀疑短路或绝缘击穿。若仅 FU4 熔断,则故障发生在控制线路的电器元件中,可用万用表或兆欧表分段测量。例如,挑开 FR3 常闭触点,将控制线路分成两部分测量,然后再拆开一些线路进行检查,可逐步缩小故障范围。

如果是 FU1 熔断,则要分别对熔断器 FU2、FU4、FU5 进行检查,哪个熔断器熔断了,短路故障点就发生在所在电路中。此外,变压器 TC1、TC2、TC3 的绕组绝缘损坏,导致电源短路,也会使 FU1 熔断,造成全部电动机不能启动。

7.6　数控机床维修简介

7.6.1　数控机床的组成原理

1. 数控机床的组成和工作原理简介

数字控制机床简称数控机床,一般由控制介质、数控装置、伺服机构和机床四部分以及

辅助装置组成。图 7-10 中实线所示的
为开环控制的数控机床框图。为了提
高机床的加工精度,在开环数控系统中
再加上测量装置,如图 7-10 虚线所示,
就构成了数控机床的闭环控制系统。
开环系统的工作过程为:将机床工作台

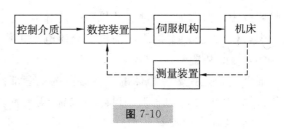

图 7-10

运动的位移量、位移速度、方向轨迹等参数通过控制介质输入给机床数控装置,数控装置根
据这些参数指令进行处理、运算,发出一定频率和数量的进给脉冲序列(包含有上述各个参
量),然后进给脉冲序列经伺服机构转换放大,控制伺服机构执行元件,以带动工作台按所要
求的速度、轨迹、方向和距离移动。若为闭环系统,则在输入指令值的同时,测量装置将工作
台实际位移进行测量,反馈量与输入量在数控装置中进行比较。若有偏差,说明实际位移与
给定位移有误差存在,则数控装置输出信号,控制机床向着消除误差的方向移动。

（1）机床

机床是数控机床的主体,包括床身、立柱、传动系统、刀具系统等机械部件。由于数控机
床在加工过程中切削量大,连续加工发热量大,并且在加工过程中工件精度不能人为进行补
偿,因此不仅要求机床运动部件刚性要好,传动链的传动刚性要高,而且还要求传动间隙、导
轨的摩擦系数要小,传动链的传动精度要高。

（2）控制介质

控制介质是人与机床交流的信息载体,其上存储着加工零件所需要的全部操作信息和
刀具相对于工件的位移信息(即程序)。常用的控制介质有穿孔带、穿孔卡和磁带。目前数
控机床上使用最为普遍的是八单位标准穿孔带。其阅读装置有机械式和光电式两大类型,
其中使用最广泛的是光电式阅读装置。在我国,某些简易数控机床(例如,数控线切割机)有
时也用特殊的五单位穿孔纸带。另外,信息的输入也可以不用控制介质,而直接由人工用键
盘输入或用计算机通信输入。

（3）数控装置

数控装置是数控机床的核心组成部分,通常由输入装置、控制器、运算器、输出装置和接
口电路组成。输入装置接受阅读机输出的指令代码,经识别译码后分别送到各相应的寄存
器(或存储器),然后作为控制和运算的依据。控制器接受输入装置的指令,根据指令控制运
算器和输出装置,以实现对机床的各种操作。运算器接受控制器的命令对所输入的数据进
行运算,并按控制器的控制信号向输出装置发出进给脉冲。输出装置根据控制器的指令将
运算器送来的计算结果输送到伺服系统,经功率放大,驱动相应的坐标轴,使机床完成刀具
相对工件的运动。

（4）伺服机构

伺服机构由驱动装置和执行机构两大部分组成。包括主轴驱动单元、进给驱动单元、主
轴电动机及进给电动机等。伺服机构的作用是用来把来自数控装置的脉冲信号转换为机床
运动部件的运动。由于伺服机构是把数字信号转化为位移量的环节,所以对伺服机构的要
求是运行可靠、动作灵敏和惯性小,以及有足够的力矩等。相应于每一个脉冲信号,机床移
动部件的位移量称为脉冲当量,这是数控机床的重要参数之一。通常,脉冲当量为
0.001mm,高精度数控机床的脉冲当量可为 0.0005mm 甚至更小。在开环控制数控机床的

伺服系统中,常用功率步进电动机和电液脉冲马达作为伺服驱动元件。在闭环控制的数控机床中,常用直流功率伺服电动机和交流电动机作为伺服驱动元件。

（5）辅助装置

辅助装置是指数控机床的一些必需的配套部件。包括液压和气动装置、排屑装置、交换工作台、数控转台和分度头、刀具及监控检测装置。

2. 数控机床的控制结构关系简介

数控机床是高度自动化的机床,通过电子计算机的指挥控制,能实现几个坐标的同时运动。图7-11是数控机床的基本结构和控制关系框图。

（1）CNC 装置所能发出的控制信号

● CNC 装置能通过主轴伺服单元和 PLC 单元发出指令信号,控制主轴的转速和正、反转以及停止,即能发出主轴模拟电压±10V 及 M03、M04、M05 等信号。

● CNC 装置能通过位置控制单元（在 CNC 装置内部）和速度控制单元控制各个坐标轴的运动,也即发出控制各轴运动的模拟电压±10V 信号。

● CNC 装置还能通过 PLC 控制单元和强电柜控制机床上所有的辅助运动,如刀库、机械手、主轴换挡、拉刀、松刀、润滑、静压、冷却、排屑等。

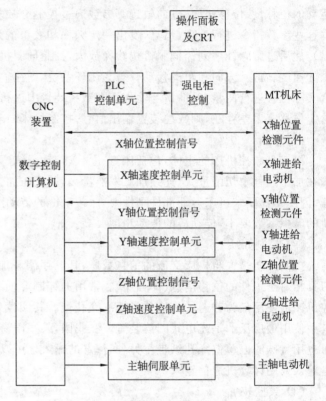

图 7-11

● CNC 装置可通过 PLC 在显示屏 CRT 上显示出各种报警信号及 PLC 的输入/输出信号状态。这样一来,如果 CNC 装置发生故障,则故障地点和故障原因可通过 CRT 显示出的报警信号来指明。机床上任一辅助功能出了故障,都可通过 CRT 查寻 PLC 的输入/输出信号状态是否正确,以便判断出故障原因所在。通过 CRT 查找故障原因很方便,这也是大型多功能复杂数控机床不可缺少的故障诊断手段。数控机床只要信号线不断、不接错,设定参数正确,不误操作,CNC 装置一般不易出现故障。

（2）PLC 控制单元的作用

PLC 是可编程控制器的简称。它是由计算机简化而来的,省去了计算机的一些数字运算功能,增强了逻辑运算功能,是一种介于继电器控制和计算机控制两者之间的自动控制装置。主要是用它来取代原始的继电器逻辑电路,完成顺序控制的任务。目前,一般的数控机床上都采用了 PLC 装置。有的 PLC 装置和 CNC 放在一个柜内,有的单独立一柜。如果机床的辅助功能不多时,也可不采用。在 PLC 装置中主要有计数器、计时器、比较器、继电器等控制。它们是用软件技术实现的,只有输入、输出地址,相互之间没有任何连线。继电器触头应用数不受限制。机床中的各种辅助功能互锁关系都是在 PLC 装置中实现的。因为 PLC 装置的输出触头容量(24V、0.2A)只能带动小型继电器,所以各种功能执行元件的控制,如电动机、电磁阀、电磁铁、风扇、加热器等,都是通过强电柜中的执行继电器、接触器进行控制的。

有了 PLC 装置,可以省掉大批中间继电器和延时继电器、计数器等,不仅提高了可靠性,同时还给调试带来很大方便(当增加功能或改变控制方法时,不必再增加电器元件和布线等)。当 PLC 单元调好后,就被生产厂将已调好的控制程序写入 EPROM 中(被固定下来)。

(3) 强电柜控制

强电柜是功率控制电柜,是缺少不了的,其元器件多少是由机床辅助功能的多少来决定的。它接受 PLC 的控制信号后,再去控制机床上的各种功能执行元件的动作。这部分控制关系较简单,没有复杂的互锁关系,维修也不困难。

(4) 进给控制

进给控制部分即数控伺服系统,其性能的好坏在很大程度上决定了数控机床的性能好坏。这部分包括:速度环、位置环、位置检测元件和电动机。

7.6.2　数控机床故障诊断方法

1. 数控机床故障

机床故障的报警号有 70 多种,分为 9 类,其中以编程、操作故障和伺服故障(SV)为最多。编程、操作故障属于 CNC 外部故障,故障原因比较明确,只要按正确方法编程和操作就能排除故障。电池报警(BA)、监视器报警(MA)和存储器奇偶报警(PA)实属计算机(CNC)报警,可根据报警原因设法排除。如果 CNC 板上的元器件有问题,那只好送往生产厂去维修。最难处理的故障实属伺服故障(VS),这部分故障牵扯面比较宽(机、液、电)。同一报警号可由多处故障原因产生,查找的部位较多,不易一下查出问题。

(1) 用自诊断功能,查看诊断号,查找故障部位

CNC 系统不仅能将故障诊断信息(即报警号)显示在 CRT 上,而且能以"诊断地址"和"诊断数据"的形式提供诊断的各种状态。利用数控机床这种自诊断功能的状态显示(即 DGN 画面),通过查看诊断号状态,可检查数控系统与主机之间接口信号以及数控系统内部状态是否正常。例如,FANUC-6M 系统,按下"DGNOS"键、"N"键、相应的诊断号及"INPUT"键,即可调出 DGN 画面,通过检查几个相关的诊断号状态即可找出故障原因。

(2) 借助设定参数来判断故障和排除故障

任何 CNC 系统都有它固定的设定参数,如 7M 系统就有 128 种,6M 系统有 500 多种。这些参数一经设定,就会把该系统的功能和性能固定了下来。当这些参数由于某种原因(外界干扰或误操作)而发生改变时,就要影响该系统的功能和性能,甚至发生故障。因此,可借助于出厂前所设定的正确参数来判断哪个参数发生了改变,然后将错误的参数改成正确的参数,故障就可排除。

设定参数都可通过荧光屏显示出来,一般分为八类:固定设定参数、进给伺服参数、主轴

伺服参数、刀具偏移参数、反向间隙补偿参数、螺距误差补偿参数、起始回零方向参数、用户程序参数。这些参数都可制作出纸带，或抄录下来留做维修用。

例如，配 FANUC-7M 系统的数控立铣出现 X 轴伺服电动机严重发热现象，又无任何报警，检查机械、电动机、伺服系统皆无故障。检查有关参数，发现 X 号参数（速度指令值）在机床停止时，其数值闪动比其他轴大得多。再查 6 号参数（反向间隙补偿量），其补偿值高达 0.25mm。以满足该机床加工精度要求为准，适当减少 X 轴反向间隙补偿值后，电动机过热故障立即消除。

（3）换备件，快速而简便地找出故障部位

利用备用的电路板、集成电路芯片或其他元器件置换有疑点的部件，是一种快速而简便地找出故障的方法。备件置换前，应检查有关部分电路，以免由于短路造成好板损坏，还应检查试验板上的选择开关和跨接线是否与原板一致，有些板还应注意板上电位器的调整。在置换计算机的存储板后，往往还需要对系统作存储器初始化操作，否则系统仍将不能正常工作。例如，调换 FANUC-10M 系统的主板后，必须按一定的操作步骤先输入 9000～9031 选择参数，然后才能输入 0000～8010 系统参数和 PC 参数。又如当调换 FANUC-7M 系统存储器板后，需要新输入参数纸带并对存储器区进行分配操作。缺少后一步，一旦零件程序输入，将产生 60 号报警（存储器容量不够）。

（4）借助输入/输出接口信号来诊断故障

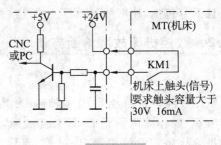

图 7-12

数控机床接口信号分两种：一种是输入接口信号，即从机床或外围设备上送入 CNC 或 PLC 的信号；另一种是输出接口信号，即从 CNC 和 PLC 送往机床和外围设备上去的控制信号。图 7-12 所示的输入接口信号电路是用晶体管进行电平转换的。而图 7-13 所示的输入接口信号电路是用继电器进行电平转换的，该电路要求外部（机床）触头容量大于 30V、30mA。输出接口信号电路如图 7-14 所示，该电路是用隔离继电器进行电平转换的。

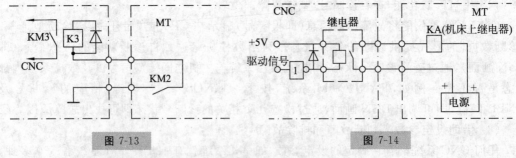

图 7-13　　　　　　　　　　　　　　　　图 7-14

所有接口信号的状态都可通过荧光屏进行显示。当发生故障时，而且初步确诊是输入/输出信号有问题，则可借助于接口信号的状态来分析故障部位。要查清楚是数控装置方面的故障还是机床方面的故障，即要观察输入到数控装置内的接口信号或从数控装置中输出的接口信号状态是否正确。输入接口信号在荧光显示屏上如果是"0"状态，则表示触头闭合（高电位），为有效；如果是"1"状态，则表示触头断开。输出接口信号在荧光显示屏上如果是

"0"状态,则表示触头断开;如果是"1"状态,则表示触头闭合(高电位),为有效。

(5) 使用测量比较法来诊断故障

CNC系统生产厂在设计制造印刷线路板时,为了调整维修的便利,在印制线路板上设计了多个检测用端子,用户也可利用这些端子将正常的印制线路板和出故障的印制线路板进行测量比较,分析故障的原因及故障所在位置。

另外,还有其他一些数控机床故障诊断方法,如试车程序判定法、敲击法、升温法等,这里就不一一介绍了。

以上各种方法各有特点,对于数控机床出现的故障,有时需要将多种方法同时综合运用,才能产生较好的效果,从而正确判断出故障的原因及故障的所处位置。

2. 数控系统常见故障诊断与维修

下面分别以日本FANUC系统为例,介绍数控系统常见故障及其原因。

● 系统不能接通电源。产生的原因是:电源变压器无输入(保险丝熔断,开关接触不良),各直流工作电压(5V、24V等)的负载短路,输入单元已坏。

● CRT显示"NOT READY"画面,但用JOG方式可移动机床。产生的原因是:系统的存储器故障。

● CRT无辉度或无画面。产生的原因是:与CRT有关的电缆接触不良,CRT输入电压异常,CRT单元(显示、调节等部分)不良,主印制电路已有报警指示。

● CRT无显示,输入单元报警灯亮。产生的原因是:+24V负载短路,连接单元有故障。

● CRT无显示,机床能工作。产生的原因是:CRT控制电路板故障。

● CRT无显示,机床不能工作,但主印制电路板无报警。产生的原因是:主印制电路板故障,控制ROM板不良。

● CRT显示无规律亮斑、线条或不明符号。产生的原因是:CRT控制电路故障,主印制电路板故障。

● CRT只能显示位置画面。产生的原因是:MDI控制印制电路板故障。

● 手摇脉冲发生器不能工作。产生的原因是:命令参数设置错误,CNC系统故障,伺服系统故障,手摇脉冲发生器故障,手摇脉冲发生器接口板故障。

● 机床不能执行JOG运动(手动连续进给)。产生的原因是:系统参数设置错误(如输入互锁信号、轴进给方向未输入、进给速度设定错误、系统处于外部复位状态等)。

● 不能返回基准点。产生的原因是:脉冲编码器断线,脉冲编码器连接电缆、抽头断线。

● 返回基准点位置时有偏差。产生的原因是:主板或速度控制单元不良,减速挡块安装位置不正确或挡块长度太短,脉冲编码器电源电压过低,脉冲编码器故障,外界干扰(屏蔽接地不良、信号电缆与电源电缆相距过近)。

● 系统不能自动运转。产生的原因是:系统状态设置错误,连续单元的接收器不良。

● 纸带阅读机不能正常输入信息。产生的原因是:纸带阅读机故障,纸带不符合要求,光电放大器失调,主板接口部分故障。

● 用PPR穿孔时出现奇偶或字符错误。产生的原因是:穿孔头有污物。

● RS232C输入或输出异常。产生的原因是:参数设置错误,穿孔接口板故障,主板故障。

以上介绍了 FANUC 数控系统常见的部分故障及其起因,实际使用中碰到的故障远不止这些。从这些故障产生的原因可以看出,当数控机床出现故障时,我们应该从 CRT 显示的报警信号、硬件报警指示灯、设定参数、诊断号、接口信号以及印制电路板上的检测用端子的测量信号等几个方面来综合判断故障起因及解决方法。

3. 进给伺服系统故障分析及其排除方法

伺服系统的故障约占整个数控系统的 1/3,其涉及面比较宽,故障产生原因也较复杂,其中一部分故障会在 CRT 上显示报警信息,一部分故障将点亮伺服单元上的报警指示灯(发光二极管),还有一部分故障则不会产生任何报警。下面对一部分常见的进给伺服系统故障进行分析。

(1) DC 伺服电动机过热报警

● 电动机负载过大,可检查电动机电流是否超过额定值,如表 7-1 所示。

表 7-1

电动机型号	额定电流值/A	电动机型号	额定电流值/A
0.5	12	40	45
10	24	50、60	95
20、30、10H	33	60H	140
20H、30H	54		

● 电动机绕组绝缘不好漏电。测 A1 或 A2 与外壳电阻值,用绝缘电阻表(500V)测量阻值在 1MΩ 以上,用万用表测量阻值为无穷大就是正常的。

● 绕组内部短路。卸下电动机,测空载电流,若电流与转速成比例增加,则可判为短路。

● 磁场退磁。快速旋转时(12r/min),看电动机端电压(A1、A2 间)是否正常(130V),如电压不足,可判为退磁。

● 制动器不良。检查制动器交流电压是否在(100−10%)～(100＋10%)V 范围内,绕组是否通以 0.5A 电流。

● 热继电器的设定值错误,不到过热温度就跳开,造成电动机假过热报警。

● 变压器故障、印制板故障等。

(2) 电动机不能启动

● 检查有关交流、直流电源是否正常(包括各种稳压电源)。

● 检查各种保险丝是否因短路和过载原因而熔断。

● 检查给定值是否加入了,封锁信号是否都已打开,如 GB 信号。

● 驱动装置信号是否正常,可根据原理图用万用表和示波器来判断信号是否正确。

● 电动机永久磁钢是否脱落。

● 带制动器电动机的制动器是否失灵。

● 电动机是否堵转,是否有断线。

(3) 电动机转速不可控

● 测速反馈接反或断线或测速机出现故障。

● 位置反馈接反或连接故障,造成伺服超差而停车。

● 调整装置有问题,印刷板故障等。

(4) 电动机噪声大,无报警

造成电动机噪声大但无报警的原因,一般是换向器表面损伤或有污物侵入电刷槽。

(5) 有振荡现象

有振荡现象时,可以从以下几个原因考虑:

● 测速机有问题。电刷接触不良,换向器损坏或转子有时不转动。

● 速度控制单元印制板短路棒或电位器设定错误,速度反馈过强,滤波不好。

● 与位置有关的系统参数设定错误。

● 增益过高。位置设定增益或速度环增益过高,应降低增益。

上面介绍了数控机床故障检修的常用方法,也对常见故障和产生原因进行了分析。可以看出,数控机床某一故障的出现,其可能的产生原因和故障元件都不是唯一的,尤其是伺服系统故障的涉及面更宽。因此,在诊断数控机床故障时,不仅要几种诊断方法同时综合运用,以提高诊断过程的准确性,也要有合适的检查步骤,以便缩小检查范围,迅速找出故障原因,减少停机时间。

一般来说,故障的检查应遵循"一观查,二记录,先软后硬,由外及里,先易后难"的原则。具体说来,就是首先利用人的感官注意发生故障时的现象,判断故障发生的可能部位,以缩小检查范围。如观察发生故障时的响声、火花、亮光、焦糊味、发热异常等现象以及仔细观察可能发生故障的每块线路板的表面状况(是否有烧焦、熏黑或断裂等),然后向操作者了解现场情况,记录工作寄存器和缓冲工作寄存器尚存内容及执行程序内容,记录 CRT 显示的报警信号和硬件报警指示灯,确定故障是属于软件故障还是属于硬件故障。"先软后硬"是指把故障先作为软件故障处理,如修改设定参数值、修改执行程序等,如不能排除故障,再作硬件故障处理。接下来就是列出硬件故障发生的各种可能原因,画出检查步骤流程图,先检查外围接线,测量关键点信号,将疑点进一步缩小,然后检查某几块内部电路板。"先易后难"是指先检查比较简单的、容易测量的电路和便于置换备件的元件(如熔断器),再检查较复杂的电路板。有时还需要排除机械方面的故障,再检查电路故障,不要动不动就怀疑是数控系统本身的故障。

例如,一台采用 FANUC-6M 系统的加工中心开机后 CRT 无显示。从故障原因来看,可能是:+24V 负载短路、连接单元有故障、CRT 单元故障、主印制电路板故障。

在故障检查过程中,先检查外围框线,测量关键点信号,将疑点缩小到某几块电路板后逐一调换板子,最后,可确定哪块电路块有

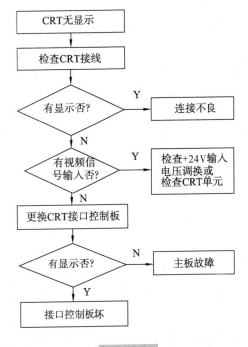

图 7-15

故障。当置换 CRT 接口控制板后，CRT 显示正常，这表明接口板已坏。故障检查步骤如图 7-15 所示。

7.6.3 FANUC0 系统简介

1. 控制单元的基本配置

图 7-16 是 FANUC0 系统结构示意图。它包括主印制电路板、控制单元电源、图形显示板、可编程机床控制器（PMC-M）板、基本轴控制板、I/O 接口板、存储器板、子 CPU 板、扩展轴控制板和 DNC 控制板等。上述各部件的代号和功能如表 7-2 所示。

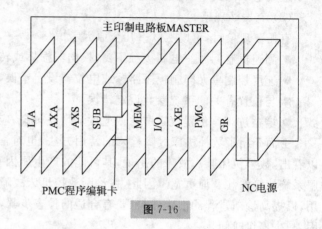

图 7-16

表 7-2

代　号	名　称	基　本　功　能
M-CPU	主板	连接各功能板，故障报警等
A/A1/B2	电源	提供 +5V、+15V、−15V、+24V、−24V 电源
GR	图形显示板	提供图形显示功能，第二、第三手摇脉冲发生器接口等
PMC-M	PC 板	PMC-M 型可编程机床控制器，提供扩展的输入/输出板（B2）的接口
AXE	基本轴控制板	提供 X、Y、Z 和第 4 轴的进给指令，接收从 X、Y、Z 和第 4 轴位置编码器反馈的位置信号
I/O C5，C6，C7	输入/输出接口	通过插座 M1、M18 和 M20 提供输入点，通过插座 M2、M19 和 M20 提供输出点，为 PMC 提供输入/输出信号
MEM	存储器板	接收系统操作面板的键盘输入信号，提供串行数据传送接口和纸带读入接口、第一手摇脉冲器接口、主轴模拟量和位置编码器接口、存储系统参数、刀具参数和零件加工程序等
SUB	子 CPU	管理第 5、6、7、8 轴的数据分配，提供 RS-232C 和 RS-422 串行数据接口等
AXS	扩展轴控制板	提供第 5、6 轴的进给指令，接收从第 5、6 轴位置编码器反馈的位置信号
AXA	扩展轴控制板	提供第 7、8 轴的进给指令，接收从第 7、8 轴位置编码器反馈的位置信号
I/OB2	扩展的输入/输出接口	通过插座 M61、M78 和 M80 提供输入点，通过插座 M62、M79 和 M80 提供输出点，为 PMC 提供输入/输出信号
DNC2	通信板	提供数据通信接口

图 7-17 和图 7-18 分别为控制单元内部电缆连接图和伺服系统电缆连接图。正确地连接电缆是机床正常工作的基本保证。如果在维修过程中插拔过上述电缆插头，注意必须按图恢复原状。

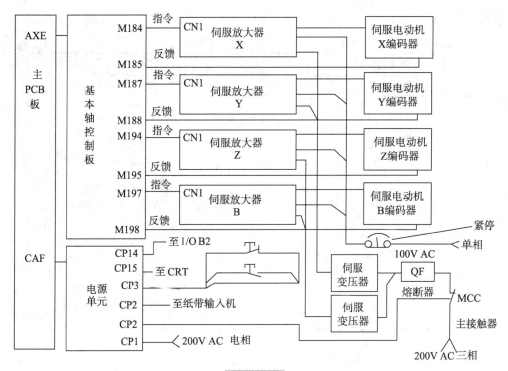

图 7-17

2. S 系列进给伺服系统的基本配置

FANUC0 系统配用 S 系列交流伺服电动机。常用的 S 系列交流伺服放大器的电源电压为 200V/230V，分一轴型、二轴型和三轴型三种。AC200V/230V 电源由专用的伺服变压器供给，AC100V 制动电源由 NC 电源变压器供给。

图 7-19 为三轴型进给伺服单元的基本配置和连接方法图。图中电缆 K1 为 NC 到伺服单元的指令电缆，K2S 为脉冲编码器位置反馈电缆，K3 为 AC230V/200V 电源输入线，K4 为伺服单元输出到伺服电动机的动力线电缆，K5 为输入

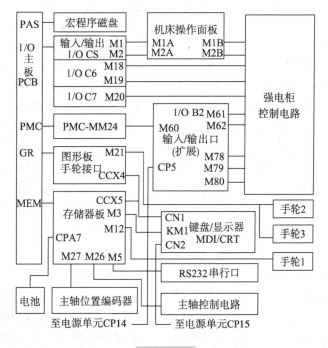

图 7-18

到伺服单元的 AC100V 制动电源电缆，K6 为伺服单元到放电单元的电缆，K7 为伺服单元到放电单元和伺服变压器的温度接点电缆。图中 QF 和 MCC 分别为伺服单元的电源输入

断路器和主接触器,用于控制伺服单元电源的通和断。

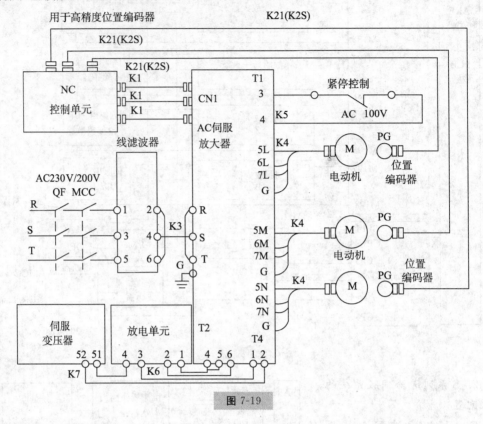

图 7-19

伺服单元的接线端 T2-4 和 T2-5 之间有一个短路片,如果使用外接型放电单元,则应将它取下,并将伺服单元印制电路板上的短路棒 S2 设置到 H 位置,反之则设置到 L 位置。伺服单元的接线端 T4-1 和 T4-2,为放电单元和伺服变压器的温度接点串联后的输入点,上述两个接点断开时将产生过热报警。如果使用这对接点,应将伺服单元印制电路板上的短路棒 S1 设置到 L 位置。

插座 CN1L、CN1M、CN1N 可分别用电缆 K1 和数控系统的轴控制板上的指令信号插座相连,而伺服单元中的动力线端子 T1-5L、T1-6L、T1-7L 和 T1-5M、T1-6M、T1-7M 以及 T1-5N、T1-6N、T1-7N 则应分别接到相应的伺服电动机,从伺服电动机的脉冲编码器返回的电缆,也应一一对应地接到数控系统的轴控制板上的反馈信号插座。

3. S 系列主轴伺服系统的基本配置

图 7-20 是 S 系列主轴伺服系统的连接方法,其中 K1 为从伺服变压器副边输出的 AC220V 三相电源电缆,应接到主轴伺服单元的 R、S、T 和 G 端。K2 为从主轴伺服单元的 U、V、W 和 G 端输出到主轴电动机的动力线,应与接线盒内的指示相符。K3 为主轴伺服单元的端子 T1 上的 R0、S0 和 T0 输出到主轴风扇电动机的动力线,应使风扇向外排风。K4 为主轴电动机的编码器反馈电缆,其中 PA、PB、RA 和 RB 用做速度反馈信号,OH1 和 OH2 为电动机温度接点,SS 为屏蔽线。K5 为从 NC 和 PMC 输出到主轴伺服单元的控制信号电缆,接到主轴伺服单元的 50 芯插座 CN1,其中的信号含义见表 7-3。K6 为从主轴伺服单元的 20 芯插座 CN3 输出的主轴故障识别信号,该组信号由 AL8、AL4、AL2 和 AL1 以及公共

线 COM 组成,由它们产生的 16 种二进制状态表示相应的故障类型,这些信号进入 PMC 的输入点后,由相应的程序译码显示在 CRT 显示器上。

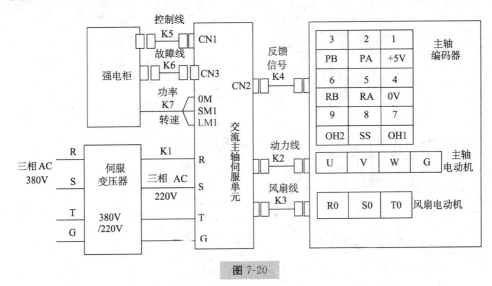

图 7-20

表 7-3

芯号	信号	功　能	芯号	信号	功　能
1,2	SAR1,2	主轴速度达到信号(输出)	21	TLMH	主轴扭矩限制信号(大转矩)(输入)
3,4	SST1,2	主轴零速信号(输出)	22,23	ORAR1,2	主轴准停完成信号(输出)
5	TLML	主轴扭矩限制信号(小转矩)(输入)	24	CTM	主轴中速挡信号(输入)
6	OT	TLML、TLMH 信号地线(0V)	25,26	ORCM1,2	主轴准停命令信号(输入)
7,8	MRDY1,2	主轴运行准备信号(输入)	27,28	OVR1,2	主轴速度连续修调命令信号(输入)
9,10	TLM5,6	主轴转矩限制信号(输出)	29	+15V	
11,12	ALM1,2	主轴故障(输出)	30,31	DA2,E	主轴速度命令(模拟电压)(输入)
13	OR	主轴故障报警公共线	45	SFR	主轴正转命令(输入)
14	OS	主轴速度连续修调,正/反转信号地线(0V)	46	SPV	主轴反转命令(输入)
15,16	STD1,2	主轴速度检测信号(输出)	47,48	ESP1,2	主轴紧急停机命令(输入)
17	CTH	主轴高速挡信号(输入)	49	LM1	主轴功率表信号(输出)
18	OM	主轴功率/转速表地线	50	SM1	主轴转速表信号(输出)
19,20	ARST1,2	主轴报警复位信号(输入)			

最新的系统配用系列交流伺服电动机如图 7-21 所示。主轴和进给伺服系统的结构有了很大的变化,其主要特点是:

● 主轴伺服单元和进给伺服单元由一个电源模块统一供电。

● 紧停控制信号接到电源模块的＋24V 和 ESP 端子后,再由其相应的输出端接到主轴和进给伺服放大器模块,同时控制紧停状态。

● 从 NC 发出的主轴控制信号和返回信号,经光缆传送到主轴伺服放大器模块。

● 控制电源模块的输入电源的主接触器 MCC 安装在模块外部。

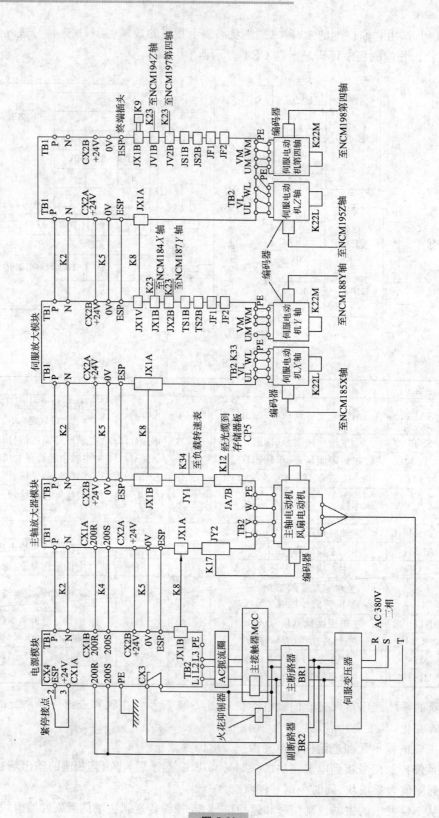

图 7-21

4. 与维修有关的系统参数

每一台数控机床的数控系统参数在机床出厂时已经设定，一般来说，用户不必进行改动，随意改动参数可能使机床发生故障，这是非常危险的事情。下面介绍一些与维修有关的系统参数，使用时应特别小心。

5. 诊断窗口和系统参数的显示和修改方法

（1）诊断窗口的显示方法

① 按系统操作面板上的"DGNOS/PARAM"键，使 CRT 屏幕上出现"DGNOS"页面，如果出现的是"PARAM"页面，则可再按一次"DGNOS/PARAM"键或 CRT 屏幕底部的软操作键"DGNOS"。

② 按系统操作面板上的"F/No"键。

③ 按数字键 X X X X（诊断号）。

④ 按系统操作面板上的"INPUT"键，CRT 屏幕上将出现要求的诊断窗口。

（2）系统参数的显示和修改方法

① 按系统操作面板上的"DGNOS/PARAM"键，使 CRT 屏幕上出现"PARAM"页面，如果出现的是"DGNOS"页面，则可再按一次"DGNOS/PARAM"键或 CRT 屏幕底部的软操作键"PARAM"（如仅作显示，直接执行第⑤步）。

② 按机床操作板上的"MDI"键，进入 MDI 工作方式。

③ 按系统操作面板上的"F/No"键、"0"键、"INPUT"键，CRT 屏幕上出现 0 号参数所在页面。

④ 按系统操作面板上的"PAGE+"键，直到 CRT 屏幕上出现"PWE=0"页面，并设置"PWE=1"（此时 CRT 屏幕上出现"P/S100"号报警）。

⑤ 按系统操作面板上的数字键"××××"（要求的参数号）、"INPUT"键，CRT 屏幕上出现××××＜参数所在页面。

⑥ 按系统操作面板上的数字键"????"（要求的参数值）、"INPUT"键，CRT 屏幕上××××号参数内容变为"????"（要求的参数值）。

⑦ 按系统操作面板上的"F/No"键、"0"键、"INPUT"键，CRT 屏幕上出现 0 号参数所在页面。

⑧ 按系统操作面板上的"PAGE↑"键，直到 CRT 屏幕上出现"PWE=1"页面，并设置"PWE=0"。

⑨ 按系统操作面板上的"RESET"键，"P/S100"号报警消失。

⑩ 如对关键参数作了修改，则会出现"P/S100"号报警，此时应断开 NC 电源，再接通 NC 电源时"P/S100"号报警消失，修改的参数生效。

6. FANUC0 系统的维修

FANUC0 系统一旦发生故障，在 CRT 上均有报警指示，包括程序错误（P/S）报警、绝对脉冲编码器（APC）故障报警、伺服系统故障报警、超程故障报警、可编程机床控制器（PMC）故障报警、过热故障报警、系统错误报警等。

现以 FANUC0 DM 系统为例，介绍该系统可能出现的各种故障及其分析排除方法，其他 FANUC 系统维修可仿照处理。

（1）90 号报警（返回参考点异常）

这是由于返回参考点时没有满足"必须沿返回参考点方向并距参考点不能过近（128 个脉冲以上）及返回参考点速度不能过低"的条件。对这类故障的处理步骤如下：

① 距参考点位置如果大于 128 个脉冲，若返回参考点过程中电动机转了不到一转（即没有接收到一转信号），此时首先要变更返回时的开始位置，然后在位置偏差量超过 128 个脉冲的状态下，在返回参考点方向上进行一转以上的快速进给，按此可检测是否输入过一转信号。若返回参考点过程中电动机转了一转以上，而又产生了上述报警，这种情况多是使用了分离型的脉冲编码器，此时需要检查位置返回时的脉冲编码器的一转信号 PCZ 是否输入到了轴控制板中。如果输入，则是轴控制板不良；如果未输入，则先检查编码器用的电源电压是否偏低（允许电压波动在 0.2V 以内），否则是脉冲编码器不良。

② 如果沿返回方向移动量小于 128 个脉冲，则要检查确认进给速度指令值、快速进给倍率信号、返回参考点减速信号及外部减速信号是否正常。

③ 距参考点位置如果小于 128 个脉冲，则变更返回时的开始位置，使其位置偏差量超过 128 个脉冲。

④ 返回参考点速度过低。返回参考点速度必须为位置偏差量超过 128 个脉冲的速度，如果速度过低，电动机的一转信号散乱，不可能进行正确的位置检测。

（2）400 号报警（过载）

它表示伺服放大器或伺服电动机过热，此时可用诊断号 DGN730～DGN733 的第 7 位 ALDF 的状态来分析故障。如果 ALDF＝1，则说明伺服电动机方面过热，此时执行第①步；如果 AIDF＝0，则说明伺服放大器方面有问题，此时执行第②步。其具体分析步骤如下：

① 切断电源。从伺服放大器上拆下产生过热报警轴的反馈电缆，确认电缆侧的连接器8、9 脚之间的导通状态。如果导通，说明热控开关动作，其原因多是由轴控制板不良引起的；如果不导通，则观察电源接通时是否立即发生报警。如不是，则执行第③步；如是，则执行第④步。

② 检查伺服放大器的 OH 报警是否点亮。如不亮，则进行"伺服放大器的电源检测"［见故障（12）］；如亮，则首先确认伺服放大器与 S1 短路棒的设置是否正确。当使用外部热控开关时设定为 L，否则为 H。如设定正确，则确认伺服放大器、伺服变压器、再生放电单元中是否有一个是热的。如有热的，则执行第③步；如无热的，则确认伺服放大器、伺服变压器、再生放电单元间的电缆是否有断线或接线错误。如没有问题，则其原因在于伺服放大器、伺服变压器、再生放电单元的热控开关不良。

③ 用伺服放大器的测试端子 IR、IS 测量负载电流，确认是否超过了额定电流值。如超过则执行第⑤步；否则，检查风扇电动机周围的环境，多是由于通风不良引起的。

④ 确认反馈电缆是否有断线或接线错误。如有错误，则修理、更换电缆；否则，是由于电动机内的热控开关不良引起的。

⑤ 检查电动机负载是否大于电动机的允许值。如是，则须检查机床侧的状态，如机床装配不良等，或重新选择电动机和放大器，或重新研究机床切削条件。如果负载未超过，则应检查加、减速是否频繁，如是，需重新研究机床切削条件；否则，是由电动机不良或伺服放大器不良造成的。

（3）401 号报警（伺服系统准备完毕信号断开）

它表示当 NC 将 MCC 接通信号送给伺服放大器时，伺服放大器却不返回已准备好的信号,此时应先解除其报警,然后按"伺服放大器的电源检测"进行检查。

(4) 4n0、4n1 报警(位置偏差量过大;n 为 1～8,表示控制轴号,下同)

它表示 NC 指令的位置与实际机床位置误差(即位置偏差量)大于参数设定置。当发生 4n0 报警时,表示停止中的位置偏差量过大;当发生 4n1 报警时,表示移动中的位置偏差量过大。它可以由诊断号 DGN800～DGN803 来确认位置偏差量是否超过参数设定值。

① 如没有超过,则说明是轴控制板不良,如超过,则应观察轴是否移动了,如没有移动,则执行第⑤步,否则,应检查与轴运动有关的参数值,是否合适进给速度指令,是否过大。如不是这个原因,则执行第②步;否则,应变更参数或减少进给速度指令。

② 检查伺服放大器的三相 200V 输入电压是否在允许波动的范围之内(－15％～＋10％)。如不正常,则执行第④步。否则应检查 8000 号以后的参数,特别是电动机的型式等是否正确。如正确,则执行第③步;否则,应变更不正确的参数值。

③ 检查指令线和反馈线是否有断线或接线错误,如有问题,则更换或修理电缆;否则,应确认伺服关断信号(用诊断号 DGN105.0～DGN105.3 来检查)是否有时有接通现象。如不正常,则要检查机床强电梯形图的逻辑关系;否则,可能是由伺服放大器或轴控制电路或电动机不良引起的。

④ 检查伺服电源变压器的输入电压。如正常,则确认伺服电源变压器的连接及连接电缆是否完好、正常。如正常,则是伺服电源变压器不良。

⑤ 确认轴操作中电动机制动器是否有效。如制动器已抱闸,则应解除制动;否则,应检查电动机动力线、伺服放大器及轴控制板之间的连接电缆是否有断线或接错线的现象。如都正常,则故障原因在于电动机不良或轴电路不良或伺服放大器不良。

(5) 4n4 报警

它是与伺服放大器和伺服电动机有关的各种报警总的表示。这些报警有可能是由伺服放大器及伺服电动机本身引起的,也可能是由数控系统的参数设定不正确等原因造成的。在此着重介绍由后者引起的 4n4 报警排除方法。对 4n4 报警的原因可通过诊断号 DGN720～DGN725 的第 6 位至第 2 位来分别确认是否为 LV、OVC、HC、HV、DC 报警,然后检查与其报警对应的伺服放大器上的报警指示灯 LED 是否点亮。如不亮,则参考"伺服放大器的电源检查"的项目进行;否则,按其报警指示分别进行下述检查:

① 4n4(LV)报警。它表示在伺服放大器中发生了电压不足的报警。其分析步骤如下:

● 首先检查伺服放大器上的保险 P1 是否熔断,如熔断,则更换保险,若再次熔断,则需考虑更换伺服放大器。

● 检查伺服放大器的输入电压是否在允许波动的范围之内(－15％～＋10％)。如电压正常,则是伺服放大器不良。

● 确认是否使用了伺服变压器,如没有使用或虽使用,但其输入电压不正常,则应检查供给电源。

● 确认伺服电源变压器的连接及其连接电缆。如连接不好,则进行修正;否则,可以认为是伺服电源变压器不良。

② 4n4(OVC)报警。它表示在防止电动机烧毁的电源值监视电路中电源在一定时间内积分值超过了规定值。其分析步骤如下:

● 首先确认参数 PRM8140～PRM8157 的 PK1、PK2、EMF、CMP、PVPA 的值是否

正确。

● 用伺服放大器上的检测端子 IR、JS 测量负载电源。确认瞬间电流是否超过允许值（20s 以下的电动机应为额定电源的 1.4 倍,20s 以上的电动机为 1.7 倍）,如未超过,则说明轴电路不良。

● 如瞬间电源超过允许值,则继续观察在恒定进给状态下负载电源是否也超过允许值,如是,则执行下一步;否则,是由于加减速时电动机能量不足引起的。其解决办法有以下几种:重新选定电动机,降低进给速度,增加加减速时间常数。这包括快速进给加减速时间常数（PRM522~PRM525）、切削进给加减速时间常数,PRM529 以及手动进给加减速时间常数（PRM601~PRM604）。

● 确认是否由于制动器等外界因素增加了机械负载。若是,则应检查机床侧,设法减少机床负载。若不是,则可以考虑以下几种原因:电动机功率不够,电动机不良,轴电路不良。

③ 4n4(HC)报警。它表示伺服放大器中发生电流异常——大电流报警,其分析步骤如下:

● 首先检查电动机型号（参数 PRM8120）以及电流环增益（参数 PRM8140~PRM8142 的 PK1、PK2、PK3 的值）。如正确,则执行下一步;如不正确,则修正之。

● 切断 MC 及伺服放大器的输入电源,从伺服放大器侧取下电动机动力电缆,然后分别确认电缆侧的 U—G、V—G 及 W—G 之间的绝缘状况。如已不绝缘,则执行第四步。若绝缘正常,则应测量电缆侧的 U—V、V—W、W—U 之间的电阻值,并确认这 3 个值是否大致相等。如不等,则执行下一步;如相等,则可认为是伺服放大器不良。

● 取下电动机侧的动力电缆,测量电动机端子的 U—V、V—W、W—U 之间的电阻值,并确认这三个值是否大致相等。如不等,则执行第五步;如相同,则执行最后一步。

● 从电动机侧取下动力电缆,分别确认电动机的 U—G、V—G、W—G 之间的绝缘状况。如已不绝缘,则执行下一步;如绝缘正常,则执行最后一步。

● 可认为是电动机不良,应更换一台同类型电动机。

● 可认为是电动机动力线不良,应更换电动机动力线或进行修理。

④ 4n4(HV)报警。它表示伺服放大器中发生了过电流报警。其分析步骤如下:

● 首先确认输入伺服放大器的电压是否在允许波动的范围之内（-15%~+10%）。如不正常,则执行下一步;如正常,则执行第四步。

● 然后再确认是否使用了伺服变压器,如未使用,则检查动力电源;如使用,则确认伺服电源变压器的输入电压。如输入电压不正常,则检查动力电源;如电源正常,则执行下一步。

● 确认伺服电源变压器的连接及连接电缆。如不正确,则修正之;如正确,则可认为是伺服电源变压器不良所致。

● 检查确认相对于负载的加减速时间常数是否过小。如过小,则适当增加;如合适,则检查分离型再生放电单元的连接是否正确。如正确,则执行下一步;如不正确,则重新进行连接。

● 切断电源,确认分离型再生放电单元的电阻值是否正确。如正确,则可认为是伺服放大器不良或伺服放大器的规格不适合于机械负载;如不正确,则更换分离型再生放电单元,但也有可能是电动机、伺服放大器不适合于机械负载。

⑤ 4n4(DC)报警。它表示伺服放大器中的再生放电回路发生报警。其分析步骤是:

● 首先检查确认伺服放大器上端子 S2 的设定是否正确(若使用分离型再生放电单元,设定为 H;若不使用,设定为 L)。如正确,则执行下一步;如不正确,则在切断电源之后再改变其设定值。

● 确认是否使用了分离型再生放电单元。如未使用,执行下一步;如使用,则检查分离型再生放电单元的连接是否正确。如正确,则执行下一步;如不正确,则将其正确连接。

● 检查确认加减速是否频繁。如不频繁,则要考虑是伺服放大器不良;如频繁,则要采取下述措施,或减少加减速的频度,或重新研究分离型再生放电单元的设置及规格。

(6) 4n6 报警(断线报警)

它表示发生了脉冲编码断线故障。其分析步骤如下:

① 首先用诊断号 DGN730～DGN733 第 7 位确认 ALDF 是"1"还是"0"。是"1"表示硬件检测,执行第②步。是"0"表示软件检测,此时要检查报警轴上是否使用了分离型脉冲编码器。如未使用,执行第②步;如使用,则要检查丝杠实际反向间隙量是否大于参数 PRM535～PRM538 的设定值。如不大于,则执行第②步;如大于,则变更上述参数。

② 检查内装式脉冲编码器侧或分离型脉冲编码器侧的各自反馈电缆中是否有断线或接线错误(采用了何种类型脉冲编码器,这可根据 DGN730～DGN733 的第 4 位 EXPC 值来确认。若 EXPC=0,表示采用内装式脉冲编码器;若 EXPC=1,表示采用分离型脉冲编码器)。若正确,执行第③步;若不正确,则更换电缆。

③ 检查反馈电缆的屏蔽线是否接地。如没有接地,则将电缆的屏蔽接地,否则会在连接信号中参有杂音干扰;如屏蔽线已接地,则可能是由于轴电路不良或脉冲编码器不良所致。

(7) 510～581 号报警(超程报警)

它表示机床位置超过了行程限位或超程信号接通,其分析步骤如下:

① 用参数 PRM700～PRM702 检查是哪个轴超过了轴的软限位或超程信号接通。

② 用手操作使机床反方向移动,退出报警区,然后用 RESET 键解除报警。如不能退出,执行第③步;如能退出,则将轴返回参考点。

③ 切断电源,然后再按"P"及"CAM"键的同时接通电源。但是千万注意,不要在按"PESET"及"DELETE"键的同时接通电源,因在返回参考点或在切断电源前均不进行行程限位检测,所以容易损坏机床。此时可由手动运转退出报警区。

④ 退出报警区后,务必再次切断电源,使行程限位检测有效。

(8) 不能进行自动操作

其分析步骤如下:

① 首先确认为 AUTO 方式下,按启动按钮,观察自动运转信号 STL 是否为"1",这可由诊断号 DGN148.5 或 DGN048.5 来确认。若 STL=1,执行第②步。若 STL=0,则执行以下步骤:(a) 用 DGN121.7 或 DGN021.7 来确认复位信号 ETS=0;(b) 用 DGN121.5 或 DGN021.5 来确认自动运转暂停信号 *SP=1;(c) 若按启动按钮,用 DGN120.22 或 DGN020.2 来确认运转启动信号 ST=1。

② 用 DGN700 确认 CNC 状态,并排除其相应的故障原因:(a) 当 DGN700.6(CSCT)

=1 时,表示等待主轴速度到达信号接通;(b)当 DGN700.5(CITL)=1 时,表示互锁信号接通;(c)当 DGN700.4(COVZ)=1 时,表示倍率为 0;(d)当 DGN700.3(CINP)=1 时,表示进行到位检测;(e)当 DGN700.2(CDWL)=1 时,表示执行暂停;(f)当 DGN700.1(CMTN)=1 时,表示执行自动运转中的移动指令;(g)当 DGN700.0(CFIN)=1 时,表示执行 M、S、T 功能。

(9)不能进行 JOG(手动)、HANDLE(手轮)或 STEP(增量)进给

其分析步骤如下:

① 在 CRT 中确认是否为所选定的方式,有无报警;是否为 NOTREADY 状态,若无手动手轮控制的选择,HANDLE 方式下显示为 STEP。如显示正常,则转第②步;如不正常,则变更方式,解除报警,确认紧急停止信号 ∗ESP=1(用 DGN121.4 和 DGN021.4 确认)。

② 当 JOG、HANDLE、STEP 进给时,观察 CRT 的位置显示是否发生变化。如变化,转第⑥步。如不变,则用 DGN121.7 或 DGN021.7 来确认外部复位信号 ERS 是否变为"1"。如不是,执行第③步;如为"1",使外部复位信号变为"0"。

③ 检查互锁信号是否有效。如有效,则使互锁信号变成无效。如无效,则执行 OG 进给。如确是 JOG 进给,执行第④步;如不是 JOG 进给,则检查是 STEP 进给还是 HANDLE 进给。如是 STEP 进给,执行第⑤步;如是 HANDLE 进给,执行第⑥步。

④ 检查进给倍率是否为 0,这可用诊断号 DGN121.0～DGN121.3 或 DGN021.0～DGN021.3 来检查。如不为 0,执行第⑤步;如为 0,则应加大倍率。

⑤ 检查进给轴方向选择信号是否为"1",这可用 DGN116.1～DGN119.2(正向)及 DGN116.3～DGN119.3(反向)来检查。如不是"1",应检查电缆的连接是否有问题;如为"1",则须更换轴电路。

⑥ 用诊断号 DGN120.0 或 DNG020.0、DGN120.1 或 DGN020.1 来检查手动进给能否正确设定每步的机械移动量。如不正确,应检查与电缆的连接并进行正确设定;如正确,应检查轴选择信号(HX～H4)是否仅有一个被选择,这可用 DGN116.7～DGN119.7 或 DGN016.7～DGN019.7 来确认。

(10)返回参考点位置偏移

其分析步骤如下:

① 确认参考计数器值的设定是否正确,参考计数器的值等于电动机一转的脉冲数乘以检测倍率 DMR;参考计数器的值和检测倍率 DMR 的值均设定在参数 PRM004～PRM007 中。

② 确认返回参考点位置偏移的程度是否在一个栅格之内。如在一个栅格之内,执行第③步;否则执行第④步。

③ 确认减速挡块(∗DECX,∗CECY 等)是否装配在正确位置上。如减速挡块距参考点小于电动机一转移动量的一半,则改变挡块位置,使它在正确位置附近,如在正确的位置上,则应确认减速挡块的长度 LDW 是否太短。如果挡块长度 LDW 满足下式:

$$LDW < V_R(T_R/2 + Ts + 30) + 4V_L Ts/60000$$

则应加长 LDW,使它大于或等于计算值。如 LDW 够长,则须考虑更换轴控制板。式中,V_R 为快速进给速度(mm/min);T_R 为自动加减速时间参数(ms);Ts 为伺服时间参数(ms),$Ts=100000/G(G$ 为在参数 PRM0517 中设定的伺服环增益);V_L 为在 PRM0543 中设定的

返回参考点的最低进给速度。

④ 检查参数 PRM0508～PRM0511 中栅格偏移量设定是否正确。如不正确,则修正之;如正确,则检查脉冲编码器与 NC 之间的反馈电缆是否有断线或松脱现象。如不正常,则修正之;如正常,则检查此反馈电缆中的屏幕线是否已接地,如已接地,则须更换轴控制板。

(11) 无画面显示

其分析步骤如下:

① 首先检查 CRT 信号电缆及电源电缆是否已接好。

② 检查电源单元上的红色 LED 灯是否点亮。如不亮,执行第③步;如亮,则关断电源,用万用表测试主电路板上的+5V(逻辑电路用)、+15V、−15V(位置控制电路用)、+24V(CRT/MDI 单元用)、+24V(输入/输出信号用)端子与 GND 端子间的电阻,是否有导通情况(0～2Q 认为是导通。当插入轴控制板时,+5V 与 GND 之间电阻约为 5～1011Ω)。如导通,说明主电路板不良;如不通,则是电源单元不良。

③ 检查电源单元上的绿色 LED 灯是否点亮。如点亮执行第④步;如不亮,检查电源单元是否已输入单相200V。如未输入,则检查电缆及外部电源;如输入,则检查电源的单元上的保险 F11、F12、F13 是否熔断。如已熔断,则更换相应规格的保险,并参考"电源单元保险熔断故障"的项目进行;如未熔断,则须考虑更换电源单元。

④ 检查主电路板上的 L1～L6 的 LED 是否点亮。如未亮,执行第⑤步;如亮,检查 L4 是否点亮。如亮,说明存储器控制板没有插好;如不亮,则可能是 CRT 不良或存储器控制板不良,或主电路板不良。

⑤ 在按面板上 ON 按钮、接通电源的状态下,测量主电路板、轴控制板、存储控制板测试端子上+5V 与 GND 之间的电压是否在 4.75～5.25V 之间。如不正常,执行第⑥步;如正常,则可能是主电路板不良或存储控制板不良。

⑥ +5V 与 GND 之间的电压是否为 0,如为 0,则检查面板上 ON、OFF 开关的电缆连接是否正确。如连接正确,则为电源单元不良。如果+5V 与 GND 之间电压不是 0V,则测量电源单元上的测试端子 A10 与 A0 之间电压是否为 10V。如是,则是电源单元不良;如不是,则应调整其上的可变电阻 VR11,使其电压为 10V。

(12) 伺服放大器的电源检测

其分析步骤如下:

① 用数字万用表测量电路板上检测端子的电源电压是否正常。在正常情况下,+20V 端子和+24V 端子电压允许波动±2V,−15V 端子和+15V 端子电压允许波动±0.75V,+5V 端子电压允许波动±0.25V。如电压正常,执行第②步;如电压不正常,执行第⑤步。

② 检查接通电源后是否立即发生报警。如立即发生报警,执行第③步;如不是立即发生报警,则其故障原因可能是伺服放大器不良。

③ 对发生报警的轴,用封盒插入轴控制板中来代替指令电缆,然后接通电源,观察其报警是否消失。如消失,则执行第④步;如不消失,则说明轴电路不良。

④ 确认伺服放大器与轴控制板之间的电缆是否有断线或接线错误。如电缆完好,连接正常,则引起报警的原因在于伺服放大器不良。

⑤ 检查伺服放大器的输入电压是否在波动允许范围之内(−15%～+10%)。若在波

动允许范围内,说明伺服放大器不良;若不在波动允许范围内,则检查动力电源是否正常。若电路中使用了伺服变压器,则还应检查连接电缆是否正常。若一切正常,则故障原因在变压器不良。

(13) 主电路板上 LED 灯的指示含义

指示灯显示状态分别是:L1 为绿灯,表示系统正常。L2 为红灯,表示只要有任一报警发生,L2 就点亮。L3 为红灯,表示存储器控制板接触不良。L4 为红灯,表示监控报警,其可能原因是:轴控制板脱落,轴控制板、主电路板不良,轴控制板与伺服 ROM 配置不当。L5 为红灯,表示子 CPU 板(SUB)或第 5、6 轴控制板发生故障。

(14) 电源单元保险熔断故障

其分析步骤如下:

① 电源单元输入端的 F11/F12 熔断器的熔断原因及处理。(a) VS11 浪涌吸收器短路,VS11 用于吸收输入端间的浪涌电压,若浪涌电压过高或连续过电压加在 VS11 上会导致 VS11 短路,从而使 F11/F12 熔断;(b) DS11 二极管堆短路;(c) 开关晶体管 Q14、Q15 的 C—E 间短路;(d) 二极管 D33—34 短路;(e) 辅助电源电路内晶体管 Q1 的 G—E 间短路。

② 电源单元+24V 输出端的 F13 熔断:(a) 可认为是 CRT/MDI 单元内部或连接电缆短路,取下连接器 CP15,对其电缆作重点检查;(b) 主电路板侧+25V 电路短路,取下连接器 CP14 和 CP15 的电缆后,对主电路板侧作重点检查。

③ 电源单元+24E 输出端的 F14 熔断:(a) 向各电路板单元供给+24V 电源的电缆短路;(b) 来自机床侧的+24V 电源线接地或与其他电源线混接。

④ 保持电源内部电路的熔断器 F1 熔断:(a) 辅助电源电路(Mi,Q1,T1,D1,Q2,ZD1)发生故障;(b) 电源 ON/OFF 开关的触点信号线、外部报警信号线与交流电流电源线等接错。此时,有可能将辅助电路烧毁。

(15) 编程故障

与零件加工程序编制错误有关的故障报警,其前面带有"P/S",报警号从 000 到 250,由于这类故障主要与编程人员有关,这里不作详述。但特别要指出的是,"P/S100"和"P/S000"两个报警是与维修人员有关的。

① P/S100 号报警。维修人员在修改 NC 参数前必须将参数设定页面 2(SETTING2)上的"PWE"项设定为"1",以便修改参数,此时必然出现 P/S100 号报警,在参数修改完毕后应将"PWE"改设为"0",禁止修改参数,再按系统面板上的复位(RESET)键,使 P/S100 号报警取消。

② P/S000 号报警。在某些关键的 NC 参数被修改后,使用上述方法虽然可以取消 P/S100 号报警,但又出现 P/S000 号报警时,必须断开 NC 电源才能取消该报警。

考 核 试 题

1. 故障名称

2. 故障分析

3. 实际故障点

4. 评分标准（以下非考生填写）

评分标准见表 7-4。

表 7-4

项目内容	配分	考核内容	评分标准	扣分	得分
主要项目	10分	故障原因分析	指出故障范围不确切,扣4分		
			不会分析,指不出故障范围,扣10分		
	10分	检查判断故障	检查步骤不正确,扣4分		
			检查方法不正确,扣4分		
			没有找到故障准确点,扣4分		
一般项目	5分	仪表与工具的使用	仪表与工具的使用方法不正确,扣5分		
	5分	回答问题	回答不正确,扣3分		
			不能回答问题,扣5分		
定额时间	60min	开始时间		结束时间	实际用时
备注	除定额时间外,各项最高扣分不得超过配分 每超5min扣5分			得分	

第8章　PLC应用技术、安装与调试

8.1　可编程控制器(PLC)

PLC采用了计算机控制技术,因而具有微机的特征。

1. PLC 的主要结构

PLC由微处理器、存储器、输入与输出接口、编程器及电源单元组成,如图8-1所示。

（1）微处理器 CPU

微处理器是 PLC 的核心部分,它负责指挥与协调PLC 工作。CPU 是指中央控制单元,一般由控制器、运算器和寄存器等组成,并将它们制作在集成芯片上。

CPU 的主要功能如下:

● 处理与运行用户程序;

● 连续监控 PLC 工作;

● 逻辑判断输入、输出的全部信号状态;

● 按需使各个状态变化决定输出部分。

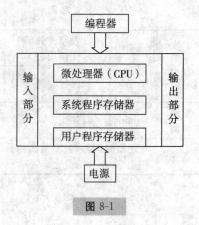

图 8-1

（2）存储器

存储器是具有记忆功能的半导体电路,用来存储系统程序和用户程序等。

● 系统存储器。存储系统管理和监控程序。它由生产厂家提供,用户只能读出信息,而不能写入信息。其中的监控程序用于管理 PLC 的运行,编译程序用于将用户程序翻译成机器语言,诊断程序用于确定 PLC 的故障内容。

● 用户存储器。用来存放编程器(PRG)或磁带输入的程序,即用户编制的程序。

（3）输入、输出(I/O)单元

输入、输出单元是 PLC 与现场外围设备相连接的组件。用户送入 PLC 的各种开关量、模拟量信号,通过输入单元的光电隔离器件,将各种信号转换成微处理器能够接受的电平信号。输出单元将微处理器送出的信号转换成现场需要的信号,最后驱动继电器、接触器、电磁阀等执行元件工作。

（4）编程器

编程器的主要功能是用于用户程序的编制、编辑、修改、调试和监视。用户程序通过它才能输入 PLC,实现人机对话。

简易编程器由功能键、数字键和编辑键组成控制部分,由发光二极管与数码管组成显示部分。

(5) 电源

电源单元是将工业交流电转换成直流电,供 PLC 各单元工作,一般均用开关电源。

2. PLC 的工作原理

(1) PLC 的等效电路

PLC 的等效电路可分成三部分:输入部分、逻辑部分及输出部分,如图 8-2 所示。

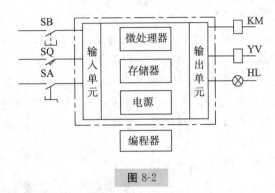

图 8-2

● 输入部分:收集来自现场的各种开关量信号(例如,SB、SQ、SA 等)和数据信号(数字)。

● 逻辑部分:对输入信息进行逻辑运算处理,判断需要输出哪些信号,并将结果输送给输出继电器。

● 输出部分:把微处理器的内部电路信号转换为输出继电器上常开触点的通断或功率器件的驱动信号。

(2) PLC 的工作方式

采用循环扫描的方式周期性地进行工作,每一周期可分为三个阶段:

● 输入采样阶段。PLC 扫描各输入端的状态,并写入输入状态寄存器内。

● 程序执行阶段。PLC 对用户程序进行扫描,从第一条程序开始,再按递增号逐条扫,至 END 指令。然后根据输入端与输出端的状态与用户程序进行逻辑运算,最后把运算结果写入输出寄存器状态表。

● 输出刷新阶段。把输出状态表的状态转存到输出锁存电路,再去驱动输出继电器线圈,输出控制信号。

8.1.1　欧姆龙(OMRON) PLC 的 I/O 通道及内部继电器定义号分配

CPM2A 系列 PLC 的继电器和数据区分为内部继电器区(IR)、特殊辅助继电器区(SR)、暂存继电器区(TR)、保持继电器区(HR)、辅助记忆继电器区(AR)、链接继电器区(LR)、定时器/计数器区(TC)和数据存储区(DM)。

CPM2A 系列 PLC 的内部器件以通道形式进行编号,通道号用二位、三位或四位数表示。一个通道内有 16 个继电器,一个继电器对应通道中的一位,16 个位的序号为 00~15。所以一个继电器的编号由两部分组成,一部分是通道号,另一部分是该继电器在通道中的位序号。

1. 内部继电器区(IR)

IR 区分为两部分,一部分是供输入/输出用的输入/输出继电器区,该区的通道号为 000~019。另一部分是供用户编写程序使用的内部辅助继电器区,该区的通道不能直接对外输出。内部辅助继电器区有编号为 200~231 的 32 个通道,每个通道有 16 位(点),故共有 512 点。在编写用户程序时,内部继电器区的通道使用频率很高,要记住其编号范围。

在 IR 区,某一个继电器的编号要用 5 位数表示。前 3 位是该继电器所在的通道号,后 2 位是该继电器在通道中的位序号。例如,某继电器的编号是 00105,其中的 001 是通道号,05 表示该继电器的位序号。

输入继电器区有编号为 000~009 的 10 个通道,其中 000、001 用来对主机的输入通道编号,002~009 用于对主机连接的 I/O 扩展单元的输入通道编号。

输出继电器区有编号为 010~019 的 10 个通道,其中 010、011 通道用来对主机的输出通道编号,012~019 用于对主机连接的 I/O 扩展单元的输出通道编号。

例如,40 点的主机连接了 3 个 20 点的 I/O 扩展单元,其 12 个输入点占用一个输入通道,8 个输出点占用一个输出通道。002、012 用于第一个 I/O 扩展单元的输入/输出通道编号,003、013 用于第二个 I/O 扩展单元的输入/输出通道编号,004、014 用于第三个 I/O 扩展单元的输入/输出通道编号。

另外,输入/输出继电器区中未被使用的通道也可作为内部辅助继电器使用。例如,40 点的主机连接了 3 个 20 点的 I/O 扩展单元,最大输入通道号为 004,最大输出通道号为 014,所以 005~009 以及 015~019 这些通道就可以作为辅助继电器使用。

2. 特殊辅助继电器区(SR)

SR 区有 24 个通道,主要供系统使用。表 8-1 中列出了该继电器的功能。

● SR 区的前半部分(232~251)通常以通道为单位使用,其功能见表 8-1。

◇ 232~249 通道在未作为表 8-1 中指定的功能使用时,可作为内部辅助继电器使用。

◇ 250、251 通道只能按表中指定的功能用,不可作为内部辅助继电器使用。

● SR 区的后半部分(252~255)是用来存储 PLC 的工作状态标志,发出工作启动信号,产生时钟脉冲等。除 25200 外的其他继电器,用户程序只能利用其状态而不能改变其状态,或者说用户程序只能用其触点,而不能将其作为输出继电器用。

◇ 25200 是高速计数器的软件复位标志位,其状态可由用户程序控制,当其为 ON 时,高速计数器被复位,高速计数器的当前值被置为 0000。

◇ 25300~25307 是故障码存储区。故障码由用户编号,范围为 01~99。执行故障诊断指令后,故障码存到 25300~25307 中,其低位数字存放在 25300~25303 中,高位数字存放在 25304~25307 中。

表 8-1

通道号	继电器号	功　　能	
232~235		宏指令输入区。不使用宏指令的时候,可作为内部辅助继电器使用	
236~239		宏指令输出区。不使用宏指令的时候,可作为内部辅助继电器使用	
240		存放中断 0 的计数器设定值	输入中断使用计数器模式时的设定值(0000~FFFF)。输入中断不使用计数器模式时,可作为内部辅助继电器使用
241		存放中断 1 的计数器设定值	
242		存放中断 2 的计数器设定值	
243		存放中断 3 的计数器设定值	
244		存放中断 0 的计数器当前值-1	输入中断使用计数器模式时的计数器当前值-1(0000~FFFF)。输入中断不使用计数器模式时,可作为内部辅助继电器使用
245		存放中断 1 的计数器当前值-1	
246		存放中断 2 的计数器当前值-1	
247		存放中断 3 的计数器当前值-1	

通道号	继电器号	功　　能	
248~249		存放高速计数器的当前值。不使用高速计数器时,可作为内部辅助继电器使用	
250		存放模拟电位器 0 设定值	设定值为 0000~0200(BCD 码)
251		存放模拟电位器 1 设定值	
252	00	高速计数器复位标志(软件设置复位)	
	01~07	不可使用	
	08	外设通信口复位时为 ON(使用总线无效),之后自动回到 OFF 状态	
	09	不可使用	
	10	系统设定区域(DM6600~DM6655)初始化的时候为 ON,之后自动回到 OFF 状态(仅编程模式时有效)	
	11	强制置位/复位的保持标志 OFF:编程模式与监控模式切换时,解除强制置位/复位的接点 ON:编程模式与监控模式切换时,保持强制置位/复位的接点	
	12	I/O 保持标志 OFF:运行开始/停止时,输入/输出、内部辅助继电器、链接继电器的状态被复位 ON:运行开始/停止时,输入/输出、内部辅助继电器、链接继电器的状态被保持	
	13	不可使用	
	14	故障履历复位时为 ON,之后自动回到 OFF	
	15	不可使用	
253	00~07	故障码存储区,故障发生时将故障码存入 故障报警(FAL/FALS)指令执行时,FAL 号被存储 FAL00 指令执行时,故障码存储区复位(成为 00)	
	08	不可使用	
	09	当扫描周期超过 100ms 时为 ON	
	10~12	不可使用	
	13	常开	
	14	常关	
	15	PLC 上电后的第一个扫描周期内为 ON,常作为初始化脉冲	
254	00	输出 1min 时钟脉冲(占空比 1:1)	
	01	输出 0.02s 时钟脉冲(占空比 1:1),当扫描周期>0.01s 时不能正常使用	
	02	负数标志(N 标志)	
	03~05	不可使用	
	06	微分监视完了标志(微分监视完了时为 ON)	
	07	STEP 指令中一个行程开始时,仅一个扫描周期为 ON	
	08~15	不可使用	

续表

通道号	继电器号	功　　能
255	00	输出 0.1s 时钟脉冲(占空比 1∶1),当扫描周期＞0.05s 时不能正常使用
	01	输出 0.2s 时钟脉冲(占空比 1∶1),当扫描周期＞0.1s 时不能正常使用
	02	输出 1s 时钟脉冲(占空比 1∶1)
	03	ER 标志(执行指令时,出错发生时为 ON)
	04	CY 标志(执行指令时结果有进位或借位发生时为 ON)
	05	＞标志(执行比较指令时,第一个比较数大于第二个比较数时,该位为 ON)
	06	＝标志(执行比较指令时,第一个比较数等于第二个比较数时,该位为 ON)
	07	＜标志(执行比较指令时,第一个比较数小于第二个比较数时,该位为 ON)
	08～15	不可使用

3. 暂存继电器区(TR)

CPM2A 有编号为 TR0～TR7 共 8 个暂存继电器,暂存继电器的编号要冠以 TR。在编写用户程序时,暂存继电器用于暂存复杂梯形图中分支点之前的 ON/OFF 状态。同一编号的暂存继电器在同一程序段内不能重复使用,在不同的程序段可重复使用。

4. 保持继电器区(HR)

该区有编号为 HR00～HR19 的 20 个通道,每个通道有 16 位,共有 320 个继电器。保持继电器的使用方法同内部辅助继电器一样,但保持继电器的通道编号必须冠以 HR。

保持继电器具有断电保持功能,其断电保持功能通常有两种用法:其一,当以通道为单位用做数据通道时,断电后再恢复供电时数据不会丢失;其二,以位为单位与 KEEP 指令配合使用时,或做成自保持电路时,断电后再恢复供电时,该位能保持掉电前的状态。

5. 辅助记忆继电器区(AR)

辅助记忆继电器区共有 AR00～AR15 的 16 个通道,通道编号前要冠以 AR 字样。该继电器区具有断电保持功能。

AR 区用来存储 PLC 的工作状态信息,如扩展单元连接的台数、断电发生的次数、扫描周期最大值及当前值,以及高速计数器、脉冲输出的工作状态标志、通信出错码、系统设定区域异常标志等,用户可根据其状态了解系统运行状况。表 8-2 是辅助记忆继电器的功能。

表 8-2

通道号	继电器号	功　　能
AR00～AR01		不可使用
AR02	00～07	不可使用
	08～11	扩展单元连接的台数
	12～15	不可使用
AR03～AR07		不可使用

续表

通道号	继电器号	功　　能	
	00～07	不可使用	
AR08	08～11	外围设备通信出错码(BCD 码)： 0——正常终了，1——奇偶出错，2——格式出错，3——溢出出错	
	12	外围设备通信异常时为 ON	
	13～15	不可使用	
AR09		不可使用	
AR10	00～15	电源断电发生的次数(BCD 码)，复位时用外围设备写入 0000	
AR11	00	1 号比较条件满足时为 ON	高速计数器进行区域比较时，各编号的条件符合时成为 ON 的继电器
	01	2 号比较条件满足时为 ON	
	02	3 号比较条件满足时为 ON	
	03	4 号比较条件满足时为 ON	
	04	5 号比较条件满足时为 ON	
	05	6 号比较条件满足时为 ON	
	06	7 号比较条件满足时为 ON	
	07	8 号比较条件满足时为 ON	
	08～14	不可使用	
	15	脉冲输出状态：0——停止中，1——输入中	
AR12		不可使用	
AR13	00	DM6600～DM6614(电源 ON 时读出的 PLC 系统设定区域)中有异常时为 ON	
	01	DM6615～DM6644(运行开始时读出的 PLC 系统设定区域)中有异常时为 ON	
	02	DM6645～DM6655(经常读出的 PLC 系统设定区域)中有异常时为 ON	
	03～04	不可使用	
	05	在 DM6619 中设定的扫描时间比实际扫描时间长时为 ON	
	06～07	不可使用	
	08	在用户存储器(程序区域)范围以外存在有继电器区域时为 ON	
	09	高速存储器发生异常时为 ON	
	10	固定 DM 区域(DM6144～DM6599)发生累加和校验出错时为 ON	
	11	PLC 系统设定区域发生累加和校验出错时为 ON	
	12	在用户存储器(程序区)发生累加和校验出错、执行不正确指令时为 ON	
	13～15	不可使用	
AR14	00～15	扫描周期最大值(BCD 码 4 位)(×0.1ms)；运行开始以后存入的最大扫描周期；运行停止时不复位，但运行开始时被复位	
AR15	00～15	扫描周期当前值(BCD 码 4 位)(×0.1ms)；运行中最新的扫描周期被存入；运行停止时不复位，但运行开始时被复位	

6. 链接继电器区(LR)

链接继电器区共有编号为 LR00～LR15 的 16 个通道,通道编号前要冠以 LR 字样。

当 CPM2A 与本系列 PLC 之间,与 CQM1、CPM1、SRM1 以及 C200HS、C200HX/HG/HE 之间进行 1∶1 链接时,要使用链接继电器与对方交换数据。在不进行 1∶1 链接时,链接继电器可作为内部辅助继电器使用。

7. 定时器/计数器区(TC)

该区总共有 128 个定时器/计数器,编号范围为 000～127。定时器分为普通定时器 TIM 和高速定时器 TIMH 两种,计数器分为普通计数器 CNT 和可逆计数器 CNTR 两种。

定时器/计数器统一编号(称为 TC 号),一个 TC 号既可分配给定时器,又可分配给计数器,但所有定时器或计数器的 TC 号不能重复。例如,000 已分配给普通定时器,则其他的普通定时器、高速定时器、普通计数器、可逆计数器便不能再使用 TC 号 000。

定时器无断电保持功能,电源断电时定时器复位。计数器有断电保持功能。

8. 数据存储区(DM)

数据存储区用来存储数据。该区共有 1536 个通道,每个通道 16 个位。通道编号用 4 位数且冠以 DM 字样,其编号为 DM0000～DM1023、DM6144～DM6655。对数据存储区的几点说明如下:

● 数据存储器区只能以通道为单位使用,不能以位为单位使用。

● DM0000～DM0999、DM1022～DM1023 为程序可读写区,用户程序可自由读写其内容。在编写用户程序时,这个区域经常使用,读者要记住这些编号范围。

● DM1000～DM1021 主要用做故障履历存储器(记录有关故障信息),如果不用做故障履历存储器,也可作普通数据存储器使用。是否作为故障履历存储器,由 DM6655 的 00～03 位来设定。

● DM6144～DM6599 为只读存储区,用户程序可以读出但不能用程序改写其内容,利用编程器可预先写入数据内容。

● DM6600～DM6655 称为系统设定区,用来设定各种系统参数。通道中的数据不能用程序写入,只能用编程器写入。DM6600～DM6614 仅在编程模式的时候设定,DM6615～DM6655 可在编程模式或监控模式的时候设定。

● 数据存储器区 DM 有掉电保持功能。

在 DM 区开辟了一块系统设定区域,其功能如表 8-3 所示。系统设定区域的内容反映 PLC 的某些状态,可以在下述时间定时读出其内容。

● DM6600～DM6614:当电源为 ON 时,仅一次读出。

● DM6615～DM6644:运行开始时(执行程序),仅一次读出。

● DM6645～DM6655:当电源为 ON 时,经常被读出。

若系统设定区域的设定内容有错,则在该区的定时读出时会产生运行出错(故障码 9B)信息,此时反映设定通道有错的辅助记忆继电器 AR1300～AR1302 将为 ON。对于有错误的设定只能用初始化来处理。

表 8-3

通道号	位	功　　能	缺省值	定时读出
DM6600	00～07	电源为 ON 时 PLC 的工作模式 00——编程,01——监控,02——运行	根据编程器的模式设定开关	
	08～15	电源为 ON 时工作模式设定:00——编程器的模式设定开关,01——电源断电之前的模式,02——用 00～07 位指定的模式		
DM6601	00～07	不可使用	非保持	
	08～11	电源为 ON 时 IOM 保持标志,保持/非保持设定:0——非保持,1——保持		
	12～15	电源为 ON 时 S/R 保持标志,保持/非保持设定:0——非保持,1——保持		电源为 ON 时
DM6602	00～03	用户程序存储器可写/不可写设定:0——可写,1——不可写(除 DM6602)	可写	
	04～07	编程器的信息显示用英文/日文设定 0——用英义;1——用日文	英文	
	08～15	不可使用		
DM6603～DM6614		不可使用		
DM6615～DM6616		不可使用		定时读出
DM6617	00～07	外围设备通信口服务时间的设定 对扫描周期而言服务时间的比率可在 0～99％之间(用 BCD2 位)指定	无效	
	08～15	外围设备通信口服务时间设定的有效/无效设定:00——无效(固定为扫描周期的 5％),01——有效(用 00～07 位指定)		
DM6618	00～07	扫描监视时间的设定:设定值范围为 00～99(BCD 码),时间单位用 08～15 位设定	120ms 固定	
	08～15	扫描周期监视有效/无效设定:00——无效(120ms 固定),01——有效、单位时间 10ms,02——有效、单位时间 100ms,03——有效、单位时间 1s,监视时间=设定值×单位时间		运行开始时
DM6619		扫描周期可变/不可变设定:0000——可变;0001～9999——不可变,为固定时间(单位为 ms)	扫描时间可变	
DM6620	00～03	00000～00002 的输入滤波器时间常数设定	0——缺省值(8ms) 1——1ms 2——2ms 3——4ms	8ms
	04～07	00003～00004 的输入滤波器时间常数设定		
	08～11	00005～00006 的输入滤波器时间常数设定		
	12～15	00007～00011 的输入滤波器时间常数设定		

续表

通道号	位	功　　能	缺省值	定时读出
DM6621	00～07	001CH 的输入滤波器时间常数设定		
	08～15	002CH 的输入滤波器时间常数设定		
DM6622	00～07	003CH 的输入滤波器时间常数设定		
	08～15	004CH 的输入滤波器时间常数设定		
DM6623	00～07	005CH 的输入滤波器时间常数设定	4——8ms 5——16ms 6——32ms 7——64ms 8——128ms	8ms
	08～15	006CH 的输入滤波器时间常数设定		
DM6624	00～07	007CH 的输入滤波器时间常数设定		
	08～15	008CH 的输入滤波器时间常数设定		
DM6625	00～07	009CH 的输入滤波器时间常数设定		运行开始时
	08～15	不可使用		
DM6626～DM6627		不可使用		
DM6628	00～03	输入号 00003 的中断输入设定	0——通常输入 1——中断输入 2——快速输入	通常输入
	04～07	输入号 00004 的中断输入设定		
	08～11	输入号 00005 的中断输入设定		
	12～15	输入号 00006 的中断输入设定		
DM6629～DM6641		不可使用		
DM6642	00～03	高速计数器模式设定：4——递增计数模式，0——增减计数模式	不使用计数器	
	04～07	高速计数器的复位方式设定：0——Z 相信号＋软件复位，1——软件复位		
	08～15	高速计数器使用设定：00——不使用，01——使用		
DM6643～DM6644		不可使用		
DM6645～DM6649		不可使用		

续表

通道号	位	功　　能		缺省值	定时读出
DM6650	00～07	上位链接总线	外围设备通信口通信条件标准格式设定： 00——标准设定 　启动位：1 位 　字长：7 位 　奇偶校：偶 　停止位：2 位 　比特率：9600bit/s 01——个别设定 DM6651 的设定 其他——系统设定异常（AR1302 为 ON）	外围设备通信口设定为上链接	电源为 ON 时经常读出
	08～11	1：1 链接主动方	外围设备通信口 1：1 链接区域设定，0——LR00～LR15		
	12～15	全模式	外围设备通信口使用模式设定： 0——上位链接 2——1：1 链接从动方 3——1：1 链接主动方 4——NT 链接 其他——系统设定异常（AR1302 为 ON）		
DM6651	00～07	上位链接	外围设备通信口比特率设定 00——1200，　　　　01——2400， 02——4800，　　　　03——96000， 4——19200（可选）		
	08～15	上位链接	外围设备通信口的帧格式设定： 　　启动位　字长　停止位　奇偶校 00：　1　　7　　　1　　　偶校验 01：　1　　7　　　1　　　奇校验 02：　1　　7　　　1　　　无校验 03：　1　　7　　　2　　　偶校验 04：　1　　7　　　2　　　奇校验 05：　1　　7　　　2　　　无校验 06：　1　　8　　　1　　　偶校验 07：　1　　8　　　1　　　奇校验 08：　1　　8　　　1　　　无校验 09：　1　　8　　　2　　　偶校验 10：　1　　8　　　2　　　奇校验 11：　1　　8　　　2　　　无校验 其他：系统设定异常（AR1302 为 ON）		

续表

通道号	位	功　　　能	缺省值	定时读出
DM6652	00～15	上位链接	设定值：0000～9999（BCD），单位 10ms 外围设备通信的发送延时设定 其他：系统设定异常（AR1302 为 ON）		
DM6653	00～07	上位链接	外围设备通信时上位 LINK 模式的机号设定 设定值：00～31（BCD） 其他：系统设定异常（AR1302 为 ON）		电源为 ON 时经常读出
	08～15	不可使用		
DM6654	00～15	不可使用		
DM6655	00～03	故障履历存入法的设定：0——超过 10 个记录，则移位存入；1——存到 10 个记录为止（不移位）；其他——不存入	移位方式	
	04～07	不可使用		
	08～11	扫描周期超出检测：0——检测，1——不检测	检测	
	12～15	不可使用		

8.1.2　编程器的使用

液晶显示屏由两行液晶显示块组成，每行 16 个显示块，每块为 8×6 点阵液晶（可显示 1 个字符），用于显示用户程序存储器地址以及继电器和计数器/定时器状态等信息。

1. 工作方式选择开关

工作方式选择开关设有编程、监控、运行三个工作位置，各种工作方式的功能如下所述。

● 运行方式（RUN）下可运行用户程序，此时不能进行修改程序等操作，但可查询。

● 监控方式（MONITOR）时用户程序处于运行状态，此时可对运行状态进行监控，但不能改变程序。

● 编程方式（PROGRAM）时可对程序进行修改、输入等操作。

要特别注意的是，当主机未接编程器等外围设备时，上电后 PLC 自动处于运行方式。因此在对 PLC 中的用户程序不了解时，一定要把方式选择开关置于编程位，避免一上电就运行程序而造成事故。当主机接有编程器时，上电后的工作方式取决于方式选择开关的位置。

2. 键盘

键盘由 39 个键组成，各键区的组成及主要功能如下：

10 个白色的数字键组成数字键区，用该区键输入程序地址或数据，配合"FUN"键可以形成有指令码的应用指令。

16 个灰色键组成指令键区，用于输入指令。

12 个黄色键组成编辑键区,用于输入、修改、查询程序及监控程序的运行。

1 个红色清除键,用于清除显示屏的显示。

指令键区、编辑键区各键的功能如下:

● 利用功能键 FUN 配合数字键可输入有代码的指令。例如,输入 MOV 指令时,依此按下"FUN"、"2"、"1"键时,即显示出 MOV(21)指令。

● 利用"SFT"、"NOT"、"AND"、"OR"、"LD"、"OUT"、"CNT"、"TIM"键可直接输入相应的基本指令。

● "WRITE"是写入键,每输入一条指令或一个数据都要按一次该键。

● 利用数据区键"TR"、"＊EM/LR"、"AR/HR"、"EM/DM"、"CH/＊DM"、"CONT/♯",可以确定指令的数据区。

● "SET"、"RESET"是置位、复位键。在输入置位、复位指令或调试程序时进行强制置位复位时用。输入该指令时,先按下功能键"FUN",再按"SET"键即可。

● 上挡键"SHIFT"与有上挡功能的键配合可形成上挡功能。

● 清除键"CLR"用于清除显示屏的显示内容。

● 插入键"INS"用于插入指令。

● 删除键"DEL"用于删除指令,

● "↑"、"↓"是改变地址键。按"↑"键地址减小,按"↓"键地址增加。

● 修改键"CHG",在修改 TIM/CNT 的设定值、修改 DM 等通道内容时使用。

● 监控键"MONTR",用于监控通道或位的状态。

下面介绍编程器常用的操作及屏幕显示。

PLC 首次上电后,编程器上显示出"PASSWORD!"(口令)的字样,依此按下"CLR"和"MONTR"键(回答口令)至口令消失后,再按"CLR"键,待编程器上显示出 00000 时方可进行下面的操作。

3. 内存清除

在 PROGRAM 方式下执行内存清除的操作。

● 欲将存储器中的用户程序、各继电器、计数器、数据存储器中的数据全部清除时,操作过程及每步操作时屏幕显示的内容如图 8-3 所示。

● 如需保留指定地址以前的程序或保留指定的数据区,则应进行部分清除。例如,要保留地址 00123 以前的用户程序及 HR 区的内容,操作过程及显示内容如图 8-4 所示。

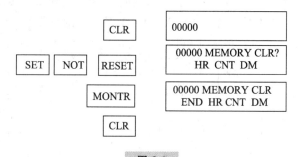

图 8-3

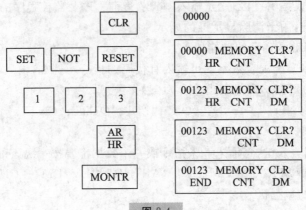

图 8-4

4. 输入程序

在 PROGRAM 方式下输入程序。要先建立程序首地址,然后再输入指令。每输入一条指令后要按一次"WRITE"键,且地址会自动加 1。例如,在地址 00010 处输入 LD00002 指令,操作过程及其显示内容如图 8-5 所示。

5. 插入指令

● 在 PROGRAM 方式下插入指令。配合"INS"键,用该操作可把一条指令插入到已输入的程序中。例如,现欲将 AND 00102 指令插入

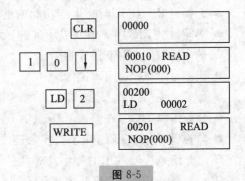

图 8-5

图 8-6 箭头所指的位置,其操作为:先找到 AND NOT 00101 指令所在地址(可用指令读出、指令检索、触点检索操作)→输入 AND 00102 语句→按"INS"键→显示"INSERT?"的提示画面→按"↓"键,则指令被插入。插入指令后,其后的指令地址将自动加 1。

按上述操作,插入 AND 00102 语句的操作和显示内容如图 8-7 所示。

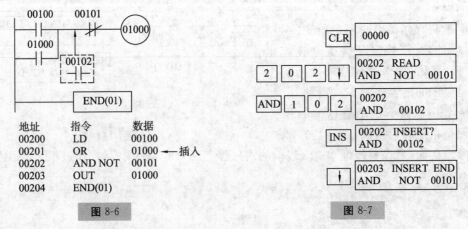

地址	指令	数据
00200	LD	00100
00201	OR	01000 ←插入
00202	AND NOT	00101
00203	OUT	01000
00204	END(01)	

图 8-6　　　　　　　图 8-7

● 若插入多字节指令时,在输入指令助记符后,要继续输入其操作数,每输入一个操作数时要按一次"WRITE"键。

6. 删除指令

在 PROGRAM 方式下删除指令。如欲删除刚插入的 AND 00102 语句,其操作为:先找到 AND 00102 指令所在的地址→按"DEL"键→显示"DELETE?"的提示画面→按"↑"键,则指令被删除(若指令有操作数也一起删除)。删除指令后,其后的指令地址自动减 1。

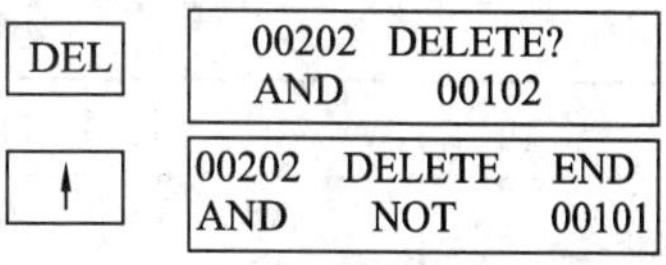

删除 AND 00102 语句的操作和显示内容如图 8-8 所示。

| DEL | 00202 DELETE?
AND 00102 |
| ↑ | 00202 DELETE END
AND NOT 00101 |

图 8-8

8.1.3 指令系统简介

格　　式	梯形图符号	操作数的含义及范围	指令功能及执行指令对标志位的影响
LD N	 N ┤├	N 的范围是:IR、SR、HR、AR、LR、TC、TR。以位为单位进行操作。	常开触点与左侧母线相连接的指令。指令执行结果不影响标志位
LD NOT N	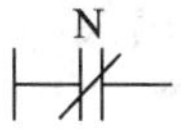 N ┤/├		常闭触点与左侧母线相连接的指令。指令执行结果不影响标志位
AND N	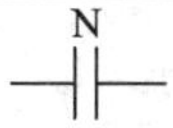 N ┤├		常开触点与其他程序段相串联的指令。指令执行结果不影响标志位
AND NOT N	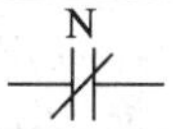 N ┤/├	N 的范围是:IR、SR、HR、AR、LR、TC。以位为单位进行操作	常闭触点与其他程序段相串联的指令。指令执行结果不影响标志位
OR N	 N		常开触点与其他程序段相并联的指令。指令执行结果不影响标志位
OR NOT N	 N		常闭触点与其他程序段相并联的指令。指令执行结果不影响标志位
OUT N	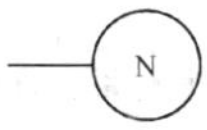 ─(N)	N 的范围是:IR、SR、HR、AR、LR、TC、TR。以位为单位进行操作(除了 IR 中已作为输入通道的位)	把运算结果输出到某个继电器的指令。指令执行结果不影响标志位
OUT NOT N	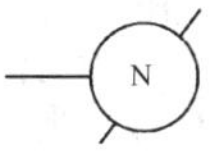 ─(N)		把运算结果求反输出到某个继电器中。指令执行结果不影响标志位
NOP(00)	无	无操作数	空操作指令。该指令不执行任何操作
END(01)	 ─[END(01)]─		程序结束指令。无此指令时程序不被执行,且有出错显示 执行 END 指令时影响标志位:ER、CY、GR、EQ、LE 将被置为 OFF
AND LD	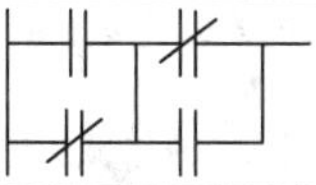	无操作数	并联触点组相串联连接的指令。指令执行结果不影响标志位
OR LD	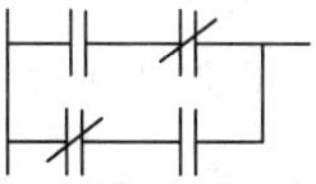		串联触点组相并联连接的指令。指令执行结果不影响标志位

续表

格　式	梯形图符号	操作数的含义及范围	指令功能及执行指令对标志位的影响
IL(02)	— IL(02)	无操作数	程序分支开始指令。当 IL 的输入条件为 ON 时,IL 和 ILC 之间的程序正常执行;当 IL 的输入条件为 OFF 时,IL 和 ILC 之间的程序不执行。指令的执行结果不影响标志位
ILC(03)	— ILC(03)		程序分支结束指令。指令的执行结果不影响标志位
JMP(04)N	— JMP(04)　N	N 为跳转号,其范围为:00~49	JMP 是跳转开始指令,JME 是跳转结束指令。当 JMP 的执行条件为 OFF 时,跳过 JMP 和 JME 之间的程序转去执行 JME 之后的程序;当 JMP 的执行条件为 ON 时,JMP 和 JME 之间的程序被执行。指令执行结果不影响标志位
JME(05) N	— JME(05)　N		
TIM N SV	TIM　N SV	N 是定时器/计数器的 TC 号,范围是:000~127。SV 是定时器/计数器的设定值(BCD 码 0000~9999),其范围为:IR、SR、HR、AR、LR、DM、*DM、#	接通延时 ON 定时器指令。从输入条件为 ON 时开始定时(定时时间为 SV×0.1s)。定时时间到,定时器的输出为 ON 且保持;当输入条件变为 OFF 时,定时器复位,输出变为 OFF,并停止定时,其当前值 PV 恢复为 SV。定时器无掉电保持功能,当 SV 不是 BCD 数或间接寻址 DM 不存在时,25503 为 ON
TIMH(15) N SV	TIMH(15)　N SV		高速定时器指令。定时时间为 SV×0.01s,其余同上
CNT N SV	CP　CNT　N R　SV	N 是定时器/计数器的 TC 号,范围是:000~127。SV 是定时器/计数器的设定值(BCD 码 0000~9999),其范围为:IR、SR、HR、AR、LR、DM、*DM、#	单向减计数器指令。从 CP 端输入计数脉冲,当计数满设定值时,其输出为 ON 且保持,并停止计数。只要复位端 R 为 ON,计数器即复位为 OFF 并停止计数。计数器有掉电保持功能。对标志位的影响同上
CNTR(12) N SV	ACP　CNTR(12) SCP　N R　SV		可逆循环计数器指令。只要复位 R 端为 ON,计数器即复位为 OFF 并停止记数,且不论加计数还是减计数,其 PV 均为 0。从 ACP 端和 SCP 端同时输入计数脉冲则不计数。从 ACP 端输入计数脉冲为加计数,从 SCP 端输入计数脉冲为减计数,加/减计数有进/借位时,输出 ON,一个计数脉冲周期。可逆计数器有掉电保持功能。对标志位的影响同上

续表

格　　式	梯形图符号	操作数的含义及范围	指令功能及执行指令对标志位的影响
KEEP(11) N	S ─── KEEP(11) N R ─── S为置位端 R为复位端 S、R端可用短信号	N 的 范 围 是：IR、SR、HR、AR、LR（除了 IR 中已作为输入通道的位）。以位为单位进行操作	锁存继电器指令。当 S 端输入为 ON 时，继电器 N 被置为 ON 且保持；当 R 端输入为 ON 时，N 被置为 OFF 且保持；当 S、R 端同时为 ON 时，N 为 OFF。N 为 HR 区继电器时有掉电保持功能。指令的执行结果不影响标志位
SET N	─── SET N	N 的 范 围 是：IR、SR、HR、AR、LR。以位为单位进行操作	当执行条件为 ON 时，将指定的继电器置为 ON 且保持。指令执行结果不影响标志位
RSET N	─── RSET N		当执行条件为 ON 时，将指定的继电器置为 OFF 且保持。指令执行结果不影响标志位
DIFU(13) N	─── DIFU(13) N	N 的 范 围 是：IR、SR、HR、AR、LR（除了 IR 中已作为输入通道的位）。以位为单位进行操作	当执行条件由 OFF 变为 ON 时，将指定的继电器接通一个扫描周期。指令执行结果不影响标志位
DIFD(14) N	─── DIFD(14) N		当执行条件由 ON 变为 OFF 时，将指定的继电器接通一个扫描周期。指令执行结果不影响标志位
MOV(21) S D	─── MOV(21) S D	S 是源数据，其范围是：IR、SR、HR、AR、LR、TC、DM、*DM、#。D 是目的通道，其范围是：IR、SR、HR、AR、LR、DM、*DM	MOV 和 @MOV 是传送指令。当执行条件为 ON 时，将数据 S 传送到通道 D 中。对标志位的影响：① 当间接寻址 DM 通道不存在时，25503 为 ON；② 执行指令后若 D 中数据为 0000，25506 为 ON
@MOV(21) S D	─── @MOV(21) S D		指令前加 @ 表示微分型指令。当执行条件由 OFF 变为 ON 时，执行一次。此后即使执行条件一直为 ON 也不再执行
MVN(22) S D	─── MVN(22) S D		MVN 和 @MVN 是取反传送指令。当执行条件为 ON 时，将源数据 S 按位取反后传送到通道 D 中。对标志位的影响同上
@MVN(22) S D	─── @MVN(22) S D		

格　　式	梯形图符号	操作数的含义及范围	指令功能及执行指令对标志位的影响
XFER(70) N S D	XFER(70) N S D	N 是通道数（必须为 BCD 码），其范围是：IR、SR、HR、AR、LR、TC、DM、*DM、#。 S 是源数据块开始通道号，其范围是：IR、SR、HR、AR、LR、TC、DM、*DM。 D 是目的通道，其范围同 S。 S 和 D 可在同一区内，S＋N－1 和 D＋N－1 不能超出所在的区域	块传送指令。当执行条件为 ON 时，将几个连续通道中数据对应传送到另外几个连续通道中去 下列情况下，标志位 25503 为 ON：① N 不是 BCD 码；② S＋N－1 或 D＋N－1 超出所在的区域；③ 间接寻址 DM 通道不存在
@XFER(70) N S D	@XFER(70) N S D		
BSET(71) S St E	BSET(71) S St E	S 是源数据，其范围是：IR、SR、HR、AR、LR、TC、DM、*DM、#。 St 是开始通道号，其范围是：IR、SR、HR、AR、LR、TC、DM、*DM。 E 是结束通道号，其范围同 St。 St 和 E 必须在同一区域，且 St＜E	块设置指令。当执行条件为 ON 时，将源数据 S 传送到从 St 到 E 的所有通道中去 下列情况下 25503 为 ON：① St 和 E 不在同一区域；② St＞E；③ 间接寻址 DM 通道不存在
@BSET(71) S St E	@BSET(71) S St E		
MOVB(82) S C D	MOVB(82) S C D	S 是源数据，其范围是：IR、SR、HR、TC、AR、LR、DM、*DM、#。 C 是控制数据（BCD），范围同 S。 D 是目的通道，其范围是：IR、SR、HR、AR、LR、DM、*DM	位传送指令。当执行条件为 ON 时，根据 C 的内容，将 S 中指定的某一位传送到 D 的指定位中。C 的 bit00～bit07 指定 S 中的位号，bit08～bit15 指定 D 中的位号。下列情况下 25503 为 ON：① 当 C 指定的位不存在；② 间接寻址 DM 通道不存在
@MOVB(82) S C D	@MOVB(82) S C D		

续表

格　　式	梯形图符号	操作数的含义及范围	指令功能及执行指令对标志位的影响
MOVD(83) S C D	MOVD(83) S C D	S 是源数据,其范围是：IR、SR、HR、TC、AR、LR、DM、* DM、#。 C 是控制数据(BCD),范围同 S。 C 的含义为：Bit0～bit3：S 中欲传送的第一个数字位的位号(BCD：0～3)。	数字传送指令。当执行条件为 ON 时,根据 C 的内容,将 S 中指定的数字传送到 D 中指定的数字位中。例如： C=#0030　C=#0023　C=#0123
@MOVD(83) S C D	@MOVD(83) S C D	Bit4～bit7：S 中欲传送的数字位的位数(0——1 位；1——2 位；2——3 位；3——4 位)。 bit8～bit11：D 中接收第一数字的位号。 bit12～bit15 不用。 D 是目的通道,范围比 S 缺少#和 TC	
DIST(80) S DBs C	DIST(80) S DBs C	S 是源数据,其范围是：IR、SR、HR、AR、LR、TC、DM、* DM、#。 DBs 是目标基准通道,范围比 S 少一个#。 C 是控制数据(BCD),范围同 S。 C 的含义为： bit12～bit15 的内容小于等于 8 时,进行单字数据分配；bit12～bit15 的内容等于 9 时,进行进栈操作	单字分配指令。 当执行条件为 ON 时,根据 C 的内容,进行单字数据分配或堆栈的进栈操作,堆栈的深度由 C 的低三位确定。 ① 单字数据分配：将 S 的内容送到(DBs+C)确定的通道中。 ② 进栈操作：执行该指令生成一个堆栈,以 C 的低 3 位数(000～999)确定栈区的通道数,以 DBs 为堆栈指针进行进栈操作,将 S 的内容复制到(DBs+堆栈指针+1)确定的栈区通道中,然后指针加 1。 对标志位的影响：当 S 的内容为 0000 时 25506 为 ON。下列情况之一时,标志位 25503 为 ON。 ① C 的最高位是 9 时,DBs 和(DBs+C-9000)不在同一数据区,或堆栈指针超出堆栈深度；② C 的低 3 位不是 BCD 码；③ 间接寻址 DM 通道不存在；④ C 的最高位小于等于 8 时,DBs 和(DBs+C)不在同一数据区
@DIST(80) S DBs C	@DIST(80) S DBs C		

续表

格　式	梯形图符号	操作数的含义及范围	指令功能及执行指令对标志位的影响
XCHG(73) E1 E2	XCHG(73) E1 E2	E1 是交换数据 1,其范围是：IR、SR、HR、TC、AR、LR、DM、＊DM。 E2 是交换数据 2,其范围同 E1	数据交换指令。当执行条件为 ON 时,将 E1 与 E2 的内容进行交换。对标志位的影响：间接寻址 DM 通道不存在时,25503 为 ON
@XCHG(73) E1 E2	@XCHG(73) E1 E2		
CMP(20) C1 C2	CMP(20) C1 C2	C1 是比较数 1,其范围是：IR、SR、HR、AR、LR、TC、DM、＊DM、#。 C2 是比较数 2,其范围同上	单字比较指令。在执行条件为 ON 时将 C1 和 C2 进行比较,并将比较结果送到各标志位： 当 C1＞C2,大于标志位 25505 为 ON； 当 C1＝C2,等于标志位 25506 为 ON； 当 C1＜C2,小于标志位 25507 为 ON。 间接寻址 DM 通道不存在时 25503 为 ON
CMPL(60) C1 C2 000	CMPL(60) C1 C2 000	C1 是第一个双字的开始通道,其范围是：IR、SR、HR、AR、LR、TC、DM、＊DM。 C2 是第二个双字的开始通道,其范围同 C1	双字比较指令。当执行条件为 ON 时,将 C1＋1、C1 两个通道的内容与 C2＋1、C2 两个通道的内容进行比较,比较结果放在 SR 区的相关标志位中。各标志位的状态为： (C1＋1、C)＞(C2＋1、C2),25505 为 ON； 当(C1＋1、C)＝(C2＋1、C2),25506 为 ON； 当(C1＋1、C)＜(C2＋1、C2),25507 为 ON。 间接寻址 DM 通道不存在时 25503 为 ON
BCMP(68) CD CB R	BCMP(68) CD CB R	CD 是比较数据,范围是：IR、SR、HR、AR、LR、TC、DM、＊DM、#。 CB 是数据块的起始通道,其范围是：IR、SR、HR、LR、TC、DM、＊DM。 R 是比较结果通道,其范围是：IR、SR、HR、AR、LR、TC、DM、＊DM	块比较指令。比较块分 16 个区域,每个区域由两个通道组成,一个通道存下限数据,另一个通道存上限数据。在执行条件为 ON 时,将数据 CD 与每一个区域进行比较,若 CD 处在某个区域中,则与该区域对应的 R 通道对应的位为 ON,R 的对应位如下： CB≤CD≤CB＋1　R 的 bit00 CB＋2≤CD≤CB＋3　R 的 bit01 CB＋4≤CD≤CB＋5　R 的 bit02 …… CB＋28≤CD≤CB＋29　R 的 bit14 CB＋30≤CD≤CB＋31　R 的 bit15 当比较块超出所在区的范围或间接寻址 DM 通道不存在时,25503 为 ON
@BCMP(68) CD CB R	@BCMP(68) CD CB R		

续表

格　式	梯形图符号	操作数的含义及范围	指令功能及执行指令对标志位的影响
TCMP(85) CD TB R	TCMP(85) CD TB R	CD 是比较数据,其范围是: IR、SR、HR、AR、LR、TC、DM、＊DM、＃。 TB 是比较表的起始通道,其范围是: m、SR、HR、LR、TC、DM、＊DM。 R 是比较结果通道,其范围是: IR、SR、HR、AR、LR、TC、DM、＊DM	表比较指令。在执行条件为 ON 时,将数据 CD 与比较表中的数据进行比较,若 CD 与比较表中某个通道的数据相同,则与该通道对应的 R 通道的位为 ON,对应关系如下(设 CD＝0005): 比较表　结果通道　对应位状态 HR00　0101　　HR1900　0 HR01　0151　　HR1901　0 HR02　0005　　HR1902　1 …… HR15　0605　HR1915　0 当比较表超出所在区的范围或间接寻址 DM 通道不存在时,25503 为 ON
@TCMP(85) CD TB R	@TCMP(85) CD TB R		
SFT(10) St E	IN SFT(10) SP St R E IN 是数据输入端,SP 是移位脉冲输入端,R 是复位端	St 是移位的开始通道号,其范围是: IR、SR、IIR、AR、LR。 E 是移位的结束通道号,其范围同上。 St 和 E 必须在同一区域,且 St≤E	移位寄存器指令。当复位端 R 为 OFF 时,在 SP 端的每个移位脉冲的上升沿时刻,St 到 E 通道中的所有数据按位依次左移一位。E 通道中数据的最高位溢出丢失,St 通道中的最低位则移进 IN 端的数据;SP 端没有移位脉冲则不移位;当复位端 R 为 ON 时,St 到 E 所有通道均复位为零,且移位指令不执行。执行该指令不影响标志位
SFTR(84) C St E	SFTR(84) C St E	C 是控制通道号,其范围是: IR、SR、HR、AR、LR、DM、＊DM。 C 通道 bit12～bit15 的含义为: 15 14 13 12 不使用 移位方向 1:左移(低→高) 0:右移(高→低) 数据输入端 移位脉冲输入端(SP) 复位端(R) St 是移位的开始通道,其范围为: IR、SR、HR、AR、LR、DM、＊DM。 E 是移位的结束通道号,其范围同 St。 St 和 E 必须在同一区域,且 St≤E	可逆移位寄存器指令。在执行条件为 ON 时,SFTR/@SFTR 指令执行,其功能为: ① 控制通道 C 之 bit15 为 1 时,St 到 E 通道中的所有数据及进位位 CY 全部清为 0,且不接收输入数据。 ② 控制通道 C 之 bit15 为 0 时,在移位脉冲的作用下,根据 C 之 bit 的状态进行左移或右移。 左移:从 St 到 E 通道的所有数据,每个扫描周期按位依次左移一位,C 之 bit13 的数据移入开始通道 St 的最低位中,结束通道 E 最高位的数据移入进位位 CY 中。 右移:从 E 到 St 通道的所有数据,每个扫描周期按位依次右移一位,C 之 bit13 的数据移入结束通道 E 最高位中,开始通道 St 的最低位的数据移入进位位 CY 中。 在执行条件为 OFF 时停止工作,此时复位信号若为 ON,输出到 E 通道中的数据及进位位 CY 也保持原状态不变。移位溢出的位进入 25504。 下列情况下 25503 为 ON:① St 和 E 不在同一个区域;② St＞E;③ 间接寻址 DM 通道不存在
@SFTR(84) C St E	@SFTR(84) C St E		

续表

格　　式	梯形图符号	操作数的含义及范围	指令功能及执行指令对标志位的影响
SLD(74) St E	⎡ SLD(74) ⎤ ⎢ St ⎥ ⎣ E ⎦	St 是移位的开始通道号,其范围是：IR、SR、HR、AR、LR、DM、＊DM。	1 位数字左移位指令。在执行条件为 ON 时,每执行一次 SLD 指令,St 和 E 通道的数据以数字为单位左移一次。0 进入 St 的最低数字位,E 中的最高位数字溢出丢失。
@SLD(74) St E	⎡ @SLD(74) ⎤ ⎢ St ⎥ ⎣ E ⎦	E 是移位的结束通道号,其范围同 St。St 和 E 必须在同一区域,且 St≤E	溢出←□ E □ ··· □ St □←0 下列情况下出错标志位 25503 为 ON：① St 和 E 不在同一区域；② St ＞ E；③ 间接寻址 DM 通道不存在
SRD(75) St E	⎡ SRD(75) ⎤ ⎢ St ⎥ ⎣ E ⎦	St 是移位的开始通道号,其范围是：IR、SR、HR、AR、LR、DM、＊DM。	1 位数字右移位指令。在执行条件为 ON 时,每执行一次 SRD 指令,St 和 E 通道的数据以数字为单位右移一次,0 进入 E 的最高位,St 中的最低位数字溢出丢失。
@SRD(75) St E	⎡ @SRD(75) ⎤ ⎢ St ⎥ ⎣ E ⎦	E 是移位的结束通道号,其范围同 St。St 和 E 必须在同一区域,且 St≤E	0→□ E □ ··· □ St □→溢出 下列情况之一时 25503 为 ON：① St 和 E 不在同一区域；② St＞E；③ 间接寻址 DM 通道不存在
ASL(25) Ch	⎡ ASL(25) ⎤ ⎣ Ch ⎦	Ch 是移位通道号,范围是：IR、SR、HR、AR、LR、DM、＊DM	算术左移位指令。当执行条件为 ON 时,每执行一次移位指令,将 Ch 通道中的数据按位左移一位,最高位移到 CY 中,0 移进最低位。
@ASL(25) Ch	⎡ @ASL(25) ⎤ ⎣ Ch ⎦		CY←□□□□ Ch □□□□←0 对标志位的影响：① 间接寻址 DM 通道不存在时 25503 为 ON；② 移位溢出的位进入 25504；③ 当 Ch 中的内容为 0000 时 25506 为 ON
ASR(26) Ch	⎡ ASR(26) ⎤ ⎣ Ch ⎦	Ch 是移位通道号,范围是：IR、SR、HR、AR、LR、DM、＊DM	算术右移位指令。当执行条件为 ON 时,每执行一次移位指令,将 Ch 通道中的数据按位右移一位,最低位移到 CY 中,0 移进最高位。
@ASR(26) Ch	⎡ @ASR(26) ⎤ ⎣ Ch ⎦		0→□□□□ Ch □□□□→CY 对标志位的影响：① 间接寻址 DM 通道不存在时 25503 为 ON；② 移位溢出的位进入 25504；③ 当 Ch 中的内容为 0000 时 25506 为 ON

格　式	梯形图符号	操作数的含义及范围	指令功能及执行指令对标志位的影响
ROL(27) Ch	ROL(27) Ch	Ch 是移位通道号，范围是：IR、SR、HR、AR、LR、DM、*DM	循环左移位指令。当执行条件为 ON 时，每执行一次移位指令，将 Ch 通道中的数据连同 CY 的内容，按位循环左移一位，其过程如下图所示。
@ROL(27) Ch	@ROL(27) Ch		对标志位的影响：① 间接寻址 DM 通道不存在时 25503 为 ON；② 移位溢出的位进入 25504；③ 当 Ch 中的内容为 0000 时 25506 为 ON
ROR(28) Ch	ROR(28) Ch	Ch 是移位通道号，范围是：IR、SR、HR、AR、LR、DM、*DM	循环右移位指令。当执行条件为 ON 时，每执行一次移位指令，将 Ch 通道中的数据连同 CY 的内容，按位循环右移一位，其过程如下图所示。
@ROR(28) Ch	@ROR(28) Ch		对标志位的影响：① 间接寻址 DM 通道不存在时 25503 为 ON；② 移位溢出的位进入 25504；③ 当 Ch 中的内容为 0000 时 25506 为 ON
WSFT(16) St E	WSFT(16) St E	St 是移位的开始通道号，其范围是：IR、SR、HR、AR、LR、DM、*DM。 E 是移位的结束通道号，其范围同 St。St 和 E 必须在同一区中	字移位指令。当执行条件为 ON 时，每执行一次移位指令，St 和 E 通道中的数据以字为单位左移一位，0000 进入 St，E 中数据溢出丢失。 下列情况下，25503 为 ON：① St 和 E 不在同一数据区；② St＞E；③ 间接寻址 DM 通道不存在
@WSFT(16) St E	@WSFT(16) St E		
BIN(23) S R	BIN(23) S R	S 是源通道（其内容为 BCD 数），其范围是：IR、SR、HR、AR、LR、TC、DM、*DM。 R 是结果通道，其范围是：IR、SR、HR、AR、LR、DM、*DM	BCD 码→二进制数转换指令。当执行条件为 ON 时，将 S 中的 BCD 码转换成二进制数（S 中的内容保持不变）并存入 R 中。对标志位的影响：① 当 S 的内容不是 BCD 码时，25503 为 ON；② 间接寻址 DM 不存在时 25503 为 ON；③ 当转换结果为 0000 时 25506 为 ON
@BIN(23) S R	@BIN(23) S R		

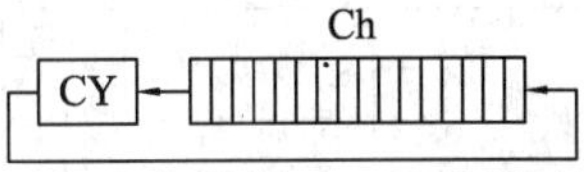

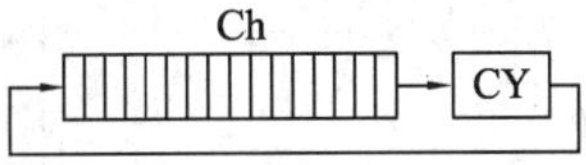

续表

格　　式	梯形图符号	操作数的含义及范围	指令功能及执行指令对标志位的影响
BCD(24) S R @BCD(24) S R	BCD(24) / S / R @BCD(24) / S / R	S是源通道（内容为二进制），其范围为：IR、SR、HR、AR、LR、DM、＊DM。R是结果通道，其范围同S	二进制数→BCD码转换指令。当执行条件为ON时，将S中的二进制数转换成BCD码（S中的内容保持不变）并存入R中。对标志位的影响：① 当转换后的BCD数大于9999时，25503为ON；② 间接寻址DM不存在时，25503为ON；③ 当转换结果为0000时，25506为ON
MLPX(76) S C R @MLPX(76) S C R	MLPX(76) / S / C / R @MLPX(76) / S / C / R	S是源通道，其范围为：IR、SR、HR、AR、LR、TC、DM、＊DM。C是控制数据，其范围为：IR、SR、HR、AR、LR、TC、DM、＊DM、＃。C各数字位的含义如下： 指定S中第一个要译码的数字位(0-3)；指定S中要译码的数字位位数(0-3)：0—1位、1—2位、2—3位、3—4位；固定为0。R是结果开始通道，其范围为：IR、SR、HR、AR、LR、DM、＊DM	译码指令。当执行条件为ON时，对S中指定的数字位进行译码（由C确定要译码的起始数字位及译码的位数）。即将该位数字（十六进制）转换为0～15的十进制数，再将结果通道中与该十进制数对应的位置设为ON，其余位设为OFF，转换过程如下图所示。通道R中存放结果的顺序如下。下列情况之一时25503为ON：① 结果通道超出数据区；② 间接寻址DM通道不存在
DMPX(77) S R C @DMPX(77) S R C	DMPX(77) / S / R / C @DMPX(77) / S / R / C	S是源开始通道，其范围为：IR、SR、HR、AR、LR、TC、DM、＊DM。R是结果通道，其范围为：IR、SR、HR、AR、LR、DM、＊DM。C是控制数据，其范围为：IR、SR、HR、AR、LR、TC、DM、＊DM、＃。C各数字位的含义如下： 指定R中接受编码结果的第一个数字位(0-3)；指定被编码的源通道数：0—1个、1—2个、2—3个、3—4个；固定为0	编码指令。当执行条件为ON时，对S通道进行编码（由C确定被编码的通道数）。将被编码通道中为ON的最高位的位号，编为一位十六进制数，再将结果送到结果通道指定的数字位（由C确定存放结果的第一个数字位）上，转换过程如下图所示：C=＃0002对一个通道编码，存入R的第2位。编码结果在R中存放的顺序如下。下列情况之一时25503为ON：① 当R＋3超出数据区范围；② 当间接寻址DM通道不存在

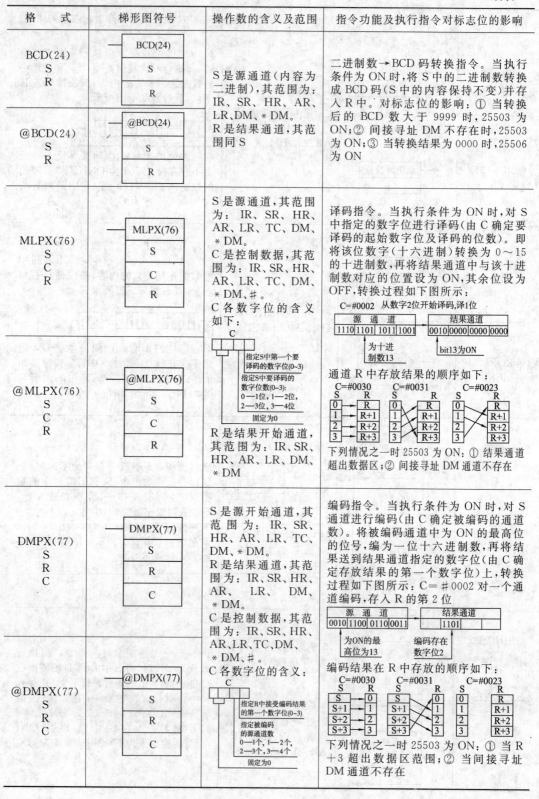

格　式	梯形图符号	操作数的含义及范围	指令功能及执行指令对标志位的影响
SDEC(78) S C R	SDEC (78) S C R	S 是源开始通道,其范围是: IR、SR、HR、AR、LR、C、DM、* DM。 C 是控制数据,其范围是: IR、SR、HR、AR、LR、TC、DM、* DM、#。 C 各数字位的含义如下: S 中第一个要译码的数字位(0~3) S 中要译码的数字位的位数: 0—1位,1—2位, 2—3位,3—4位 指定从R的高8位还是从低8位开始存放第一个转换结果 0—低8位,1—高8位 固定为0 R 是结果开始通道,其范围是: IR、SR、HR、AR、LR、TC、DM、* DM	七段译码指令。当执行条件为 ON 时,对 S 中的数字进行译码(由 C 确定要译码的起始数字位及译码的位数)。译码结果存放在 R 中(由 C 确定是从 R 的低8位还是从高 8 位开始存放)。R 中的 bit07 和 bit15 不用,bit00～bit06 及 bit08～bit14 分别对应数码管的 A、B、C、D、E、F、G。 C=#0003　只译数字位3,存在R的低8位。 译码结果在 R 中存放的顺序如下: 下列情况之一时 25503 为 ON: ① 当 R+3 超出数据区范围;② 当间接寻址 DM 通道不存在时
@SDEC(78) S C R	@SDEC (78) S C R		
STC(40)	STC(40)	无操作数	进位位置 1 指令。当执行条件为 ON 时,将进位标志位 25504 置1
@STC(40)	@STC(40)		
CLC(41)	CLC(41)	无操作数	进位位置 0 指令。当执行条件为 ON 时,将进位标志位 25504 置0
@CLC(41)	@CLC(41)		
INC(38) Ch	INC(38) Ch	Ch 是进行递增运算的通道号,其范围是: IR、SR、HR、AR、LR、DM、* DM	通道数据(BCD)递增运算指令。当执行条件为 ON 时,每执行一次 INC 指令,通道 Ch 中的数据(BCD)按十进制递增1。对标志位的影响: ① 执行结果不影响进位位 25504;② 通道内容为 0000 时 25506 为 ON;③ 当通道内容不是 BCD 数时,或间接寻址 DM 不存在时,25503 为 ON
@INC(38) Ch	@INC(38) Ch		
DEC(39) Ch	DEC(39) Ch	Ch 是进行递减运算的通道号,其范围是: IR、SR、HR、AR、LR、DM、* DM	通道数据(BCD)递减运算指令。当执行条件为 ON 时,每执行一次 DEC 指令,通道 Ch 中的数据(BCD)按十进制递减1。对标志位的影响同 INC 指令
@DEC(39) Ch	@DEC(39) Ch		

续表

格　式	梯形图符号	操作数的含义及范围	指令功能及执行指令对标志位的影响
ADD(30) Au Ad R	ADD(30) Au Ad R	Au 为被加数（BCD），其范围为：IR、SR、HR、AR、LR、TC、DM、＊DM、♯。 Ad 为加数（BCD），其范围同 Au。 R 是结果通道，其范围为：IR、SR、HR、AR、LR、DM、＊DM	单字 BCD 码加法运算指令。当执行条件为 ON 时，将被加数、加数以及 CY 中内容相加，把结果存入 R 中。若结果大于 9999，则 CY 位置为 1。 加法运算的过程如下图所示： Au Ad CY ＋ CY　R
@ADD(30) Au Ad R	@ADD(30) Au Ad R		对标志位的影响：① 当 Au 和 Ad 的内容有非 BCD 数时 25503 为 ON；② 间接寻址 DM 不存在时，25503 为 ON；③ 加运算结果超出 4 位 BCD 数时，25504 为 ON；④ 当和为 0000 时，25506 为 ON
SUB(31) Mi Su R	SUB(31) Mi Su R	Mi 是被减数（BCD），其范围是：IR、SR、HR、AR、LR、TC、DM、＊DM，♯。 Su 是减数（BCD），其范围同 Mi。 R 是结果通道，其范围为：IR、SR、HR、AR、LR、DM、＊DM	单字 BCD 码减法运算指令。当执行条件为 ON 时，将被减数减去减数，再减去 CY 的内容，把结果存入 R 中。若被减数小于减数，则 CY 位置 1，此时 R 中的内容为结果的十进制补码。欲得到正确的结果，应先清 CY 位，再用 0 减去 R 及 CY 的内容，并将结果存入 R 中。 减法运算的过程如下图所示： Mi Su CY － CY　R
@SUB(31) Mi Su R	@SUB(31) Mi Su R		对标志位的影响：① 当 Mi 和 Su 的内容有非 BCD 数时 25503 为 ON；② 间接寻址 DM 不存在时 25503 为 ON；③ 当被减数小于减数时 25504 为 ON；④ 当差为 0000 时 25506 为 ON

续表

格 式	梯形图符号	操作数的含义及范围	指令功能及执行指令对标志位的影响
ADDL(54) Au Ad R	ADDL(54) Au Ad R	Au 为被加数开始通道（BCD），其范围为：IR、SR、HR、AR、LR、TC、DM、*DM。 Ad 为加数开始通道（BCD），其范围同 Au。 R 是结果开始通道，其范围为：IR、SR、HR、AR、LR、DM、*DM	双字 BCD 码加法运算指令。当执行条件为 ON 时，将被加数、加数以及 CY 中内容相加，把结果存入从 R（存放低 4 位）开始的结果通道中。若结果大于 99999999 时，则 CY 位置为 1。 双字加法运算的过程如下图所示： $\begin{array}{\|c\|c\|}\hline Au+1 & Au \\\hline Ad+1 & Ad \\\hline & CY \\\hline\end{array}$ $+$ $\begin{array}{\|c\|c\|}\hline CY & R+1 \quad R \\\hline\end{array}$ 对标志位的影响：① 被加数和加数有非 BCD 数时，25503 为 ON；② 间接寻址 DM 不存在时 25503 为 ON；③ 加运算结果超出 8 位 BCD 数时，25504 为 ON；④ 结果通道的内容均为 0000 时，25506 为 ON
@ADDL(54) Au Ad R	@ADDL(54) Au Ad R		
SUBL(55) Mi Su R	SUBL(55) Mi Su R	Mi 为被加数开始通道（BCD），其范围为：IR、SR、HR、AR、LR、TC、DM、*DM。 Su 为加数开始通道（BCD），其范围同 Mi。 R 是结果开始通道，其范围为：IR、SR、HR、AR、LR、DM、*DM	双字 BCD 码减法运算指令。当执行条件为 ON 时，用被减数减去减数再减去 CY 的内容，结果存入从 R（存放低 4 位）开始的结果通道中。若被减数小于减数，则 CY 位置 1，此时结果通道中的内容为结果的十进制补码，要得到正确结果，需进行第二次减法运算，应先清 CY，再用 0 减去结果通道的内容，将结果存入 R+1 和 R 中。 减法运算的过程如下图所示： $\begin{array}{\|c\|c\|}\hline Mi+1 & Mi \\\hline Su+1 & Su \\\hline & CY \\\hline\end{array}$ $-$ $\begin{array}{\|c\|c\|}\hline CY & R+1 \quad R \\\hline\end{array}$ 对标志位的影响：① 当被减数和减数有非 BCD 数时 25503 为 ON；② 间接寻址 DM 不存在时 25503 为 ON；③ 运算有借位时 25504 为 ON；④ 结果通道的内容均为 0000 时，25506 为 ON
@SUBL(55) Mi Su R	@SUBL(55) Mi Su R		

续表

格　式	梯形图符号	操作数的含义及范围	指令功能及执行指令对标志位的影响
MUL(32) Md Mr R	MUL(32) Md Mr R	Md 是被乘数（BCD），其范围为：IR、SR、HR、AR、LR、TC、DM、＊DM、#。 Mr 是乘数（BCD），其范围同 Md。 R 是结果并始通道，其范围为：IR、SR、HR、AR、LR、DM、＊DM	单字 BCD 码乘法运算指令。当执行条件为 ON 时，将 Md 和 Mr 的内容相乘，结果存入从 R（存放低 4 位）开始的结果通道中。 乘法运算的过程如下图所示： Md Mr × R+1　R 对标志位的影响：① 当被乘数和乘数有非 BCD 数时 25503 为 ON；② 间接寻址 DM 不存在时 25503 为 ON；③ 结果通道的内容均为 0000 时 25506 为 ON
@MUL(32) Md Mr R	@MUL(32) Md Mr R		
DIV(33) Dd Dr R	DIV(33) Dd Dr R	Dd 是被除数（BCD），其范围为：IR、SR、HR、AR、LR、TC、DM、＊DM、#。 Dr 是除数（BCD），其范围同 Dd。 R 是结果开始通道，其范围为：IR、SR、HR、AR、LR、DM、＊DM	单字 BCD 码除法运算指令。当执行条件为 ON 时，被除数除以除数，结果存入 R（存商）和（R+1）（存余数）通道中。 除法运算的过程如下图所示： Dd Dr ÷ R+1　R 对标志位的影响：① 当被乘数和乘数有非 BCD 数时 25503 为 ON；② 间接寻址 DM 不存在时 25503 为 ON；③ 结果通道的内容均为 0000 时 25506 为 ON
@DIV(33) Dd Dr R	@DIV(33) Dd Dr R		
MULL(56) Md Mr R	MULL(56) Md Mr R	Md 是被乘数（BCD）的开始通道，其范围为：IR、SR、HR、AR、LR、TC、DM、DM。 Mr 是乘数（BCD）的开始通道，其范围同 Md。 R 是结果的开始通道，其范围为：IR、SR、HR、AR、LR、DM、＊DM	双字 BCD 码乘法运算指令。当执行条件为 ON 时，两个 8 位的 BCD 数相乘，结果存入从 R（存放低 4 位）开始的结果通道中。 乘法运算过程如下图所示： Md+1　Md Mr+1　Mr × R+3　R+2　R+1　R 对标志位的影响：① 当被乘数和乘数有非 BCD 数时 25503 为 ON；② 间接寻址 DM 不存在时 25503 为 ON；③ 当结果通道的内容均为 0000 时 25506 为 ON
@MULL(56) Md Mr R	@MULL(56) Md Mr R		

续表

格　式	梯形图符号	操作数的含义及范围	指令功能及执行指令对标志位的影响
DIVL(57) Dd Dr R	DIVL(57) Dd Dr R	Dd 是被除数（BCD）的开始通道,其范围为: IR、SR、HR、AR、LR、TC、DM、* DM。 Dr 是除数（BCD）的开始通道,其范围同 Dd。 R 是结果的开始通道,其范围为: IR、SR、HR、AR、LR、DM、* DM	双字 BCD 码除法运算指令。当执行条件为 ON 时,两个 8 位的 BCD 数相除,结果存入 R(低 4 位)和 R+1(高 4 位)中,余数存入 R+2(低 4 位)和 R+3(高 4 位)中。 乘法运算的过程如下图所示: $$\begin{array}{\|c\|c\|} \hline Dd+1 & Dd \\ \hline \end{array}$$ $$\begin{array}{\|c\|c\|} \hline Dr+1 & Dr \\ \hline \end{array}$$ $$\div$$ $$\begin{array}{\|c\|c\|c\|c\|} \hline R+3 & R+2 & R+1 & R \\ \hline \end{array}$$ 对标志位的影响: ① 当被乘数和乘数有非 BCD 数时 25503 为 ON;② 间接寻址 DM 不存在时 25503 为 ON;③ 当余数是 0 时 25503 为 ON;④ 当结果通道的内容均为 0000 时 25506 为 ON
@DIVL(57) Dd Dr R	@DIVL(57) Dd Dr R		
COM(29) Ch	COM(29) Ch	Ch 为被求反的通道号,其范围为: IR、SR、HR、AR、LR、DM、* DM	通道数据按位求反指令。当执行条件为 ON 时,将通道中的数据求反,并存放在原通道中。 对标志位的影响:① 当间接寻址 DM 不存在 25503 为 ON;② 当结果为 0000 时 25506 为 ON
@COM(29) Ch	@COM(29) Ch		
ANDW(34) I1 I2 R	ANDW(34) I1 I2 R	I1 是输入数据 1,其范围为: IR、SR、HR、AR、LR、TC、DM、* DM、#。 I2 是输入数据 2,其范围同 I1。 R 是结果通道,其范围是: IR、SR、HR、AR、LR、DM、* DM	字逻辑与运算指令。当执行条件为 ON 时,将输入数据 1 和输入数据 2 按位进行逻辑与运算,并把结果存入通道 R 中。对标志位的影响:① 当间接寻址 DM 不存在 25503 为 ON;② 当结果为 0000 时 25506 为 ON
@ANDW(34) I1 I2 R	@ANDW(34) I1 I2 R		

格　式	梯形图符号	操作数的含义及范围	指令功能及执行指令对标志位的影响
ORW(35) I1 I2 R	ORW(35) I1 I2 R		字逻辑或运算指令。当执行条件为 ON 时,将输入数据 I1 和输入数据 I2 按位进行逻辑或运算,并把结果存入通道 R 中。对标志位的影响同上
@ORW(35) I1 I2 R	@ORW(35) I1 I2 R		
XORW(36) I1 I2 R	XORW(36) I1 I2 R	I1 是输入数据 1,其范围是: IR、SR、HR、AR、LR、TC、DM、＊DM、♯。 I2 是输入数据 2,其范围同 I1。 R 是结果通道,其范围是：IR、SR、HR、AR、LR、DM、＊DM	字逻辑异或运算指令。当执行条件为 ON 时,将输入数据 I1 和输入数据 I2 按位进行逻辑异或运算,并把结果存入通道 R 中。 对标志位的影响同上
@XORW(36) I1 I2 R	@XORW(36) I1 I2 R		
XNRW(37) I1 I2 R	XNRW(37) I1 I2 R		字逻辑同或运算指令。当执行条件为 ON 时,将输入数据 I1 和输入数据 I2 按位进行逻辑同或运算,并把结果存入通道 R 中
@XNRW(37) I1 I2 R	@XNRW(37) I1 I2 R		
SBS(91)　N	SBS(91)　N	N 是子程序编号,其取值为 000～049	子程序调用指令。在执行条件为 ON 时,调用编号为 N 的子程序。在下列情况之一时,25503 为 ON：① 被调用的子程序不存在；② 子程序自调用；③ 子程序嵌套超过 16 级
@SBS(91)　N	@SBS(91)　N		
SBN(92)　N	SBN(92)　N		子程序定义和返回指令。SBN 和 RET 指令不需要执行条件,两条指令要成对使用。SBN 指令定义子程序的开始,RET 表示子程序结束,RET 指令不带操作数。执行该指令不影响标志位
RET(93)	RET(93)		

续表

格　式	梯形图符号	操作数的含义及范围	指令功能及执行指令对标志位的影响
MCRO(99) N I1 01	MCRO(99) N I1 01	N 是子程序编号,范围为 000～049。 I1 是第一个输入字,其范围是:IR、SR、HR、AR、LR、TC、DM、*DM。 01 是第一个输出字,其范围是:IR、SR、HR、AR、LR、DM、*DM	宏指令。用一个子程序 N 代替数个具有相同结构、但操作数不同的子程序。当执行条件为 ON 时,停止执行主程序,将输入数据 I1～I1＋3 的内容复制到 SR232～SR235 中,将输出数据 01～01＋3 的内容复制到 SR236～SR239 中,然后调用子程序 N。子程序执行完毕,再将 SR236～SR239 中的内容传送到 01～01＋3 中,并返回到 MCRO 指令的下一条语句,继续执行主程序。 在下列情况之一时,25503 为 ON: ① 被调用的子程序不存在;② 子程序自调用;③ 操作数超出数据区;④ 间接寻址 DM 不存在
@MCRO(99) N I1 01	@MCRO(99) N I1 01		

8.1.4　CX-Programmer 编程软件简介

1. CX-Programmer 软件界面

单击图 8-9"文件"菜单中的"新建"或快捷按钮,出现如图 8-10 所示的"改变 PLC"对话框。

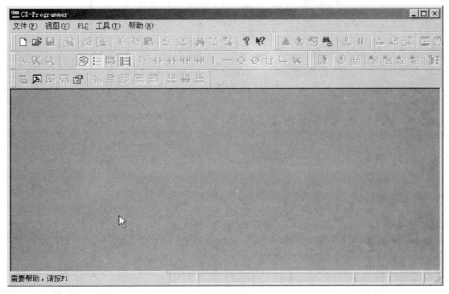

图 8-9

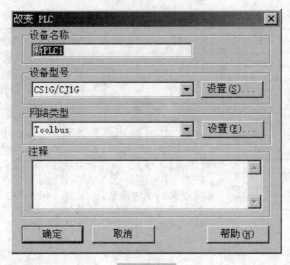

图 8-10

● 在"设备名称"栏中输入用户为 PLC 定义的名称。

● 在"设备型号"栏中选择 PLC 的系列。例如,选择"CPM2(CPM2A)"。单击"设置"按钮,可进一步配置 CPU 型号。例如,选择"CPU10"。

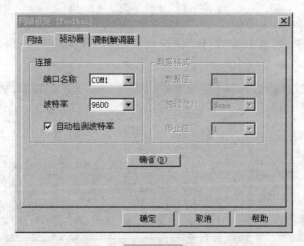

图 8-11

在"网络类型"栏中选择 PLC 的网络类型。例如,选择"SYSMACWAY"。单击"设置"按钮,出现"网络设定"对话框,它有三个选项卡。单击"驱动器"选项卡,显示如图 8-11 所示的对话框,在此对话框中可以选择计算机通信端口、设定通信参数等。计算机与 PLC 的通信参数应设置一致,否则不能通信。单击"网络"选项卡可以进行网络参数设定。若使用 Modem,可单击"调制解调器"选项卡来设置相关参数。单击"确定"或"取消"按钮确认或放弃操作,并回到"改变 PLC"对话框。

在"注释"栏中输入与此 PLC 相关的注释。

在"改变 PLC"对话框中,单击"确定"按钮,显示如图 8-12 所示的 CX-P 主窗口,表明建立了一个新工程。若单击"取消"按钮,则放弃操作。

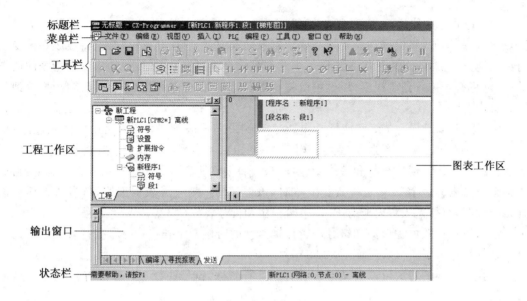

图 8-12

CX-P 主窗口的组成如下：

● 标题栏：显示打开的工程文件名称、编程软件名称和其他信息。

● 菜单栏：将 CX-P 的全部功能按各种不同的用途组合起来，以菜单的形式显示。通过单击主菜单各选项及下拉子菜单中的命令，可进行相应的操作。

● 工具栏：将 CX-P 中经常使用的功能以按钮的形式集中显示，工具栏的按钮是执行各种操作的快捷方式之一。可以通过"视图"菜单中的"工具栏"来选择要显示的快捷按钮。

● 状态栏：位于窗口的底部，状态栏显示即时帮助、PLC 在线/离线状态、PLC 工作模式、连接的 PLC 和 CPU 类型、PLC 扫描循环时间、在线编辑缓冲区大小以及显示光标在程序窗口中的位置。可以通过"视图"菜单中的"状态栏"来打开和关闭状态栏。

● 工程工作区：位于主窗口的左边，显示一个工程的分层树形结构。一个工程下可生成多个 PLC，每一个 PLC 包括全局符号、I/O 表（CPM1A 无）、设置、内存、程序等，而每一个程序包括本地符号表和程序段。

● 图表工作区：位于主窗口的右边，是编辑梯形图和助记符程序的区域。当建好一个新的工程或者把一个新的 PLC 添加到工程中时，图表工作区将显示一个空的梯形图视图。

● 输出窗口：位于主窗口的下面，可以显示编译程序结果、查找报表和程序传送结果等。

CX-P 可以使用标准 Microsoft Windows 的一些特性。

（1）新建、打开和保存　新建、打开和保存是对工程文件的操作，与 Windows 应用软件的操作方法是一样的。

（2）打印、打印预览　CX-P 支持的打印项目有梯形图程序、全局符号表和本地符号表等。

（3）剪切、复制和粘贴　可以在工程内、工程间、程序间复制和粘贴一系列对象；可以在梯形图程序、助记符视图、符号表内部或两者之间来剪切、复制和粘贴各个对象，如文本、接触点和线圈。

（4）拖放　在能执行剪切、复制、粘贴的地方，通常都能执行拖放操作。单击一个对象后，按住鼠标不放，将鼠标移动到接受这个对象的地方，然后松开鼠标，对象将被放在接受该对象的地方。例如，可以从图表工作区中的符号表里拖放符号，来设置梯形图中指令的操作数；可以将符号拖放到监视窗口；也可以将梯形图元素（接触点/线圈/指令操作数）拖放到监视窗口中。

（5）撤消和恢复　撤消和恢复操作是对梯形图、符号表等图表工作区中的对象进行的。

（6）查找和替换　能够对工程工作区中的对象或者在当前窗口进行查找和替换。

在工程工作区使用查找和替换操作，此操作将搜索所选对象下的一切内容。例如，当从工程工作区内的一个 PLC 程序查找文本时，该程序的本地符号表也被搜索；当从工程对象开始搜索时，将搜索工程内所有 PLC 中的程序和符号表。

也可以在相关的梯形图和符号表窗口被激活的时候开始查找，这样，查找就被限制在一个单独的程序或者符号表里面了。

查找和替换的对象可以是文本（助记符、符号名称、符号注释和程序注释），也可以是地址和数字。

对于文本对象，除了对单个文本操作外，还可以使用通配符"＊"实现对部分文本的操作。例如，在查找内容中输入"ab＊"，替换内容中输入"tr＊"，将会把"about"变成"trout"，将"abort"变成"trort"。

对于地址对象，除了对单个地址操作外，还可以对一个地址范围进行操作。例如，在查找内容中输入"DM100-DM102"，将查找地址"DM100"、"DM101"和"DM102"；在查找内容中输入"DM100-DM102"，在替换内容中输入"LR00-"，将把地址范围"DM100-DM102"移动到以"LR00"开头的新地址，把"DM100"移到"LR00"，把"DM101"移到"LR01"，依次类推。

对于数字对象，有必要确认要处理的是浮点数还是整数，任何以"＋"、"－"开头或者带有小数点的操作数都是浮点数。这里要注意，BCD 操作数在程序窗口中以"＃"开头，但是它是十进制。在"查找"对话框中使用"＃"前缀就意味着这是一个十六进制值，因此，"＃10"在查找中将同 BCD 操作数"＃16"相匹配。

在"查找"对话框中，单击"报表"按钮，产生一个所有查找结果的报告。一旦报告被生成，将显示在输出窗口的"寻找报表"窗口中。

（7）删除　PLC 离线时，工程中的大多数项目都可以被删除，但工程不能被删除。PLC 处于离线状态时，梯形图视图和助记符视图中所有的内容都能被删除。

（8）重命名一个对象　PLC 离线时，工程文件中的一些项目可被重命名。例如，为工程改名，向 PLC 中输入新的名称等。

2.程序编辑

以图 8-13 为例，说明编写梯形图过程。

在工程工作区中双击"段 1"，显示出一个空的梯形图视图。下面介绍利用梯形图工具栏中的按钮来编辑"星-三角"控制梯形图程序。

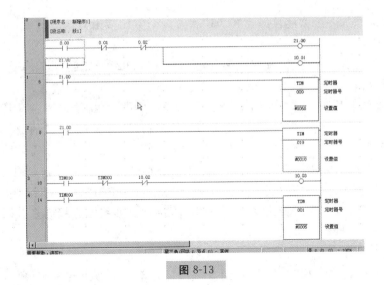

图 8-13

（1）编辑接触点

编辑接触点的步骤如下：

● 单击梯形图工具栏中的"新建常开接点"按钮，将其放在 0 号梯级的开始位置，将出现如图 8-14 所示的"编辑接点"对话框。

● 在"地址和名称"栏中输入接触点的地址或名称。可以直接输入，或者在其下拉列表（表中为全局符号表和本地符号表中已有的符号）中选择符号。本例在"地址和名称"栏中选择 0.00，也可以定义一个新的符号，这时"地址或值"栏由灰变白，在此栏中输入相应的地址，并把它添加到本地或者全局符号表中去。如果需要输入一个自动定位地址的符号，只需输入符号名称。如果不需要符号名称，可直接输入地址。

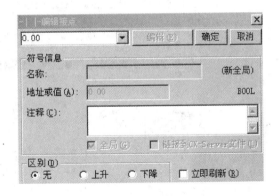

图 8-14

● 单击对话框中的"确定"按钮保存操作，单击"取消"按钮放弃操作。

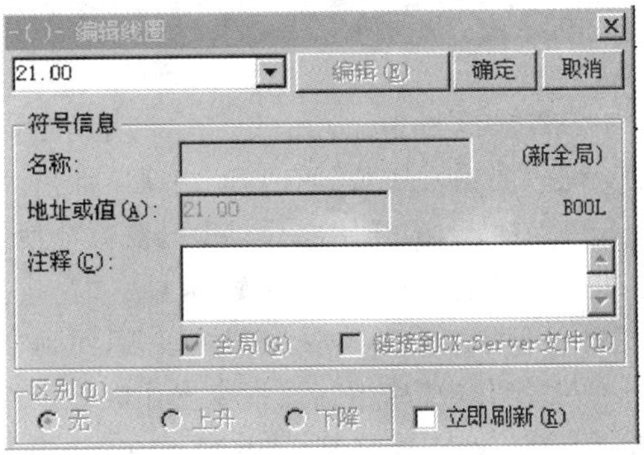

现在梯级边缘将显示一个红色的记号（颜色可以定义），这是因为该梯级没编辑完，CX-P 认为是一个错误。

（2）编辑线圈

从第 0 行开始涉及到线圈的输入问题，下面介绍线圈的编辑方法。

图 8-15

在 0 号梯级添加一个常闭接触点"0.01"和另一个常闭接触点"0.02"后,下一步开始编辑线圈,其操作步骤如下:

● 在梯形图工具栏中选择"新建线圈"按钮,单击"0.02"的右侧,出现如图 8-15 所示的"编辑线圈"对话框。

● 在"地址和名称"栏中输入线圈的地址或名称。可以直接输入或者在其下拉列表中进行选择。本例选择"21.00"。也可以定义一个新的符号,这时"地址或值"栏由灰变白,在此栏中输入相应的地址,并把它添加到本地或者全局符号表中去。如果需要输入一个自动定位地址的符号,则只需输入符号名称。如果不需要符号名称,则直接输入地址即可。

● 单击对话框中的"确定"按钮,完成编辑线圈的操作,单击"取消"按钮放弃操作。

在梯形图工具栏中选择"新建水平线"按钮,将接触点和线圈连接起来。以下几个梯级可作类似的编辑。

(3)编辑指令

在梯形图工具栏中选择"新建 PLC 指令"按钮,并单击接触点的右侧,则出现如图 8-16 所示的"编辑指令"对话框。

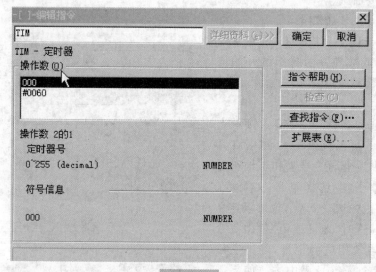

图 8-16

● 在"指令"栏中输入指令名称或者指令码。当输入了正确的号码,相应的指令名称将自动分配。要输入一个具有立即刷新属性指令,在指令的开头使用感叹号"!";要插入一条微分指令,在指令的开始部分对上升沿微分使用"@"符号,对下降沿微分使用"%"符号。

也可以单击"查找指令"按钮,显示"查找指令"对话框,其中提供了所选机型的指令列表,选择一条指令后单击"确定"按钮,返回到"编辑指令"对话框。

● 在"操作数"栏中输入指令操作数。操作数可以是符号、地址和数值。单击操作数框右边的"…"按钮来查找符号,将显示一个对话框,可在这里选择和创建符号。本例在"指令"栏中输入"TIM",在"操作数"栏中输入两个操作数("000"和"♯0060")。

● 单击"确定"按钮完成操作,一条指令即被添加到梯形图中。单击"取消"按钮放弃操作。

● 在梯形图工具栏中选择"新建水平线"按钮,将接触点和指令连接起来。

此时,在梯级的边缘不再有红色的记号,这表明该梯级里面已经没有错误了。至此,0

号梯级编辑完毕。

在最后一个梯级里添加指令"END"。

(4) 给程序添加注释

在编写程序时添加注释,可以提高程序的可读性。选择梯级的属性来给梯级添加注释,选择梯形图元素(接触点、线圈和指令)的属性来为其设置注释。文本作为注释,被添加到梯形图中并不被编译。当一个注释被输入,相关元素的右上角将出现一个圆圈。这个圆圈包括一个梯级中标识注释的特定号码。当在"工具"菜单的"选项"命令中做一定设置后,注释内容会出现在圆圈的右部(对输出指令)或者出现在梯级(条)批注列表中。

通过梯级上下文菜单中的命令,在所选择梯级的上方或下方可插入梯级;通过梯形图元素的上下文菜单中的命令,可进行插入行、插入元素、删除行、删除元素等操作。

3. PLC 操作模式

PLC 可以被设置成下列四种工作模式中的一种。

(1) 编程模式

在这种模式下,PLC 不执行程序,可下载程序和数据。

(2) 调试模式

这种模式对 CV 系列 PLC 可用,能够实现用户程序的基本调试。

(3) 监视模式

在这种模式下,可对运行的程序进行监视,在线编辑必须在这种模式下进行。

(4) 运行模式

在这种模式下,PLC 执行用户程序。

PLC 的四种工作模式可通过单击 PLC 工具栏中的相应按钮来切换。

4. 把程序传送到 PLC

● 选中工程工作区里的"PLC"。

● 单击 PLC 工具栏中的"在线工作"按钮,与 PLC 进行连接,将出现一个确认对话框,选择"是"按钮。由于在线时一般不允许编辑,所以程序变成灰色。

● 单击 PLC 工具栏上的"编程模式"按钮,把 PLC 的操作模式设为编程。如果未做这一步,CX-P 将自动把 PLC 设置成此模式。

● 单击 PLC 工具栏上的"传送到 PLC"按钮,将显示"下载选项"对话框,可以选择的项目有:程序、内存分配、设置、符号。

● 按照需要选择后,单击"确定"按钮,出现"下载"窗口。

● 当下载成功后,单击"确定"按钮,结束下载。

5. 从 PLC 传送程序到计算机

● 选中工程工作区里的"PLC"。

● 单击 PLC 工具栏中的"在线工作"按钮,与 PLC 进行连接,将出现一个确认对话框,选择"是"按钮。

● 单击 PLC 工具栏中的"从 PLC 传送"按钮,将显示"上载选项"对话框,可以选择的项目有:程序、内存分配、设置、符号。

● 按照需要选择后,单击"确定"按钮确认操作,出现确认传送对话框。

● 单击"确定"按钮确认操作,出现"上载"窗口。

● 当上载成功后,单击"确定"按钮,结束上载。

6. 比较程序

● 选中工程工作区里的"PLC"。

● 单击 PLC 工具栏中的"与 PLC 比较"按钮,将显示"比较选项"对话框。可以选择的项目有:程序、内存分配。

● 按照需要选择后,单击"确定"按钮确认操作,出现"比较"窗口。与 PLC 程序之间的比较细节显示在输出窗口的"编译"窗口中。

● 当比较成功后,单击"确定"按钮,结束比较。

7. 在线编辑

虽然下载的程序已经变成灰色以防止被直接编辑,但还是可以选择在线编辑特性来修改梯形图程序。

当使用在线编辑功能时,要使 PLC 运行在"监视"模式下,而不能在"运行"模式下,可使用以下步骤进行在线编辑:

● 拖动鼠标,选择要编辑的梯级。

● 单击 PLC 工具栏中的"与 PLC 比较"按钮,以确认编辑区域的内容和 PLC 内的内容是否相同。

● 单击程序工具栏中的"在线编辑梯级"按钮,梯级的背景将改变,表明它现在已经是一个可编辑区,此时可以对梯级进行编辑。此区域以外的梯级不能改变,但是可以把这些梯级里面的元素复制到可编辑梯级中去。

● 当对编辑结果满意时,单击程序工具栏中的"发送在线编辑修改"按钮,所编辑的内容将被检查并且被传送到 PLC,一旦这些改变被传送到 PLC,编辑区域再次变成只读。

若想取消所做的编辑,单击程序工具栏中的"取消在线编辑"按钮,可以取消在确定改变之前所做的任何在线编辑,编辑区域也将变成只读。在线编辑不能改变符号的地址和类型。

8. 程序监视

一旦程序运行,就可以对其进行监视。可按以下步骤启动和停止程序监视:

● 在工程工作区中双击某一程序段,在图表工作区显示梯形图程序。

● 单击 PLC 工具栏中的"在线工作"按钮,与 PLC 进行连接,将出现一个确认对话框,选择"是"按钮。

● 单击 PLC 工具栏中的"监视模式"或"运行模式"按钮(只能在这两种模式下进行程序监视)。

● 单击 PLC 工具栏中的"切换 PLC 监视"按钮,可监视梯形图中数据的变化和程序的执行过程。再次单击"切换 PLC 监视"按钮,停止监视。

9. 暂停监视

暂停监视能够将普通监视及时冻结在某一点,在检查程序的逻辑时很有用处。可以通过手动或者触发条件来触发暂停监视功能,下面介绍暂停监视操作。

确认打开"梯形图"程序,并处在"监视"模式下。

● 选择一定的梯级范围以便于监视。

● 单击 PLC 工具栏中的"触发器暂停"按钮,出现"暂停监视设置"对话框,选择触发类型"手动"或者"触发器"。

　　◇ 触发器：在"地址和姓名"栏中输入一个地址,或者使用浏览器来定位一个符号。选择"条件"类型"上升沿"、"下降沿"或输入触发的"值"。当暂停监视功能工作时,监视仅仅发生在所选区域,选择区域以外的地方无效。要恢复完全监视,可再次单击"触发器暂停"按钮。

　　◇ 手动：选择"手动",单击"确定"按钮后,开始监视。等到屏幕上出现感兴趣的内容时,单击 PLC 工具栏中的"暂停"按钮,暂停功能发生作用。要恢复监视,可再次单击"暂停"按钮,监视将被恢复,等待另一次触发暂停监视。

　　当使用"触发器"类型时,也可以通过单击 PLC 工具栏中的"暂停"按钮来手动暂停。

8.2　FX 可编程控制器简介

8.2.1　I/O 通道及内部继电器定义号分配

基本性能、技术指标

项　目		FX2N 系列
运算控制方式		存储程序,反复运算方式(专用 LSl)
输入/输出控制方式		批处理方式(在执行 END 指令时),但有输入/输出刷新指令
演算处理速度	基本命令	0.08μs 指令
	应用命令	1.52 毫秒至数百毫秒指令
程序语言		继电器符号语言＋步进方式(可用 SFC 表示)
程序容量、存储器形式		内附 8K 步 RAM,最大可加 5516K 步 RAM(可装 RAM、EEPROM、EPROM 存储卡盒)
指令数	基本、步进指令	基本(顺控)指令 27 个,步进指令 2 个
	应用指令	128 种,298 个
输入继电器 输出继电器		184 点 X0～X267 总共 256 点
		184 点 Y0～Y267
辅助继电器	一般用	× 500 点 M0～M499
	锁存用	O× 2572 点 M500～M3071(注)
	特殊用	256 点 M8000～M8255
状态继电器	初始化用	10 点 S0～S9
	一般用	× 490 点 S10～S499
	锁存用	O× 400 点 S500～S899
	报警用	O100 点 S900～S999
定时器	100ms	200 点 T70～T199
	10ms	6 点 T200～T245
	1ms(积算)	O 4 点 T246～T249
	100ms(积算)	O 6 点 T250～T255
	计时机能	O 1 点

续表

项　目			FX2N 系列
计数器	增计数	一般用	×100 点（16 位）C0～C99
		锁存用	O×100 点（16 位）C100～C199
	加/减用	一般用	×20 点（32 位）C200～C219
		锁存用	O×15 点（32 位）C220～C234
	高速用		O 1 相 60kHz 2 点，10kHz 4 点，C235～C250 2 相 30kHz 1 点，5kHz 1 点，C251～C255
数据寄存器	通用数据寄存器	一般用	×200 点（16 位）D0～D199
		锁存用	O×7800 点（16 位）D200～D7999（注）
	特殊用		256 点（16 位）DS000～DS8255
	变址用		16 点（16 位）V0～V7，Z0～Z7
	文件寄存器		O 文件寄存器可由 D1000 开始设定，而每一次设定 为 500 个
指针跳步	跳步转移用		128 点 P0～P127
	中继用		15 点 I0□□～I8□□
使用 MC 和 MCR 的嵌套层数			8 点 N0～N7
常数	十进制 K		16 位：−32768～+32767 32 位：−2147483648～+2147483647
	十六进制 H		16 位：0～FFFF(H)　32 位：0～FFFFFFFF(H)

注：O 由后备用锂电池保持　×由后备用锂电池保持，但参数可变。

内部辅助继电器

编　号	名　称	备　注
[M]8000	RUN 监控	RUN 时常闭
[M]8001	RUN 监控	RUN 时常开
[M]8002	初始化脉冲	RUN 后输出一个扫描周期的 ON
[M]8003	初始化脉冲	RUN 后输出一个扫描周期的 OFF
[M]8004	出错发生	M8060～M8067 检知 * 8
[M]8011	10ms 时钟	以 10ms 为周期振荡
[M]8012	100ms 时钟	以 100ms 为周期振荡
[M]8013	1s 时钟	以 1s 为周期振荡
[M]8014	1min 时钟	以 1min 为周期振荡
[M]8015	计时停止和预置	
[M]8016	停止显示时间	
[M]8017	±30s 修正	
[M]8018	RTC 检出	常闭
[M]8019	RTC 出错	
[M]8020	原点标志	
[M]8021	借位标志	应用指令有运算标识
[M]8022	进位标志	

续表

编　号	名　称	备　注
[M]8028	10ms 切换标志	T32 以后变更为 10ms 的定时器
[M]8029	指令执行结束标志	应用指令
[M]8031	非保持存储器全清除	软元件的 ON/OFF ∗4
[M]8032	保持存储器全清除	
[M]8033	存储保留停止	图像存储器保持
[M]8034	全输出禁止	外部输出全 OFF ∗4
[M]8035	强制 RUN 模式	
[M]8036	强制 RUN 指令	
[M]8037	强制 STOP 指令	
[M]8038	参数设定	通信参数设定标志
[M]8039	恒定扫描模式	定周期运转
[M]8040	转移禁止	禁止状态间转移
[M]8041	转移开始 ∗1	
[M]8042	启动脉冲	
[M]8043	复原结束 ∗1	FNC60(IST)指令有运转标志
[M]8044	原点条件 ∗1	
[M]8045	全输出复位禁止 ∗4	
[M]8046	STC 状态	S0～S899 动作检知
[M]8047	STC 监控有效 ∗4	D8040～D8047 有效化
D8000	监视定时器	初期值 200ms
D8001	PC 类型和版本	∗5
D8002	存储器容量	∗6
D8003	存储器种类	∗7
D8004	出错特殊 M 的编号	M8060～M8067
D8010	扫描时间为当前值(单位:0.1ms)	含恒定扫描等待时间
D8011	最小扫描时间	
D8012	最大扫描时间	
D8013	0～59s 预置值或当前值	
D8014	0～59min 预置值或当前值	
D8015	0～23h 预置值或当前值	
D8016	0～31 日预置值或当前值	时钟误差±45s/月(25℃)有闰年修正
D8017	0～12 月预置值或当前值	
D8018	公历年三位表示的预置值或当前值	
D8019	星期 0(日)～6(六)预置或当前值	
D8020	输入滤波器调整	初始值 10ms(0～15mms)
D8021	输入滤波器调整	初始值 10ms(0～15mms)
D8028	Z0(Z)寄存器的内容	变址寄存器的内容
D8029	V0(Z)寄存器的内容	变址寄存器的内容

续表

编　号	名　称	备　注
D8039	恒定扫描时间	初始值 0（单位：1ms）
D8040	ON 状态编号 1 * 4	M8047 为 ON 时，S0～S5999 之间动作状态的最小编号存入 D8040。以下依次存入 8 点
D8041	ON 状态编号 2 * 4	
D8042	ON 状态编号 3 * 4	
D8043	ON 状态编号 4 * 4	
D8044	ON 状态编号 5 * 4	
D8045	ON 状态编号 6 * 4	
D8046	ON 状态编号 7 * 4	

8.2.2　编程器的使用

1. 编程的准备工作

● 在断电的情况下将开关量输入板接到 PLC 的输入端，用编程器电缆连接 PLC 和编程器，PLC 上的工作模式开关放在 STOP 位置。

● 给 PLC 通电后，在编程器的 LCD 画面中选择联机方式（ONLINE）后按"GO"键；然后按"RD/WR"、"INS/DEL"或"MNT/TEST"键，选择编程器的工作方式，或按功能键进行某种操作。

● 用写入方式（W）清除原有程序（成批写入 NOP）：NOP→A→GO→GO。

完成清除操作后用户存储器内全部是 NOP（空操作）指令。注意："CLEAR"键是用来清除当前的操作，而不是用来清除用户程序存储器的。

2. 程序的写入

写入如图 8-17 所示的程序，写入时注意以下问题：

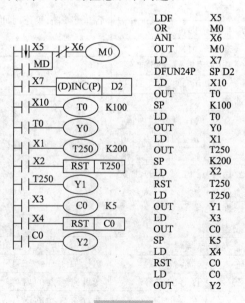

LDF	X5
OR	M0
ANI	X6
OUT	M0
LD	X7
DFUN24P	SP D2
LD	X10
OUT	T0
SP	K100
LD	T0
OUT	Y0
LD	X1
OUT	T250
SP	K200
LD	X2
RST	T250
LD	T250
OUT	Y1
LD	X3
OUT	C0
SP	K5
LD	X4
RST	C0
LD	C0
OUT	Y2

图 8-17

● 写入程序时要选择写入工作方式，即按"RD/WR"，直到显示屏左上角显示出 W 为止。输入每条指令后要按"GO"键，才能将该指令写入 PLC。按"GO"键后显示的是下一步原有的指令。

● 指令中如果有多个参数(例如，定时器、计数器指令和应用指令)，各参数之间用"SP"(空格键)分隔开。在用笔写指令时可以不写"SP"。

● 输入应用指令时先按"FUN"键，然后输入应用指令的编号。例如，应用指令 INC 的编号为 24，依次按"FUN"、"2"、"4"和"SP"键，将显示出指令 INC。输入 32 位指令时，按"D"键后再按"FUN"键。输入脉冲执行的应用指令时，送完指令号后按"P/I"键。指令与参数之间、参数与参数之间都要用"SP"键分隔开。

● 写入 LDP、ANP、ORP 指令时，在按指令键后还要按"P/I"键，写入 LDF、ANF、ORF 指令时，在按指令键后还要按"F"键。

● 写入"NV"指令后依次按"NOP"键。

● 写入标号 1201 时按下面的顺序按键：P/I→P/I→2→0→1→GO。

3. 程序的读出与编辑

● 读出程序：首先按"RD/WR"键，使编程器处于 R(读)工作方式，可从第 0 步开始读出指令。在读工作方式下也可以根据指定的步序号读出指令：STEP→步序号→GO。

● 修改指令：选择 W(写)工作方式，将光标指向要修改的指令，输入新指令后按"GO"键，原有的指令被新指令代替。

● 插入指令：选择 I(插入)工作方式，将光标指向被插入指令后面的指令，用写指令的方法插入指令，在插入状态可以连续插入多条指令。

● 删除指令：选择 D(删除)工作方式，将光标指向要删除的指令，按"GO"键，该指令被删除。在删除状态下多次按"GO"键，可连续删除相邻的多条指令。

● 程序检查：按"OTHER"键后，选择程序检查(PROGRAM CHECK)，若没有错误，显示"NO ERROR"(没有错误)；若有错误，将显示出错指令的步序号及出错代码。

4. 运行程序

运行程序之前将开关量输入板上的小开关全部扳到 OFF 位置(各输入点的 LED 全部熄灭)，将 PLC 上的工作模式开关扳到 RUN 位置，PLC 上的"RUN"LED 亮。如果程序有错，进入运行方式时"PROG-E"LED 将闪动，应将工作模式开关扳回"STOP"位置，中止程序的运行，检查可能存在的语法错误或电路错误，改正后重新运行程序。　　　　.

在运行状态根据梯形图的要求，用接在输入端的小开关提供输入信号，观察对应的输出继电器的状态变化，或用监控功能监视 PLC 内部辅助继电器或状态继电器的 ON/OFF 状态、定时器和计数器的当前值的动态变化，了解程序执行的情况。

5. 位元件的监控与强制

(1) 监控位元件

先按"MNT/TEST"键，使编程器处于 M(监视)工作方式，以监视图 8-17 中的 M0 为例，按下列操作步骤按键：SP→M→0→GO，屏幕上就会显示出 M0，M0 之前出现正方形光标，表示 M0 为 ON，无光标时 M0 为 OFF。用向上和向下光标键可以监视前一个元件或后一个元件的状态。

进入监控(M)状态，用接在 X5 和 X6 输入端的小开关提供启动信号和停止信号，监视用起保停电路控制的 M0 的 ON/OFF 状态。

（2）强制位元件 ON/OFF

按"MNT/TEST"键，使编程器处于 M（监视）工作方式，然后按照监视位元件的操作步骤，监视需要强制为 ON/OFF 的位元件，接着再按"MNT/TEST"键，使编程器处于 T（测试）工作方式，将光标指向需要强制为 ON 或 OFF 的编程元件以后，按"SET"键，该位编程元件被强制为 ON；按一下"RST"键，该位编程元件被强制为 OFF。分别在 STOP 状态和 RUN 状态下将 M0、Y0 强制为 ON 或 OFF。

8.2.3 三菱 GX Developer 编程软件简介

1. 主要功能与系统配置

三菱电动机的 GX Developer 是专为 FX 系列 PLC 设计的编程软件，其界面和帮助文件均已汉化，它占用的存储空间少，安装后仅占 1MB 多空间，其功能较强，在 Windows 操作系统中运行。

（1）GX Developer 编程软件的主要功能

● 可用梯形图、指令表和 SFC（顺序功能图）符号来创建 PLC 的程序，可以给编程元件和程序块加上注释。可将程序存储为文件，或用打印机打印出来。

● 通过串行口通信，可将用户程序和数据寄存器中的值下载到 PLC，可以读出未设置口令的 PLC 中的用户程序，或检查计算机和 PLC 中的用户程序是否相同。

● 可实现各种监控和测试功能，如梯形图监控，元件监控，强制 ON/OFF，改变 T、C、D 的当前值等。

（2）软件使用的一般性问题

安装好软件后，在桌面上自动生成图标，用鼠标左键双击该图标，可打开编程软件。执行菜单命令"文件"→"退出"，可退出编程软件。

执行菜单命令"文件"→"新建"，可创建一个新的用户程序，在弹出的窗口中选择 PLC 的型号后单击"确定"键。

"文件"菜单中的其他命令属于通用的 Windows 软件的操作，这里不再赘述。

2. 梯形图程序的生成与编辑

（1）一般性操作

按住鼠标左键并拖动鼠标，可在梯形图内选中同一块电路里的若干个元件，被选中的元件被蓝色的矩形覆盖。使用工具条中的图标或"编辑"菜单中的命令，可实现被选中元件的剪切、复制和粘贴操作。按"Delete"键，可将选中的元件删除。执行菜单命令"编辑"→"撤销键入"，可取消刚刚执行的命令或输入的数据，回到原来的状态。

使用"编辑"菜单中的"行删除"和"行插入"命令，可删除一行或插入一行。

使用菜单命令"标签设置"→"跳向标签"，可跳到光标指定的电路块的起始步序号。

执行菜单命令"查找"→"标签设置"，光标所在处的电路块的起始步序号被记录下来，最多可设置 5 个步序号。执行菜单命令"查找"→"跳向标签"时，光标将跳至选择的标签设置处。

（2）放置元件

使用"视图"菜单中的命令"功能键"和"功能图"，可选择是否显示窗口底部的触点、线圈等元件图标(图 8-18)或浮动的元件图标框。

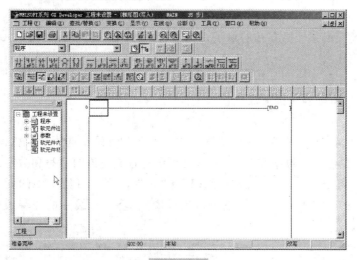

图 8-18

　　将光标(深蓝色矩形)放在欲放置元件的位置,单击要放置的元件的图柄,出现"输入元件"窗口,在文本框中输入元件号,定时器、计数器的元件号和设定值隔开。可直接输出应用指令的指令助记符和指令中的参数,助记符和参数之间、参数和参数之间用空格分隔开。例如,输入应用指令"DMOV D0 D2",表示在输入信号的上升沿,将 D0 和 D1 中的 32 位数据传送到 D2 和 D3 中去。按图 8-19 中的"帮助"按钮,弹出"指令帮助"窗口,如图 8-20 所示。在"类型一览表"文本框中显示出各指令类型,选中其中某一类型后,"指令一览表"文本框中将显示相应的指令名称,如 DMOV,单击"确定"按钮。

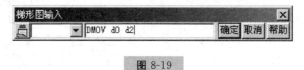

图 8-19

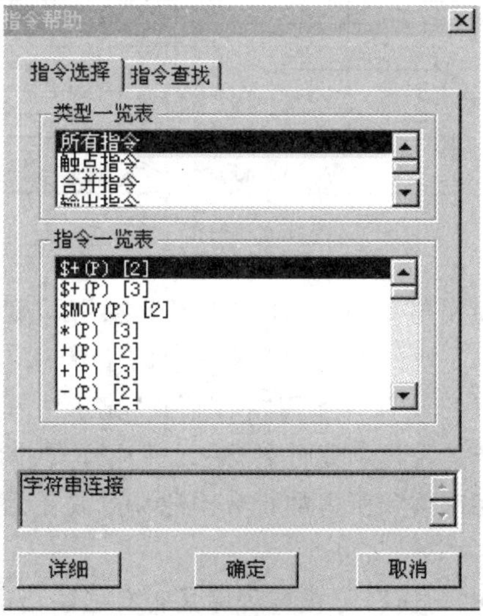

图 8-20

　　放置梯形图中的垂直线时,垂直线从矩形光标左侧中点开始往下画。用"I DEL"图标删除垂直线时,欲删除的垂直线的上端应在矩形光标左侧中点。

　　用鼠标左键双击某个已存在的触点、线圈或应用指令,在弹出的"输入元件"对话框中可修改其元件号或参数。

　　用鼠标选中左侧母线的左边要设置标号的地方,按计算机键盘上的"P"键,在弹出的对话框中指定标号值,按确认键完成操作。

　　(3) 注释

　　● 设置元件名。使用菜单命令"编辑"→"元件名",可设置选中的元件的元件名称。如"PB1"。元件名只能使用数字和字符,一般由汉语拼音或英语的缩写和数字组成。

　　● 设置元件注释。使用菜单命令"编辑"→"元件注释",可给选中的元件加上注释,如"启动按钮"(图 8-21)。用类似的方法可以给线圈加上注释,线圈的注释放在线圈的右侧,可以使用多行汉字。

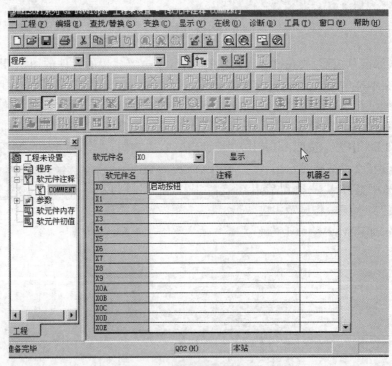

图 8-21

　　● 添加程序块注释。使用菜单命令"工具"→"转换"后,利用菜单命令"编辑"→"程序块注释",可在光标指定的程序块的上面加上程序块的注释。

　　● 梯形图注释显示方式的设置。使用"视图"→"显示注释"菜单命令,弹出"梯形图注释设置"对话框,从中可选择是否显示元件名称、元件注释、线圈注释和程序块注释,以及元件注释和线圈注释每行的字符数和所占的行数。注释可放在元件的上面或下面。

　　(4) 程序的转换和清除

　　使用菜单命令"工具"→"转换",可检查程序是否有语法错误。若没有语法错误,梯形图被转换成格式并存放在计算机内,同时图中的灰色区域变白。若有语法错误,将显示"梯形图错误"。若在未完成转换的情况下关闭梯形图窗口,新创建的梯形图并未被保存。使用菜单命令"工具"→"全部清除",可清除编程软件中当前所有的用户程序。

(5) 程序的检查

执行菜单命令"选项"→"程序检查",弹出"程序检查"对话框,如图 8-22 所示。在其中选择检查的项目。语法检查主要检查命令代码及命令的格式是否正确,电路检查用来检查梯形图电路中的缺陷。二重线圈检查用于显示同一编程元件被重复用于某些输出指令的情况,可设置被检查的指令。同一编程元件的线圈(对应于 OUT 指令)在梯形图中一般只允许出现一次;但是在不同时工作的 STL 电路块中,或在跳步条件相反的跳步区中,同一编程元件的线圈可以分别出现一次。对同一元件一般允许多次使用图 8-22 除 OUT 指令之外的其他输出类指令。

图 8-22

(6) 查找功能

使用"查找"菜单中的命令"到顶"和"到底",可将光标移至梯形图的开始处或结束处。使用"元件名查找"、"元件查找"、"指令查找"和"触点/线圈查找"命令,可查找到指令所在的电路块,按"查找"窗口中的"向上"和"向下"按钮,可找到光标的上面或下面其他相同的查找对象。通过"查找"菜单中的"跳至标签",还可以跳到指定的程序步。

(7) 视图命令

可以在"视图"菜单中选择显示梯形图、指令表、SFC(顺序功能图)或注释视图,执行菜单命令"视图"→"注释视图"→"元件注释/元件名称"后,在对话框中选择要显示的元件号,将显示该元件及相邻元件的注释和元件名称。

使用菜单命令"视图"→"注释视图",还可以显示程序块注释视图和线圈注释视图,显示可以设置起始的步序号。执行菜单命令"视图"→"寄存器",弹出对应的对话框。选择显示格式为"列表"时,可用多种数据格式中的一种来显示所有数据寄存器中的数据。选择显示格式为"行"时,在一行中同时显示同一数据寄存器分别用十进制、十六进制、ASCII 码和二进制表示的值。

执行菜单命令"视图"→"显示比例",可改变梯形图的显示比例。

使用"视图"菜单,还可以查看"触点/线圈列表"、已用元件列表和 TC 设置表。

3. 指令表的生成与编辑

使用菜单命令"视图"→"指令表",进入指令表编辑状态,可逐行输入指令。

指定了操作的步序号范围之后,在"视图"菜单中使用菜单命令"NOP 覆盖写入"、"NOP 插入"和"NOP 删除",可在指令表程序中作相应的操作。

使用菜单命令"工具"→"指令",在弹出的"指令表"对话框中,将显示光标所在行的指令,按指令后面的"帮助"按钮,出现"指令帮助"对话框,可帮助使用者选择指令。

4. PLC 的操作

对 PLC 进行操作之前,首先应使用编程通信转换接口电缆 SC-09 连接好计算机的RS-232C接口和 PLC 的RS-422编程器接口,并设置好计算机的通信端口参数。

(1) 端口设置

执行菜单命令"PLC"→"端口设置",可选择计算机与 PLC 通信的 RS-232C 串行口(COM1～COM4)和通信速率(9600bit/s 或 19200bit/s)。

(2) 文件传送

利用菜单命令"PLC"→"传送"→"读入",将 PLC 中的程序传送到计算机中,执行完读入功能后,计算机中的顺控程序将替代被读入的程序,最好用一个新生成的程序来存放读入的程序。PLC 的实际型号与编程软件中设置的型号必须一致。传送中的"读、写"是相对于计算机而言的。

使用菜单命令"PLC"→"传送"→"写出",可将计算机中的程序发送到 PLC 中,执行写出功能时,PLC 上的 RUN 开关应处于"STOP"位置,如果使用了 RAM 或 EEPROM 存储器卡,其写保护开关应处于关断状态。在弹出的窗口中选择"范围设置",可减少写出所需的时间。

菜单命令"PLC"→"传送"→"校验"用来比较计算机和 PLC 中的顺控程序是否相同。如果二者不符合,将显示与 PLC 不相符的指令的步序号。选中某一步序号,可显示计算机和 PLC 中该步序号的指令。

(3) 寄存器数据传送

寄存器数据传送的操作与文件传送的操作类似,用来将 PLC 中的寄存器数据读入计算机,将已创建的寄存器数据成批传送到 PLC 中,或将计算机中的寄存器数据与 PLC 中的数据进行比较。

(4) 存储器清除

执行菜单命令"PLC"→"存储器清除",在弹出的窗口中可选择:

● PLC 存储空间:清除后顺控程序全为 NOP 指令,参数被设置为默认值。

● 数据元件存储空间:将数据文件缓冲区中的数据清零。

● 位元件存储空间:将位元件 X、Y、M、S、T、C 复位为 OFF 状态。

按"确认"键,执行清除操作,特殊数据寄存器的数据不会被清除。

（5）PLC 的串口设置

计算机和 PLC 之间使用 RS 通信指令和 RS-232C 通信适配器进行通信时，通信参数用特殊数据寄存器 D8120 来设置，执行菜单命令"PLC"→"串口设置（D8120）"时，在"串口设置（D8120）"对话框中设置与通信有关的参数。执行此命令时设置的参数将传送到 PLC 的 D8120 中去。

（6）PLC 口令修改与删除

● 设置新口令。执行菜单命令"PLC"→"口令修改与删除"时，在弹出的"PLC 设置"对话框的"新口令"文本框中输入新口令，单击"确定"按钮或按"Enter"键完成操作。设置口令后，在执行传送操作之前必须先输入正确的口令。

● 修改口令。在"旧口令"输入文本框中输入原有口令，在"新口令"输入文本框中输入新的口令，单击"确定"按钮或按"Enter"键，旧口令则被新口令代替。

● 清除口令。在"旧口令"文本框中输入 PLC 原有的口令，在新口令文本框中输入 8 个空格，单击"确定"按钮或按"Enter"键后，口令即被清除。执行菜单命令"PLC"→"PLC 存储器清除"后，口令也被清除。

（7）遥控运行/停止

执行菜单命令"PLC"→"遥控运行/停止"，在弹出的窗口中选择"运行"或"停止"，按"确定"按钮，可改变 PLC 的运行模式。

（8）PLC 诊断

执行"PLC"→"PLC 诊断"菜单命令，将显示与计算机相连的 PLC 的状况，给出出错信息，扫描周期的当前值、最大值和最小值，以及 PLC 的 RUN/STOP 运行状态。

（9）采样跟踪

采样跟踪的目的在于存储与时间相关的元件的动态值，并在时间表中显示，或在 PLC 中设置采样条件，显示基于 PLC 中采样数据的时间表。采样由 PLC 执行，其结果存入 PLC 中，这些数据可被计算机读入并显示出来。

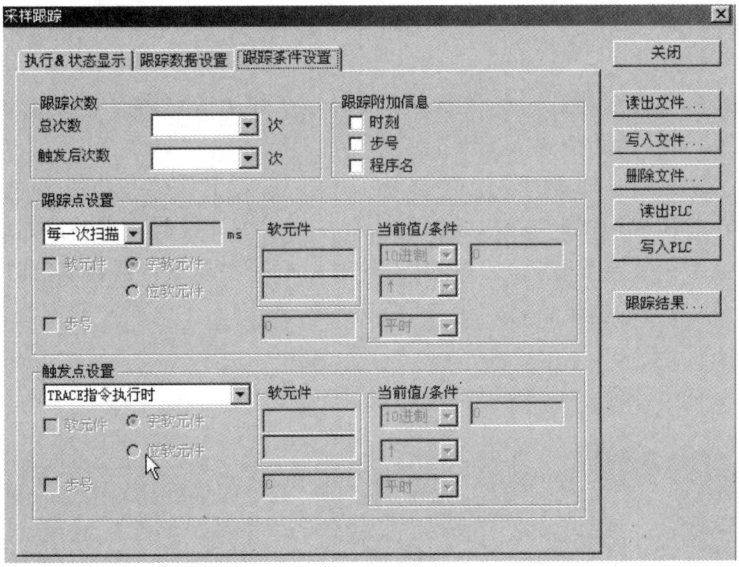

图 8-23

首先执行菜单命令"PLC"→"采样跟踪"→"参数设置",在弹出的对话框中(图 8-23)设置采样的次数、时间、元件及触发条件。采样次数的范围为 1～512,采样时间为 0～200(以 10ms 为单位)。执行"PLC"→"采样跟踪"→"运行"命令,设置的参数被写入 PLC 中。执行"PLC"→"采样跟踪"→"显示"命令,当 PLC 完成采样后,采样数据被读出并被显示。

执行"采样跟踪"中的"从结果文件中读取"和"写入结果文件"命令,采样的数据可从文件中读取,或将采样结果写入文件。

5. PLC 的监控与测试

(1) 开始监控

在梯形图方式下执行菜单命令"监控/测试"→"开始监控"后,用绿色表示触点或线圈接通,定时器、计数器和数据寄存器的当前值在元件号的上面显示。

(2) 元件监控

执行菜单命令"监控/测试"→"元件监控"后,出现元件监控画面,图中绿色的方块表示常开触点闭合、线圈通电。双击左侧的深蓝色矩形光标,出现"设置元件"对话框,输入元件号和要监视的连续的点数(元件数),可监控元件号相邻的若干个元件,可选择显示的数据是 16 位的还是 32 位的。在监控画面中用鼠标选中某一被监控元件后,按"DEL"键可将它删除,停止对它的监控。使用菜单命令"视图"→"显示元件设置",可改变元件监控时显示的数据位数和显示格式(如十进制/十六进制)。

(3) 强制 ON/OFF

执行菜单命令"监控/测试"→"强制 ON/OFF",在弹出的"强制 ON/OFF"对话框的"元件"栏内输入元件号,选"设置"(应为置位)后按"确定"键,可令该元件为 ON。选"重新设置"(应为复位,Reset)后按"确定"键,可令该元件为 OFF。按"取消"按钮,关闭"强制 ON/OFF"对话框。

(4) 强制 Y 输出

菜单命令"监控/测试"→"强制 Y 输出"与"监控/测试"→"强制 ON/OFF"的使用方法相同,只是在弹出的窗口中,ON 和 OFF 取代了"设置"和"重新设置"。

(5) 改变当前值

执行菜单命令"监控/测试"→"改变当前值"后,在弹出的对话框中输入元件号和新的当前值,按"确定"按钮后新的值送入 PLC。

(6) 改变计数器或定时器的设定值

该功能仅在监控梯形图时有效,如果光标所在位置为计数器或定时器的线圈,执行菜单命令"监控/测试"→"改变设置值"后,在弹出的对话框中将显示计数器或定时器的元件号和原有的设定值,输入新的设定值,按"确定"按钮后送入 PLC。用同样的方法可以改变 D、V 或 Z 的当前值。

8.2.4 指令系统简介

基 本 指 令

格 式	梯形图符号	操作数的含义及范围	指令功能及执行指令对标志位的影响
LD N	⊣ ⊢ N	N 的范围是：X、Y、M、S、T、C 以位为单位进行操作 X、Y 地址编号采用八进制，其它均采用十进制	常开触点与左侧母线相连接的指令 指令执行结果不影响标志位
LDI N	⊣/⊢ N		常闭触点与左侧母线相连接的指令 指令执行结果不影响标志位
AND N	⊣ ⊢ N	N 的范围是：X、Y、M、S、T、C 以位为单位进行操作	常开触点与其他程序段相串联的指令 指令执行结果不影响标志位
ANI N	⊣/⊢ N		常闭触点与其他程序段相串联的指令 指令执行结果不影响标志位
OR N	N ⊣ ⊢	N 的范围是：X、Y、M、S、T、C 以位为单位进行操作	常开触点与其他程序段相并联的指令 指令执行结果不影响标志位
ORI N	N ⊣/⊢		常闭触点与其他程序段相并联的指令 指令执行结果不影响标志位
OUT N	—(N)	N 的范围是：Y、M、S、T、C 以位为单位进行操作	把运算结果输出到某个继电器的指令 指令执行结果不影响标志位
NOP	无	无操作数	空操作指令。该指令不执行任何操作
END	—[END]		程序结束指令
ORB	(串联触点组符号)	无操作数	串联触点组相并联连接的指令 指令执行结果不影响标志位
ANB	(并联触点组符号)		并联触点组相串联连接的指令 指令执行结果不影响标志位
MPS MRD MPP	无	无操作数	进栈、读栈、出栈，用于多重输出电路 可将连接点先存储，用于连接后面的电路 MPS、MPP 指令必须成对使用，而且连续使用应少于 11 次
T N K	—[T N / K]	N 是定时器号，范围为 100msT0～T199 定时时间为 0.1s～3276.7s 10msT200—T245 定时时间为 0.01s～327.67s K 是定时器设定值（1～32767）	接通延时 ON 定时器指令 从输入条件为 ON 时开始定时，定时时间到，定时器的输出为 ON 且保持；当输入条件变为 OFF 时，定时器复位，输出变为 OFF，并停止定时，其当前值 PV 恢复为初值 定时器无掉电保持功能

格　式	梯形图符号	操作数的含义及范围	指令功能及执行指令对标志位的影响
MC MCR	 MC N SV MCR N	两条指令的操作目标元件是 Y、M,但不允许使用特殊继电器 M 在 MC 指令内再使用 MC 指令时,嵌套级 N 的编号(0～7)顺次增大,返回用 MCR 指令,从大的嵌套级开始解除 特殊辅助继电器不能用做 MC 的操作	MC 为主控指令,用于公共串联触点的连接 MCR 为主控复位指令,即作为 MC 的复位指令 在编程时,经常遇到多个线圈同时受一个或一组触点的控制。如果在每个线圈的控制电路中都串入同样的触点,将多占用存储单元,应用主控指令可解决这一问题 使用主控指令的触点称为主控触点,它在梯形图中与一般的触点垂直。它们是与母线相连的常开触点,是控制一组电路的总开关
C　N K	C N K	N 是计数器的 TC 号,范围为: C000～C99 通用型 C100～C199 断电保持型 K 是计数器的设定值(1～32767)	单向加计数器指令 从 CP 端输入计数脉冲,当计数满设定值时,其输出为 ON 且保持,并停止计数。只要复位输入为 ON,计数器即复位为 OFF,并停止计数,计数器有掉电保持功能
SET N	SET N	N 的范围是:Y、M、S 以位为单位进行操作	当执行条件为 ON 时,将指定的继电器置为 ON 且保持 指令执行结果不影响标志位
RST N	R S T N	N 的范围是: Y、M、S、V、Z、T、C 以位为单位进行操作	当执行条件为 ON 时,将指定的继电器置为 OFF 且保持 (1) RST 指令既可用于计数器复位,使其当前值恢复至设定值;也可用于复位移位寄存器,清除当前内容 (2) 在任何情况下,RST 指令优先,当 RST 输入有效时,不接受计数器和移位寄存器的输入信号
PLS N	PLS N	N 的范围是:Y、M 以位为单位进行操作	当执行条件由 OFF 变为 ON 时,将指定的继电器接通一个扫描周期,上升沿产生脉冲输出 指令执行结果不影响标志位
PLF N	PLF N		当执行条件由 ON 变为 OFF 时,将指定的继电器接通一个扫描周期,下降沿产生脉冲输出 指令执行结果不影响标志位
STL RET	Sn RET	Sn 的范围是:S 步进 STL 的状态继电器常开触头称为 STL 触头,没有常闭 STL 触头	步进指令 STL 只有与状态继电器 S 配合,才有步进功能 步进复位指令,最后一步应有 RET 指令

功 能 指 令

指令类型	指令名称	功能编号	指令助记符	操作元件		程序步(步)	指令功能
程序流向控制	条件跳步	00	CJ、CJ(P)	标号 P0～P63(P63 即 END)		16 位操作指令 3 标号 P××1	使程序转移到指针所标位置
	子程序调用	01	CALL CALL(P)	标号 P0～P62 嵌套 5 级			调用执行子程序
	子程序返回	02	SRET	无		16 位操作指令 1(中断指针) 1×××占 1 步	从子程序返回执行
	中断返回	03	IRET				从中间子程序返回运行
	开中断	04	EI				允许中断
	关中断	05	DI				禁止中断
	主程序结束	06	FEND				主程序结束
	警戒时钟刷新	07	WDF WDT(P)				警戒时钟刷新
	循环开始	08	FOR	[S·] KnM、KnS、T、C、D、K、H KnX、KnY、V、Z		16 位操作 3 嵌套 5 级	循环开始
	循环结束	09	NEXT	无		16 位操作 1	循环结束
数据传送和比较	数据比较	10	CMP CMP(P) (D)CMP (D)CMP(P)	[S1·] [S2·] K、H、KnX、KnY、KnM、KnS、T、C、D、V、Z	[D·] Y、S、M 三个连续元件	16 位操作 7 32 位操作 13	将源[S1·]与[S2·]内数据进行比较,结果送到目标元件(三个连续元件)中,以判断两数大小,或相等否
	数据区间比较	11	ZCP ZCP(P) (D)ZCP (D)ZCP(P)	[S1·] [S2·] [S3·] K、H、V、Z KnX、KnY、KnM、KnS、T、C、D	[D·] Y、M、S 三个连续元件		将源[S3·]和数据区间[S1·]与[S2·]进行比较,结果送目标元件(三个连续元件)中

续表

指令类型	指令名称	功能编号	指令助记符	操作元件		程序步(步)	指令功能
数据传送和比较	数据传送	12	MOV MOV(P) (D)MOV (D)MOV(P)	[S·] K、H KnX、KnY、KnM、KnS、T、C、D、V、Z(RAM)文件寄存器	[D·] KnY、KnM、KnS、T、C、D、V、Z n: K、H	16位操作5 32位操作9	将源数据传送到指定目标
	移位传送	13	SMOV SMOV(P)			16位操作11	将源[S·]中的二进制数转换成BCD码,然后移位传送
	数据取反传送	14	CML CML(P) (D)CML (D)CML(P)			16位操作5 32位操作9	将源数据逐位取反并传送到指定目标[D·]中
	数据块传送	15	BMOV BMOV(P)				从源操作数指定元件开始的几个数据传送到指定目标
	多点数据	16	FMOV FMOV(P)	[S·] KnX、KnY、KnM、KnS、T、C、D、V、Z	[D·] KnY、KnM、KnS、T、C、D、V、Z · n K、H	16位操作7	将源元件中的数据传送到指定目标开始的几个元件中去
	数据交换	17	XCH XCH(P) (D)XCH (D)XCH(P)	[D1·] [D2·] KnX、KnY、KnM、KnS、T、C、D、V、Z		16位操作5 32位操作9	将数据在指定元件中交换
	BCD变换	18	BCD BCD(P) (D)BCD (D) BCD(P)	[S·] K、H、KnX、KnY、KnM、KnS、T、C、D、V、Z	[D·] KnY、KnM、KnS、T、C、D、V、Z	16位操作5 32位操作9	将源元件中的二进制数转换成BCD码并传送到目标元件中去
	BIN变换	19	BIN、BIN(P) (D)BIN (D)BIN(P)				将源元件中的BCD码转换成二进制数并传送到目标元件中去

续表

指令类型	指令名称	功能编号	指令助记符	操作元件		程序步（步）	指令功能
算术运算和逻辑运算	加法	20	ADD ADD(P) (D)ADD (D)ADD(P)	[S1·][S2·]	[D·]	16 位操作 7	将指定源元件中的二进制数代数相加，结果存放到指定目标元件中
	减法	21	SUB SUB(P) (D)SUB (D)SUB(P)	K、H、KnX、KnY、KnM、KnS、T、C、D、V、Z	KnY、KnM、KnS、T、C、D、V	32 位操作 13	指定元件[S1·]中的数减去[S2·]中的数，差值送到指定目标元件中
	乘法	22	MUL MUL(P) (D)MUL (D)MUL(P)				将指定两个源元件中的 16 位或 32 位数相乘，结果送到目标元件中
	除法	23	DIV DIV(P) (D)DIV (D)DIV(P)				[S1·]为指定被除数，[S2·]为指定除数，商送到指定目标元件中，余数存入[D·]的下一个元件中
	加 1	24	INC、INC(P) (D)INC (D)INC(P)	[D·]		16 位操作 3 32 位操作 5	目标元件当前值 1
	减 1	25	(D)DEC (D)DEC(P)	K、H、KnX、KnY、KnM、KnS、T、C、D、V、Z			目标元件当前值减 1
	逻辑与	26	AND AND(P) (D)AND (D)AND(P)	[S1·][S2·]	[D·]		源元件参数以位为单位作"与"运算，结果存入目标元件中
	逻辑或	27	WOR WOR(P) (D)OR (D)OR(P) WXOR WXOR(P)	K、H、KnX、KnY、KnM、KnS、T、C、D、V、Z	KnY、KnM、KnS、T、C、D、V、Z	16 位操作 7 32 位操作 13	源元件参数以位为单位作"或"运算，结果存入目标元件中
	逻辑异或	28	(D)XOR (D)XOR(P)				两个源文件参数以位为单位作"异或"运算，结果存入目标元件中
	求补	29	NEG NEG(P) (D)NEG (D)NEG(P)	[D·]		16 位操作 3 32 位操作 5	将指定操作元件[D·]中的数每位取反后再加 1，结果存入同一元件（目标元件补码）中
				KnY、KnM、KnS、T、C、D、V、Z			

续表

指令类型	指令名称	功能编号	指令助记符	操作元件			程序步(步)	指令功能
循环与移位	右循环	30	ROR ROR(P) (D)ROR (D)ROR(P)	[D·] KnY、KnM、KnS、T、C、D、V、Z 移位量 n≤16（16 位指令） n≤32（32 位指令）	n K、H		16 位操作 5 32 位操作 9 标志 M8022（进位）	使操作元件[D·]中的数据循环右移 n 位
	左循环	31	ROL ROL(P) (D)ROL (D)ROL(P)					使操作元件[D·]中的数据循环左移 n 位
	带进位右循环	32	RCR、RCR(P) (D)RCR (D)RCR(P)	[D·] KnX、KnY、KnM、KnS、T、C、D、V、Z 移位量 n≤l6（16 位） n≤32（32 位）	n K、H K=4 Kn=8		16 位操作 5 32 位操作 9 标志 M8022（进位）	使操作元件[D·]中的数带进位一起右移 n 位
	带进位左循环	33	RCL、RCL(P) (D)RCL (D)RCL(P)					使操作元件[D·]中的数带进位一起左移 n 位
	位右移	34	SFTR SFTR(P)	[S·] X,Y,M,S	[D·] Y,M,S	n1、n2 K、H n2≤n1 cs≤1024	16 位操作 9	将源元件 S 为首址的 n2 位位元件状态存到长度为 n1 的位栈中,位栈右移 n2 位
	位左移	35	SFTL SFIL(P)					将源元件 S 为首址的 1 位位元件内容存到长度为 n1 的位栈中,位栈左移 n2 位
	字右移	36	WSFR WSFR(P)	[S·] KnX、KnY、KnM、KnS、T、C、D、V、Z	[D·] KnX、KnY、KnM、KnS、T、C、D、标志 8022 进位	n1、n2 K、H n2≤n1 ≤512		将源元件 S 为首址的 n2 位字元件内容存到长度为 n1 的字栈中,字栈右移 n2 位
	字左移	37	WSFL WSFL(P)					将源元件 S 为首址的 n2 位字元件内容存到长度为 n1 的字栈中,字栈左移 n2 位
	FIFO 写入（First-in/First-out）	38	SFWR SFWR(P)	[S·] K、H、KnX、KnY、KnM、KnS、T、C、D、V、Z	[D·] KnY、KnM、KnS、T、C、D、标志:8022（进位）		16 位操作 7	将源元件 S 的内容写到以目标元件 D 为首址的堆栈中（长度为 n 位）
	FIFO 读出	39	SFRD SFRD(P)					将以源元件 S 为首址、长度为 n 位的堆栈内容读到目标元件 D 中

续表

指令类型	指令名称	功能编号	指令助记符	操作元件			程序步（步）	指令功能
数据处理	区间复位	40	ZRST ZRST(P)	[D1·]　[D2·] Y，M，S，T，C，D D1 号≤D2 号			16 位操作 5	将指定目标同一类型元件复位（数据元件当前值为 0，位元件状态置 OFF）
	解码	41	DECO DECO(P)	[S·] K，H， X，Y， M，S， T，C， D，V、Z	[D·] Y，M， S，T， C，D	n D= Y，M、 S N＝1 ～8 D＝ T，C， D N＝1 ～4	16 位操作 7	将目标元件的某一位置"1"，其他位置"0"。 置"1"位位置由源数 S 为首址的 n 位连续位元件或数据寄存器所示的十进制码决定
	ON 位总数	43	SUM SUM(P) (D)SUM (D)SUM(P)	[S·] KnX， KnY， KnM， KnS，T， C，D， V、Z	[D·] KnX，　KnY， KnM，KnS，T， C，D，V、Z。 V、Z 标志： M8020(0)		16 位操作 7 32 位操作 9	统计源数置 ON 位的总和，结果存放到目标元件中
	ON 位判别	44	BON BON(P) (D)BON (D)BON(P)	[S·] KnX， KnY， KnM， KnS，T， C，D， V、Z	[D·] Y、 M、 S	n K，H 16 位操 作 n＝ 0～15， 32 位操 作 n＝ 0～31	16 位操作 7 32 位操作 13	判断源元件数第 n 位的状态，结果存放到目标元件中。n 表示相对源元件首址的偏移量，如 n＝0 判断第 1 位，n＝15 则判断第 16 位
	平均值	45	MEAN MEAN(P)	[S·] KnX， KnY， KnM， KnS，T， C，D， V、Z	[D·] KnX， KnY， KnM， KnS，T， C，D， V、Z	n K，H N＝1 ～64	16 位操作 7	计算 n 个源数据的平均值，结果送到指定目标，余数略去
	报警器置位	46	ANS	[S·] T0～T199 (100ms 单位)	[D·] S900 ～S999	n K，H N＝1 ～32767		启动定时器，时间到(n×100ms)，指定目标状态元件置 ON
	报警器复位	47	ANR ANR(P)	无			16 位操作 1	将 S900～S999 之间被置为 ON 的报警器依次复位

指令类型	指令名称	功能编号	指令助记符	操作元件				程序步(步)	指令功能
高速处理	刷新	50	REF REF(P)	[D·] 高低位为0的X、Y	n K、H8的倍数			16位操作5	将以目标元件为首址的连续n个元件刷新(目标元件首址为10的倍数,n为8的倍数)
	修改数字滤波时间常数	51	IUKFT REFF(P)	n 0～60ms				16位操作3	刷新输入X0～X7,修改滤波时间常数(10ms→nms)
	矩阵输入	52	MTR	[S·] 最低位为0的X	[D1·] 最低位为0的Y	[D2·] 最低位为0的Y、M、S	n 2～8	16位操作9 标志:M8029(完成)	将连续排列的8点输入与n点输出组成8列xn行的输入矩阵,并把处理结果存放到以m为首址的矩阵表中
	高速计数置位	53	(D)HSCS	[S1·] KnX、KnY、KnM、KnS、T、C、D、V、Z	[S2·] C235～C255	[D·] Y,M,S		32位操作13	将指定计数器当前值与源数[S1·]相比较,若相等,则将目标元件[D·]置ON
	高速计数复位	54	(D)HSCR						将指定计数器的当前值与源数[S1·]相比较,若相等,将目标元件[D·]置OFF
	高速计数区间比较	55	(D)HSZ	[S1·] KnX、KnY、KnM、KnS、T、C、D、V、Z [S·] C235～C255	[S2·]	[D·] Y,MS		16位操作17	将指定计数器的当前值与指定数据区间比较,结果驱动以目标元件[D·]为首址的连续三个元件。其工作方式与ZCP(FNC11)指令相同
	速度检测	56	SPD	[S1·] X0－X5	[S2·] KnX,KnY,KnM,KnS,T,C,D,V,Z	[D·] T、C、D、V、Z三个连续元件		16位操作7	在[S2·]设定的时间内(ms),对[S1·]输入脉冲计数,计数当前值存入D+1,终值存入D,当前计数剩余时间存入D+2

续表

指令类型	指令名称	功能编号	指令助记符	操作元件				程序步(步)	指令功能
高速处理	脉冲输出	57	PLSY (D)PLSY	[S1·][S2·]		[D·]			将 S2 设定的脉冲数量,以 S1 设定的频率从目标元件 D 输出
	脉宽调制输出	58	PWM	KnX,KnY、KnM、KnS、C、D、V、Z		Y		16 位操作 7 32 位操作 13 16 位操作 7	将 S2 设定的脉冲周期(ms)、S1 设定的脉冲度(ms)的脉冲序列从目标元件输出
	置初始状态	60	IST	[S·] X、Y、M、S,8 个连续元件	[D1·][D2·] S20~S899 D1< D2				自动设置 STL 指令的多种运行模式,如手动、自动等
	绝对值式凸轮控制	62	ABSD	[S1·] KnX、KnY、KnM、KnS 8 个一组 T、C、D	[S2·] 两个连续计数器	[D·] Y、M、S,n 个连续元件	n K、H n≤64	16 位操作 9	根据计数值输出一组波形
	增量凸轮顺控	63	INCD						根据 S2、S2+1 的当前值,顺序输出 n 个波形
	示教定时器	64	TTMR	[D·] D 两个连续元件		n K n=0~2		16 位操作 5	监视输入信号作用时间,将结果存放到数据寄存器
	特殊定时器	65	STMR	[S·] 90—T199 (100ms)	[D·] Y、M、S、4 个连续元件	n K、H n=1 ~32767		16 位操作 7	产生延时断开定时器、脉冲中定时器、闪烁定时器
	交替输出	66	ALT、ALT(P)	[D·] Y、M、S				16 位操作 3	对输出元件状态取反
	斜波信号	67	RAMP	[S1·][S2·][D·] D 两个连续数据寄存器		n K、D n= 1~ 32767		16 位操作 9	在两个数值之间按斜率产生数值
	旋转台控制	68	R07C	[S·]		m1 m2			把旋转工作台移动到指定位置

续表

指令类型	指令名称	功能编号	指令助记符	操作元件				程序步(步)	指令功能
外部 I/O 设备	十六键输入	71	HKY (D) HKY	X 4个连续元件	Y 4个连续元件	T、C、D、V、Z 32位操作2个连续元件	Y、M、S 8个连续元件	16 位操作 9 32 位操作 17	从16键键盘读入数据或功能
	字开关	72	DSW	X	Y	T、C、D、V、Z	K、H，n=1或2	16 位操作 9	用来读入一或两个 4 位数字开关的设置值
	七段解码	73	SEGD、SEGD(P)	[S·] K、H、KnX、KnY、KnM、KnS、T、C、D、V、Z,使用低四位		[D·] KnX、KnY、KnM、KnS、T、C、D、V、Z,高 8 位保持不变		16 位操作 5 32 位操作 5	十六进制数被译为可驱动七段显示的格式
	带锁存七段显示	74	SEGL	[S·] K、H、KnX、KnY、KnM、KnS、T、C、D、V、Z		[D·] Y	n K、H N=0~3,1组，N=4~7,2组	16 位操作 7	写数到扫描式数字显示每组 4 位，最大 2 组，用于控制 1~2 组、7 段显示
	方向开关	75	ARWS	[S·] X,Y,M,S 4个连续元件	[D1·] T、C、D、V、Z,十六进制	[D2·] Y 8个连续元件	n K、H，n=0~3	16 位操作 9	设立用户自定义（4 键）数值输入面板

续表

指令类型	指令名称	功能编号	指令助记符	操作元件				程序步(步)	指令功能
外部I/O设备	ASCII变换	76	ASC	[S·] 0～9,A～Z,a～z,一次仅转换8个字符	[D·] T,C,D 4个连续元件			16位操作7	将字母数字转换成相应的ASCII码
	打印	77	PR	[S·]	[D·]			16位操作5	将ASCII数据输出到显示单元
	读特殊功能模块	78	FROM FROM(P) (D)FROM (D)FROM(P)	m1 K,H,0～7	m2 K,H,0～31	[·D] KnX、KnY、KnM、KnS、T,C,D,V,Z	n K,H,1～32(16位操作)、1～16(32位操作)	16位操作9 32位操作17	读特殊功能模块数据缓冲区中的数据
	写特殊功能模块	79	TO、TO(P) (D)TO (D)TO(P)						将数据写到特殊功能模块的数据缓冲存储区
外部设备	并联运行	81	PRUN PRUN(P) (D)PRUN (D)PRUN(P)	[S·] KnX、KnM	[D·] KnY、KnM			16位操作5 32位操作9	控制并联运行适配器
				N=1～8,位元件首址为10倍数					
	读变量	85	VRRD VRRD(P)	[S·] K、H S=0～7	[D·] KnX、KnY、KnM、KnS、T、C、D、V、Z			16位操作5	读入FX-8AV的8个输入中某一个模拟量,读FX-8AV变量设定值
	变量整标	86	VRSC VRSC(P)						
外接F2设备	NET/MINI网	90	MNET MNET(P)	[S·] X	[D·] Y			16位操作5	用于FX2系列PC与P-16NP/NT通信(位状态标志通信)
				8个连续元件					
	模拟量输入	91	ANRD ANRD(P)	[S·] X 8个连续元件	[D1·] Y	[D2·] KnX、KnY、KnM、KnS、T、C、D、V、Z	n K、H N=10～13	16位操作9	从F2-6A的输入通道n读入模拟量并存放到目标元件m中(与FX2-24EI一起使用)

指令类型	指令名称	功能编号	指令助记符	操作元件				程序步(步)	指令功能
外接 F2 设备	模拟量输出	92	ANWR ANWR(P)	[S1·] K、Y、K、M、K、S、T、C、D、V、Z	[D1·] X 8个连续元件	[D2·] Y	n K、H0 或1	16位操作 7 32位操作 13	将存放在 S1 中的模拟输出量写到 F2-6A 的通道 n(1 通道或0 通道)
	RM 单元启动	93	RMST	[S1·] X 连续8个元件	[D1·] Y	[D2·] Y、M、S	n K、H、0 或1		启动运行 F2-32RM,并监视它的运行状态
	RM 单元写	94	RMWR RMWR(P) (D)RMWR (D)RMWR(P)	[S1·] Y、M、S	[S2·] X 8个连续元件	[D·] Y			将禁止输出信号写到 F2-32RM 可编程 CAM 开关中(与 FX2-24EI 一起使用)
	RM 单元读	95	RMRD RMRD(P) (D)RMRD (D)RMRD(P)	[S·] X 8 个连续元件	[D1·] Y	[D2·] Y、M、S 16位操作 16 个连续元件 32位操作 32 个连续元件		16位操作 7 32位操作 13	将 F2-32RM 的 ON/OFF 状态读入 FX2 系列 FC(与 FX2-24EI 一起使用)

8.3　西门子可编程控制器简介

8.3.1　I/O 通道及内部继电器定义号分配

PLC 的存储器分为程序区、系统区、数据区。

程序区用于存放用户程序,存储器为 EEPROM。

系统区用于存放有关 PLC 配置结构的参数,如 PLC 主机及扩展模块的 I/O 配置和编址配置 PLC 站地址,设置保护口令、停电记忆保持区、软件滤波功能等,存储器为 EEP-ROM。

数据区是 S7-200 CPU 提供的存储器的特定区域。它包括输入映像寄存器(I)、输出映像寄存器(Q)、变量存储器(V)、内部标志位存储器(M)、顺序控制继电器存储器(S)、特殊标志位存储器(SM)、局部存储器(L)、定时器存储器(T)、计数器存储器(C)、模拟量输入映像寄存器(AI)、模拟量输出映像寄存器(AQ)、累加器(AC)、高速计数器(HC)。数据区空间是用户程序执行过程中的内部工作区域。数据区使 CPU 运行更快、更有效。存储器为 EEPROM 和 RAM。

　　用户对程序区、系统区和部分数据区进行编辑,编辑后写入 PLC 的 EEPROM。RAM 为 EEPROM 存储器提供备份存储区,用于 PLC 运行时动态使用。RAM 由大容量电容作停电保持。

　　1. 数据区存储器的地址表示格式

　　存储器是由许多存储单元组成的,每个存储单元都有唯一的地址,可以依据存储器地址存取数据。数据区存储器地址的表示格式有位、字节、字、双字地址格式。

　　(1)位地址格式

　　数据区存储器区域的某一位的地址格式是由存储器区域标识符、字节地址及位号构成的。

　　(2)字节、字、双字地址格式

　　数据区存储器区域的字节、字、双字地址格式由区域标识符、数据长度以及该字节、字或双字的起始字节地址构成。

　　(3)其他地址格式

　　数据区存储器区域中还包括定时器存储器(T)、计数器存储器(C)、累加器(AC)、高速计数器(HC)等,它们是模拟相关的电器元件的。它们的地址格式为:区域标识符和元件号。例如,T24 表示某定时器的地址,T 是定时器的区域标识符,24 是定时器号。

　　2. 数据区存储器区域

　　(1)输入/输出映像寄存器(I/Q)

　　● 输入映像寄存器(I)。PLC 的输入端子是从外部接收输入信号的窗口。每一个输入端子与输入映像寄存器(I)的相应位相对应。输入点的状态,在每次扫描周期开始(或结束)时进行采样,并将采样值存于输入映像寄存器,作为程序处理时输入点状态的依据。输入映像寄存器的状态只能由外部输入信号驱动,而不能在内部由程序指令来改变。输入映像寄存器(I)的地址格式为

　　位地址:I[字节地址].[位地址]

　　字节、字、双字地址:I[数据长度][起始字节地址]

　　例如,I1.0、IB4、IW6、ID10。

　　CPU226 模块输入映像寄存器的有效地址范围为:I(0.0～15.7)、IB(0～15)、IW(0～14)、ID(0～12)。

　　● 输出映像寄存器(Q)。每一个输出模块的端子与输出映像寄存器的相应位相对应。CPU 将输出判断结果存放在输出映像寄存器中,在扫描周期的结尾,CPU 以批处理方式将输出映像寄存器的数值复制到相应的输出端子上。通过输出模块将输出信号传送给外部负载。可见,PLC 的输出端子是 PLC 向外部负载发出控制命令的窗口。输出映像寄存器(Q)地址格式为

　　位地址:Q[字节地址].[位地址]

　　字节、字、双字地址:Q[数据长度][起始字节地址]

　　例如,Q1.1、QB5、QW8、QD11。

CPU226 模块输出映像寄存器的有效地址范围为：Q(0.0～15.7)、QB(0～15)、QW(0～14)、QD(0～12)。

I/O 映像区实际上就是外部输入/输出设备状态的映像区，PLC 通过 I/O 映像区的各个位与外部物理设备建立联系。I/O 映像区每个位都可以映像输入、输出单元上的每个端子状态。

在执行程序的过程中，对于输入或输出的存取，通常是通过映像寄存器，而不是实际的输入、输出端子。

梯形图中的输入/输出继电器的状态对应于输入/输出映像寄存器相应位的状态。使得系统在程序执行期间完全与外界隔开，从而提高了系统的抗干扰能力。建立了 I/O 映像区，用户程序存取映像寄存器中的数据要比存取输入/输出物理点快得多，加速了运算速度。此外，外部输入点的存取只能按位进行，而 I/O 映像寄存器的存取可按位、字节、字、双字进行，因而使操作更快更灵活。

(2) 内部标志位存储器(M)

内部标志位存储器也称内部线圈，是模拟继电器控制系统中的中间继电器，它存放中间操作状态，或存储其他相关的数据。内部标志位存储器(M)以位为单位使用，也可以字节、字、双字为单位使用。内部标志位存储器的地址格式为

位地址：M[字节地址].[位地址]

字节、字、双字地址：M[数据长度][起始字节地址]

例如，M26.1、MB11、MW23、MD26。

CPU226 模块内部标志位存储器的有效地址范围为：M(0.0～31.7)、MB(0～31)、MW(0～30)、MD(0～28)。

(3) 变量存储器(V)

变量存储器存放全局变量、程序执行过程中控制逻辑操作的中间结果或其他相关的数据。变量存储器是全局有效的。全局有效是指同一个存储器可以在任一程序分区(主程序、子程序、中断程序)被访问。变量存储器的地址格式为

位地址：V[字节地址].[位地址]

字节、字、双字地址：V[数据长度][起始字节地址]

例如，V10.2、VB20、VW100、VD320。

CPU226 模块变量存储器的有效地址范围为：V(0.0～5119.7)、VB(0～5119)、VW(0～5118)、VD(0～5116)。

(4) 局部存储器(L)

局部存储器用来存放局部变量。局部存储器是局部有效的。局部有效是指某一局部存储器只能在某一程序分区(主程序或子程序或中断程序)中使用。

S7-200PLC 提供 64 个字节局部存储器(其中 LB60～LB63 为 STEP7-Micro/WlN32V3.0 及其以后版本软件所保留)；局部存储器可用做暂时存储器或为子程序传递参数。

可以按位、字节、字、双字访问局部存储器。可以把局部存储器作为间接寻址的指针，但是不能作为间接寻址的存储器区。局部存储器(L)的地址格式为

位地址：L[字节地址].[位地址]

字节、字、双字：L[数据长度][起始字节地址]

例如，L0.0、LB33、LW44、LD55。

CPU226 模块局部存储器的有效地址范围为：L(0.0～63.7)、LB(0～63)、LW(0～62)、LD(0～60)。

（5）顺序控制继电器存储器(S)

顺序控制继电器存储器用于顺序控制(或步进控制)。顺序控制继电器(SCR)指令基于顺序功能图(SFC)的编程方式。SCR 指令将控制程序的逻辑分段，从而实现顺序控制。顺序控制继电器存储器的地址格式为

位地址：S[字节地址].[位地址]

字节、字、双字地址：S[数据长度][起始字节地址]

例如，S3.1、SB4、SW10、SD21。

CPU226 模块顺序控制继电器存储器的有效地址范围为：S(0.0～31.7)、SB(0～31)、SW(0～30)、SD(0～28)。

（6）特殊标志位存储器(SM)

特殊标志位存储器即特殊内部线圈。它是用户程序与系统程序之间的界面，为用户提供一些特殊的控制功能及系统信息，用户对操作的一些特殊要求也通过特殊标志位存储器通知系统。特殊标志位区域分为只读区域(SM0～SM29)和可读写区域。在只读区域特殊标志位，用户只能利用其触点。例如：

SM0.0   RUN 监控，PLC 在 RUN 方式时，SM0.0 总为 1。

SM0.1   初始脉冲，PLC 由 STOP 转为 RUN 时，SM0.1 接通一个扫描周期。

SM0.3   PLC 上电进入 RUN 方式时，SM0.3 接通一个扫描周期。

SM0.5   秒脉冲，占空比为 50%，周期为 1s 的脉冲等。

可读写特殊标志位用于特殊控制功能。例如，用于自由通信口设置的 SMB30，用于定时中断间隔时间设置的 SMB34～SMB35，用于高速计数器设置的 SMB36～SMB65，用于脉冲串输出控制的 SMB66～SMB85……

特殊标志位存储器(SM)的地址表示格式为

位地址：SM[字节地址].[位地址]

字节、字、双字地址：SM[数据长度][起始字节地址]

例如，SM0.1、SMB86、SMW100、SMD12。

CPU226 模块特殊标志位存储器的有效地址范围为 SM(0.0～549.7)、SMB(0～549)、SMW(0～548)、SMD(0～546)。

（7）定时器存储器(T)

定时器是模拟继电器控制系统中的时间继电器。S7-200 PLC 定时器的时基有三种：1ms、10ms、100ms。通常定时器的设定值由程序赋予，需要时也可在外部设定。

定时器存储器地址表示格式为 T[定时器号]，如 T24。S7-200 PLC 定时器存储器的有效地址范围为 T(0～255)。

（8）计数器存储器(C)

计数器用于累计其计数输入端脉冲电平由低到高的次数，有三种类型：增计数、减计数、增减计数。通常计数器的设定值由程序赋予，需要时也可在外部设定。

计数器存储器地址表示格式为 C[计数器号],如 C3。S7-200PLC 计数器存储器的有效地址范围为 C(0～255)。

(9) 模拟量输入映像寄存器(AI)

模拟量输入模块将外部输入的模拟信号的模拟量转换成 1 个字长的数字量,存放在模拟量输入映像寄存器中,供 CPU 运算处理。模拟量输入的值为只读值。模拟量输入映像寄存器的地址格式为:AIW[起始字节地址],如 AIW4。模拟量输入映像寄存器的地址必须用偶数字节地址(如 AIW0,AIW2,AIW4,…)来表示。CPU226 模块模拟量输入映像寄存器的有效地址范围为 AIW0～AIW62。

(10) 模拟量输出映像寄存器(AQ)

CPU 运算的相关结果存放在模拟量输出映像寄存器中,供 D/A 转换器将 1 个字长的数字量转换为模拟量,以驱动外部模拟量控制的设备。模拟量输出映像寄存器中的数字量为只写值。模拟量输出映像寄存器的地址格式为:AQW[起始字节地址],如 AQW10。模拟量输出映像寄存器的地址必须使用偶数字节地址(如 AQW0,AQW2,AQW4,…)来表示。CPU226 模块模拟量输出存储器的有效地址范围为 AQW0～AQW62。

(11) 累加器(AC)

累加器是用来暂时存储计算中间值的存储器,也可向子程序传递参数或返回参数。S7-200 CPU 提供了 4 个 32 位累加器(AC0、AC1、AC2、AC3)。累加器的地址格式为:AC[累加器号],如 AC00。CPU226 模块累加器的有效地址范围为 AC0～AC3。

累加器是可读写单元,可以按字节、字、双字存取累加器中的数值。由指令标识符决定存取数据的长度。例如,MOVB 指令存取累加器的字节,DECW 指令存取累加器的字,IN-CD 指令存取累加器的双字。按字节、字存取时,累加器只存取存储器中数据的低 8 位、低 16 位;以双字存取时,则存取存储器的 32 位。

(12) 高速计数器(HC)

高速计数器用来累计高速脉冲信号。当高速脉冲信号的频率比 CPU 扫描速率更快时,必须要用高速计数器计数。高速计数器的当前值寄存器为 32 位(bit),读取高速计数器当前值应以双字(32 位)来寻址。高速计数器的当前值为只读值。

高速计数器地址格式为:HC[高速计数器号],如 HC1。CPU226 模块高速计数器的有效地址范围为 HC0～HC5。

3. 特殊存储器(SM)标志位

状态位(SMB0)

SM 位	描　　　述
SM0.0	CPU 运行时,该位始终为 1
SM0.1	该位在首次扫描时为 1
SM0.2	若保持数据丢失,则该位在一个扫描周期中为 1
SM0.3	开机后进入 RUN 方式,该位将接通一个扫描周期
SM0.4	该位提供周期为 1min、占空比为 50% 的时钟脉冲

续表

SM 位	描　述
SM0.5	该位提供周期为 1s、占空比为 50% 的时钟脉冲
SM0.6	该位为扫描时钟，本次扫描时置 1，下次扫描时置 0
SM0.7	该位指示 CPU 工作方式开关的位置（0 为 TERM 位置，1 为 RUN 位置）。在 RUN 位置时，该位可使自由端口通信方式有效；在 TERM 位置时，可与编程设备正常通信

状态位（SMB1）

SM 位	描　述
SM1.0	指令执行的结果为 0 时，该位置 1
SM1.1	执行指令的结果溢出或检测到非法数值时，该位置 1
SM1.2	执行数学运算的结果为负数时，该位置 1
SM1.3	除数为零时，该位置 1
SM1.4	试图超出表的范围执行 ATT（Add to Table）指令时，该位置 1
SM1.5	执行 LIFO、FIFO 指令时，试图从空表中读数，该位置 1
SM1.6	试图把非 BCD 数转换为二进制数时，该位置 1
SM1.7	ASCII 码不能转换为有效的十六进制数时，该位置 1

自由端口接收字符缓冲区（SMB2）

SM 位	描　述
SMB2	在自由端口通信方式下，该区存储从端口 0 或端口 1 接收到的每个字符

自由端口奇偶校验错（SMB3）

SM 位	描　述
SM3.0	接收到的字符有奇偶校验错时，SM3.0 置 1
SM3.1～SM3.7	保留

中断允许、队列溢出、发送空闲标志位（SMB4）

SM 位	描　述
SM4.0	通信中断队列溢出时，该位置 1
SM4.1	I/O 中断队列溢出时，该位置 1
SM4.2	定时中断队列溢出时，该位置 1
SM4.3	运行时刻发现编程问题时，该位置 1
SM4.4	全局中断允许位。允许中断时，该位置 1
SM4.5	端口 0 发送空闲时，该位置 1
SM4.6	端口 1 发送空闲时，该位置 1
SM4.7	发生强置时，该位置 1

I/O 错误状态位（SMB5）

SM 位	描　述

续表

SM 位	描　　述
SM5.0	有 I/O 错误时,该位置 1
SM5.1	I/O 总线上连接了过多的数字量 I/O 点时,该位置 1
SM5.2	I/O 总线上连接了过多的模拟量 I/O 点时,该位置 1
SM5.3	I/O 总线上连接了过多的智能 I/O 点时,该位置 1
SM5.4～SM5.6	保留
SM5.7	当 DP 标准总线出现错误时,该位置 1

CPU 识别(ID)寄存器(SMB6)

SM 位	描　　述
格式	MSB　　　　　　　　　　　　LSB 7　　　　　　　　　　　　　　0 | X | X | X | X | | | | |
SM6.4～SM6.7	X X X X： CPU212/CUP222　　0000 CPU214/CPU224　　0010 CPU221　　　　　　0110 CPU215　　　　　　1000 CPU216/CPU226　　1001
SM6.0～SM6.3	保　留

I/O 模块识别和错误寄存器(SMB8～SMB21)

SM 位	描　　述(只　读)
格式	偶数字节：模块识别(ID)寄存器　　　　　　奇数字节：模块错误寄存器 MSB　　　　　　　　LSB　　　　MSB　　　　　　　LSB 7　　　　　　　　　0　　　　　7　　　　　　　　　0 | M | t | t | A | i | i | Q | Q |　　| C | o | o | b | r | p | f | t |
	M：模块存在,0——有模块,1——无模块 tt：00——非智能 I/O 模块,01——智能模块;　　C：配置错误 　　10——保留,11——保留　　　　　　　　　 b：总线错误或校验错误 A：I/O 类型,0——开关量,1——模拟量　　　　r：超范围错误　　　　　　0：无错误 ii：00——无输入,10——4AI 或 16DI,　　　 p：无用户电源错误　　　　1：有错误 　　01——2AI 或 8DI,11——8AI 或 32DI　　 f：熔断器错误 QQ：00——无输出,10——4AI 或 16DI,　　　t：端子块松动错误 　　 01——2AI 或 8DI,11——8AI 或 32DI
SMB8、SMB9	模块 0 识别(ID)寄存器、模块 0 错误寄存器
SMB10、SMB11	模块 1 识别(ID)寄存器、模块 1 错误寄存器
SMB12、SMB13	模块 2 识别(ID)寄存器、模块 2 错误寄存器
SMB14、SMB15	模块 3 识别(ID)寄存器、模块 3 错误寄存器
SMB16、SMB17	模块 4 识别(ID)寄存器、模块 4 错误寄存器
SMB18、SMB19	模块 5 识别(ID)寄存器、模块 5 错误寄存器
SMB20、SMB21	模块 6 识别(ID)寄存器、模块 6 错误寄存器

续表

扫描时间寄存器(SMB22~SMB26)

SM 字	描　述(只读)
SMW22	上次扫描时间
SMW24	进入 RUN 方式后所记录的最短扫描时间
SMW26	进入 RUN 方式后所记录的最长扫描时间

模拟电位器寄存器(SMB28~SMB29)

SM 字节	描　述(只读)
SMB28、SMB29	存储对应模拟调节器 0、1 触点位置的数字值,在 STOP/RUN 方式下,每次扫描时更新该值

永久存储器与控制寄存器(SMB31、SMW32)

SM 字节	描　述
格式	SMB31 中存入　　MSB　　　　　　　LSB 　　　　　　　　　7　　　　　　　　0 写入命令　　[C 0 0 0 0 0 s s] SMW32 中存入 　　　　　　MSB　　　　　　　　　　LSB V 存储器地址　7　　　　　　　　　　0 [V 存储器地址]
SM31.0、SM31.1	ss:被存数据类型。 00——字节,10——字,01——字节,11——双字
SM31.7	c:存入永久存储器(EEPROM)命令 0:无存储操作的请求 1:用户程序申请向永久存储器存储数据,每次存储操作完成后,CPU 复位该位
SMW32	SMW32 提供 V 存储器中被存数据相对于 V0 的偏移地址,当执行存储命令时,把该数据存到永久存储器(EEPROM)中相应的位置

定时中断的时间间隔寄存器(SMB34、SMB35)

SM 字节	描　述
SMB34	定义定时中断 0 的时间间隔(从 1~255ms,以 1ms 为增量)
SMB35	定义定时中断 1 的时间间隔(从 1~255ms,以 1ms 为增量)

扩展总线校验错(SMW98)

SM 字	描　述
SMW98	扩展总线出现校验错时 SMW98 加 1,系统上电或用户程序清零时 SMW98 为 0

4. 致命错误代码及其含义

错误代码	含　义
0000	无致命错误
0001	用户程序编译错误

错误代码	含　义
0002	编译后的梯形图程序错误
0003	扫描看门狗超时错误
0004	内部 EEPROM 错误
0005	内部 EEPROM 用户程序检查错误
0006	内部 EEPROM 配置参数检查错误
0007	内部 EEPROM 强制数据检查错误
0008	内部 EEPROM 默认输出表值检查错误
0009	内部 EEPROM 用户数据、DB1 检查错误
000A	存储器卡失灵
000B	存储器卡上用户程序检查错误
000C	存储器卡配置参数检查错误
000D	存储器卡强制数据检查错误
000E	存储器卡默认输出表值检查错误
000F	存储器卡用户数据、DB1 检查错误
0010	内部软件错误
0011	比较触点间接寻址错误
0012	比较触点非法值错误
0013	存储器卡空或者 CPU 不识别该卡
0014	比较接口范围错误

注：比较触点错误既能产生致命错误，又能产生非致命错误，产生致命错误是由程序地址错误引起的。

编译规则错误(非致命)代码及其含义

错误代码	含　义
0080	程序太大，无法编译(须缩短程序)
0081	堆栈溢出(须把一个网络分成多个网络)
0082	非法指令(应检查指令助记符)
0083	无 MEND 或主程序中有不允许的指令(应加 MEND 或删去不正确的指令)
0084	保留
0085	无 FOR 指令(应加上 FOR 指令或删除 NEXT 指令)
0086	无 NEXT(应加上 NEXT 指令或删除 FOR 指令)
0087	无标号(LBL,INT,SBR)(应加上合适标号)
0088	无 RET 或子程序中有不允许的指令(应加上 RET 或删去不正确指令)
0089	无 RETI 或中断程序中有不允许的指令(应加上 RETI 或删去不正确指令)
008A	保留
008B	从/向一个 SCR 段的非法跳转
008C	标号重复(LBL,INT,SBR)(应重新命名标号)
008D	非法标号(LBL,INT,SBR)(应确保标号数在允许范围内)
0090	非法参数(应确认指令所允许的参数)
0091	范围错误(带地址信息)(应检查操作数范围)

续表

错误代码	含　义
0092	指令计数域错误(带计数信息)(应确认最大计数范围)
0093	FOR/NEXT 嵌套层数超出范围
0095	无 LSCR 指令(装载 SCR)
0096	无 SCRE 指令(SCR 结束)或 SCRE 前面有不允许的指令
0097	用户程序包含非数字编码和数字编码的 EU/ED 指令
0098	在运行模式进行非法编辑(试图编辑非数字编码的 EU/ED 指令)
0099	隐含网络段太多(HIDE 指令)
009B	非法指针(字符串操作中起始位置指定为 0)
009C	超出指令最大长度

程序运行错误代码及其含义

错误代码	含　义
0000	无错误
0001	执行 HDEF 之前,HSC 禁止
0002	输入中断分配冲突,并分配给 HSC
0003	到 HSC 的输入分配冲突,已分配给输入中断
0004	在中断程序中,企图执行 ENI、DISI 或 HDEF 指令
0005	第一个 HSC/PLS 未执行完之前,又企图执行同编号的第二个 HSC/PLS(中断程序中的 HSC 同主程序中的 HSC/PLS 冲突)
0006	间接寻址错误
0007	TODW(写实时时钟)或 TODR(读实时时钟)数据错误
0008	用户子程序嵌套层数超过规定
0009	在程序执行 XMT 或 RCV 时,通信口 0 又执行另一条 XMT/RCV 指令
000A	HSC 执行时,又企图用 HDEF 指令再定义该 HSC
000B	在通信口 1 上同时执行 XMT/RCV 指令
000C	时钟存储卡不存在
000D	重新定义已经使用的脉冲输出
000E	PTO 个数设为 0
0091	范围错误(带地址信息)(应检查操作数范围)
0092	某条指令的计数域错误(带计数信息)(应检查最大计数范围)
0094	范围错误(带地址信息)(写无效存储器)
009A	用户中断程序试图转换成自由口模式
009B	非法指令(字符串操作中起始位置值指定为 0)

8.3.2　S7-200 指令系统简介

布尔指令		数学、增减指令	
指　令	功　能	指　令	功　能
LD　　N LDI　N LDN　N LDNI　N	装载 立即装载 取反后装载 取反后立即装载	＋I　IN1,OUT ＋D　IN1,OUT ＋R　IN1,OUT	整数、双整数、实数加法 IN1＋OUT＝OUT
A　　N AI　　N AN　　N ANI　　N	与 立即与 取反后与 取反后立即与	－I　　IN2,OUT －D　　IN2,OUT －R　　IN2,OUT	整数、双整数、实数减法 OUT－IN2＝OUT
O　　N OI　　N ON　　N ONI　　N	或 立即或 取反后或 取反后立即或	MUL　IN1,OUT ＊I　IN1,OUT ＊D　IN1,OUT ＊R　IN1,OUT	整数完全乘法 整数、双整数、实数乘法 IN1＊OUT＝OUT
LDBx IN1,IN2	装载字节比较的结果 IN1(x:＜,＜＝,＝,＞＝,＞, ＜＞)IN2	DIV　IN2,OUT /I　IN2,OUT /D　IN2,OUT /R　IN2,OUT	整数完全除法 整数、双整数、实数除法 OUT/IN2＝OUT
ABx IN1,IN2	与字节比较的结果 IN1(x:＜,＜＝,＝,＞＝,＞, ＜＞)IN2	SQRT　IN,OUT LN　IN,OUT EXP　IN,OUT SIN　IN,OUT COS　IN,OUT TAN　IN,OUT	平方根 自然对数 自然指数 正弦 余弦 正切
OBx IN1,IN2	或字节比较的结果 IN1(x:＜,＜＝,＝,＞＝,＞, ＜＞)IN2	INCB　OUT INCW　OUT INCD　OUT	字节、字和双字增1
LDWx IN1,IN2	装载字比较的结果 IN1 (x: ＜＝,＝,＞＝,＞, ＜＞) IN2	DECB　OUT DECW　OUT DECD　OUT	字节、字和双字减1
AWx IN1,IN2	与字比较的结果 IN1(x:＜,＜＝,＝,＞＝,＞, ＜＞)IN2	PID TABLE,LOOP	PID 回路
OWx IN1,IN2	或字比较的结果 IN1(x:＜,＜＝,＝,＞＝,＞, ＜＞)IN2	定时器和计数器指令	
LDDx　IN1, 　　IN2	装载双字比较的结果 IN1(x:＜,＜＝,＝,＞＝,＞, ＜＞)IN2	TON　Txxx,PT TOF　Txxx,PT TONR　Txxx,PT	接通延时定时器 断开延时定时器 有记忆接通延时定时器
ADx IN1,IN2	与双字比较的结果 IN1(x:＜,＜＝,＝,＞＝,＞, ＜＞)IN2	CTU　Cxxx,PV CTD　Cxxx,PV CTUD　Cxxx,PV	增计数 减计数 增/减计数
ODx IN1,IN2	或双字比较的结果 IN1(x:＜,＜＝,＝,＞＝,＞, ＜＞)IN2	实时时钟指令	

续表

指 令	功 能	指 令	功 能
LDRx IN1,IN2	装载实数比较的结果 IN1(x:<,<=,=,>=,>, <>)IN2	TODR T TODW T	读实时时钟 写实时时钟
ARx IN1,IN2	与实数比较的结果 IN1(x:<,<=,=,>=,>,< >)IN2	程序控制指令	
ORx IN1,IN2	或实数比较的结果 IN1(x:<,<=,=,>=,>, <>)IN2	END	程序的条件结束
NOT	堆栈取反	STOP	切换到 STOP 模式
EU ED	检测上升沿 检测下降沿	WDR	定时器监视（看门狗）复位 （300ms）
=N =IN	赋值 立即赋值	JMP N LBL N	跳到定义的标号 定义一个跳转的标号
S S_BIT,N R S_BIT,N SI S_BIT,N RI S_BIT,N	置位一个区域 复位一个区域 立即置位一个区域 立即复位一个区域	CALL N[N1,…] CRET	调用子程序[N1,…] 从子程序条件返回
		FOR INDX, INIT, NEXT FINAL	For/Next 循环
		LSCR N SCRT N SCRE	顺控继电器段的启动、转换 和结束
传送、移位、循环和填充指令		表、查找和转换指令	

MOVB IN,OUT
MOVW IN,OUT
MOVD IN,OUT
MOVR IN,OUT
	字节、字、双字和实数传送	ATT TABLE,DATA	把数据加到表中

BIR IN,OUT BIW IN,OUT	立即读取物理输入点字节 立即写物理输出点字节	LIFO TABLE,DATA FIFO TABLE,DATA	从表中取数据,后入先出 从表中取数据,先入先出
BMB IN,OUT,N BMW IN, OUT,N BMD IN, OUT,N	字节、字和双字块传送	FND= TBL, PATRN,INDX FND<> TBL, PATRN,INDX FND< TBL, PATRN,INDX FND>TBL, PATRN,INDX	根据比较条件在表中查找 数据
SWAP IN	交换字节	BCDI OUT IBCD OUT	BCD 码转换成整数 整数转换成 BCD 码
SHRB DATA, S_BIT,N	移位寄存器		
SRD OUT,N SRW OUT,N SRD OUT,N	字节、字和双字右移 N 位	BTI IN,OUT ITB IN,OUT ITD IN,OUT DTI IN,OUT	字节转换成整数 整数转换成字节 整数转换成双整数 双整数转换成整数
SLB OUT,N SLW OUT,N SLD OUT,N	字节、字和双字左移 N 位	DTR IN,OUT TRUNC IN,OUT ROUND IN,OUT	双字转换成实数 实数转换成双整数 实数转换成双整数

续表

指　令	功　能	指　令	功　能
RRB　OUT,N RRW　OUT,N RRD　OUT,N	字节、字和双字循环右移 N 位	ATH　IN,OUT,LEN HTA　IN,OUT,LEN ITA　IN, OUT, FM DTA　IN,OUT,FM RTA　IN,OUT,FM	ASCII 码转换成十六进制数 十六进制数转换成 ASCII 码 整数转换成 ASCII 码 双整数转换成 ASCII 码 实数转换成 ASCII 码
RLB　OUT,N RLW　OUT,N RLD　OUT,N	字节、字和双字循环左移 N 位	DECO　IN,OUT ENCO　IN,OUT	译码 编码
FILL IN,OUT,N	用指定的元素填充存储器空间	SEG IN,OUT	段码
逻辑操作指令		中断指令	
ALD OLD	触点组串联 触点组并联	CRETI	从中断条件返回
LPS LRD LPP LDS	推入堆栈 读栈 出栈 装入堆栈	ENI DISI	允许中断 禁止中断
AENO	对 ENO 进行与操作	ATCH　INT,EVENT DTCH EVENT	建立中断事件与中断程序的 　连接 解除中断事件与中断程序的 　连接
ANDB IN1, 　OUT ANDW IN1, 　OUT ANDD IN1, 　OUT	字节、字、双字逻辑与		
		通信指令	
ORB IN1,OUT ORW IN1,OUT ORD IN1,OUT	字节、字、双字逻辑或	XMT TABLE, 　PORT RCV TABLE, 　PORT	自由端口发送信息 自由端口接受信息
XORB IN1, 　OUT XORW IN1, 　OUT XORD IN1, 　OUT	字节、字、双字逻辑异或	NETR TABLE,PORT NETW TABLE,PORT GPA ADDR, PORT SPA ADDR, PORT	网络读 网络写 获取口地址 设置口地址
		高速指令	
INVB OUT INVW OUT INVD OUT	字节、字、双字取反	HDEF　HSC,Mode	定义高速计数器模式
		HSC　N	激活高速计数器
		PLS　Q	脉冲输出

8.3.3　STEP7-Micro/WIN32 编程软件简介

1. 基本功能

STEP7-Micro/WIN 32 的基本功能是协助用户完成应用软件的开发任务。例如,创建用户程序,修改和编辑原有的用户程序。利用该软件可设置 PLC 的工作方式和参数,上载和下载用户程序,进行程序的运行监控。STEP7-Micro/WIN 32 还具有简单语法的检查、对用户程序的文档管理和加密等功能,并提供在线帮助。

上载和下载用户程序指的是用 STEP7-Micro/WIN32 编程软件进行编程时,PLC 主机和计算机之间的程序、数据和参数的传送。

上载用户程序是将 PLC 中的程序和数据通过通信设备(如 PC/PPI 电缆)上载到计算机中进行程序的检查和修改;下载用户程序是将编制好的程序、数据和 CPU 组态参数通过通信设备下载到 PLC 中以进行运行调试。

程序编辑中的语法检查功能可以避免一些语法和数据类型方面的错误。梯形图中的错误处下方自动加红色曲线。

软件功能的实现可以在联机工作方式(在线方式)下进行,部分功能的实现也可以在离线工作方式下进行。

联机方式是指带编程软件的计算机或编程器与 PLC 直接连接,此时可实现该软件的大部分基本功能;离线方式是指带编程软件的计算机或编程器与 PLC 断开连接,此时只能实现部分功能,如编辑、编译及系统组态等。

2. 主界面各部分功能

启动 STEP7-Micro/WIN 32 编程软件,其主界面外观如图 8-24 所示。

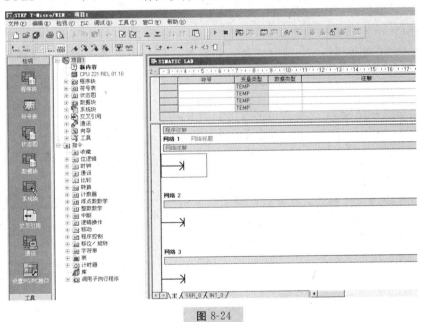

图 8-24

界面一般分为以下几个区:菜单条(包含 8 个主菜单项)、工具条(快捷按钮)、引导条(快捷操作窗口)、指令树(快捷操作窗口)、输出窗口、状态条和程序编辑器、局部变量表等(可同时或分别打开 5 个用户窗口)。除菜单条外,用户可根据需要决定其他窗口的取舍和样式设置。

(1)菜单条

菜单条使用鼠标单击或采用对应热键操作,打开各项菜单,各主菜单项功能如下:

● 文件(File)。"文件"菜单可完成如新建、打开、关闭、保存文件,上载和下载程序,文件的打印预览、打印设置和操作等。

● 编辑（Edit）。"编辑"菜单能完成选择、复制、剪切、粘贴程序块或数据块，同时提供查找、替换、插入、删除、快速光标定位等功能。

● 查看（View）。可以设置软件开发环境的风格，如决定其他辅助窗口（引导条窗口、指令树窗口、工具条按钮区）的打开与关闭；执行引导条窗口的任何项；选择不同语言的编程器（包括 LAD、STL、FBD 三种）；设置三种程序编辑器的风格，如字体、指令盒大小等。

● PLC。可建立与 PLC 联机时的相关操作，如改变 PLC 的工作方式、在线编译、查看 PLC 的信息、清除程序和数据、时钟、存储器卡操作、程序比较、PLC 类型选择及通信设置等。还可提供离线编译的功能。

● 除错（调试，Debug）。主要用于联机调试。在离线方式下，该菜单的下拉菜单呈现灰色，表示此下拉菜单不具备执行条件。

● 工具（Tools）。可以调用复杂指令向导（包括 PID 指令、NETR/NETW 指令和 HSC 指令），使复杂指令的编程工作大大简化；安装 TD200 本文显示器；改变界面风格（如设置按钮及按钮样式，并可添加菜单项）；用"选项"子菜单也可以设置三种程序编辑器的风格，如语言模式、颜色、字体、指令盒的大小等。

● 窗口（Window）。可以打开一个或多个窗口，并可进行窗口之间的切换，可以设置窗口的排放形式，如层叠、水平、垂直等。

● 帮助（Help）。通过"帮助"菜单上的目录和索引项，可以检阅几乎所有相关的使用帮助信息，"帮助"菜单还提供网上查询功能。在软件操作过程中的任何步骤或任何位置都可以按"F1"键来显示在线帮助，大大方便了用户的使用。

（2）工具条

提供简便的鼠标操作，将最常用的 STEP7-Micro/WIN 32 操作以按钮形式设定到工具条中。可用"查看"菜单的"工具栏"项自定义工具条。可添加和删除三种按钮：标准、调试和指令。

（3）引导条

引导条提供按钮控制的快速窗口切换功能。可用"查看"菜单的"浏览栏"项选择是否打开。引导条包括程序块（Program Block）、符号表（Symbol Table）、状态图表（Status Chart）、数据块（Data Block）、系统块（System Block）、交叉索引（Cross Reference）和通讯（Communications）七个组件。一个完整的项目（Project）文件通常包括前六个组件。

程序块由可执行的代码和注释组成，可执行的代码由主程序（OB1）、可选的子程序（SBRO）和中断程序（INTO）组成，程序代码经编译后可下载到 PLC 中，而程序注释将被忽略。

数据块由数据（存储器的初始值和常数值）和注释组成。在引导条中双击数据块图标可以对 V 存储器（变量存储器）进行初始数据赋值或修改，并可加必要的注释说明，开关量控制程序一般不需要数据块。

符号表允许程序员使用带有实际含义的符号来作为编程元件，而不是直接用元件在主机中的直接地址。例如，编程时用 start 作为编程元件，而不用 I0.3。符号表用来建立自定义符号与直接地址之间的对应关系，并附加注释，使程序结构清晰、易读、便于理解。程序编译后下载到 PLC 中时，所有的符号地址被转换为绝对地址，符号表中的信息不下载到 PLC。

状态图表用在联机调试时监视和观察程序执行时各变量的值和状态。状态图表不下载到 PLC 中，它仅是监控用户程序执行情况的一种工具。

交叉索引列举出程序中使用的各操作数在哪一个程序块的什么位置出现，以及使用它们的指令的助记符。还可以查看哪些内存区域已经被使用，作为位使用还是作为字节使用。在运行方式下编辑程序时，可以查看程序当前正在使用的跳变信号的地址。交叉索引表不下载到 PLC，只有在程序编辑成功后才能看到交叉索引的内容。在交叉索引中双击某操作数，可以显示出包含该操作数的那一部分程序。交叉索引使编程使用的 PLC 资源一目了然。

单击引导条中的任何一个按钮，主窗口将切换成此按钮对应的窗口，也用指令树窗口或主菜单中的“查看”项来完成。

（4）指令树

指令树提供编程时用到的所有快捷操作命令和 PLC 指令。可用“查看”菜单的“指令树”项决定是否将其打开。

（5）输出窗口

用来显示程序编译的结果信息，如程序的各块（主程序、子程序的数量及子程序号、中断程序的数量及中断程序号）及各块的大小、编译结果有无错误及错误编码和位置等。

（6）状态条

状态条也称任务栏，显示软件执行状态，编辑程序时，显示当前网络号、行号、列号；运行时，显示运行状态、通信波特率、远程地址等。

（7）程序编辑器

可用梯形图、语句表或功能图表编辑器编写用户程序，或在联机状态下从 PLC 上载用户程序进行程序的编辑或修改。

（8）局部变量表

每个程序块都对应一个局部变量表，在带参数的子程序调用中，参数的传递就是通过局部变量表进行的。

3. 使用 STEP7-Micro/WIN32 编程软件进行编程

（1）项目生成

项目（Project）文件来源有三个：新建一个项目、打开已有的项目和从 PLC 上载已有项目。

● 新建项目。在为 PLC 控制系统编程时，首先应创建一个项目文件，单击“文件”菜单中的“新建”项或工具条中的“新建”按钮，在主窗口中将显示新建的项目文件主程序区。系统默认的初始设置如下：

新建的项目文件以“项目 1”（CPU221）命名，括号内为系统默认 PLC 的 CPU 型号。

一个项目文件包含七个相关的块。其中程序块中包含一个主程序（MAIN）、一个可选的子程序 SBR_0 和一个中断程序 INT_0。

一般小型开关量控制系统只要主程序。当系统规模较大、功能复杂时，除了主程序外，可能还有子程序、中断程序和数据块。

主程序（OB1）在每个扫描周期被顺序执行一次。子程序的指令存放在独立的程序块中，仅在被别的程序调用时才执行。中断程序的指令也存放在独立的程序块中，用来处理预先规定的中断事件。中断程序不由主程序调用,在中断事件发生时由操作系统调用。

用户可以根据实际编程需要作以下操作:

◇ 确定 PLC 的 CPU 型号。右击项目"Project"(CPU 221)图标,在弹出的按钮中单击"类型",就可在对话框中选择所用的 PLC 型号。也可用"PLC"菜单中的"类型"项来选择 PLC 型号。

◇ 项目文件更名。如果新建了一个项目文件,单击"文件"菜单中的"另存为"项,然后在弹出的对话框中键入希望的名称。项目文件以.mwp 为扩展名。

对子程序和中断程序也可更名,方法是:在指令树窗口中,右击要更名的子程序或中断程序名称,在弹出的快捷菜单中单击"重命名",然后键入名称。

主程序的默认名称为 MAIN,任何项目文件的主程序只有一个。

◇ 添加一个子程序。添加一个子程序的方法有三种:一是在指令树窗口中,右击"程序块"图标,在弹出的快捷菜单中单击"插入子程序"项;二是单击"编辑"菜单中的"插入"项下的"子程序"项实现,或在编辑窗口右击编辑区,在弹出的快捷菜单中选择"插入"下的"子程序"。新生成的子程序根据已有子程序的数目,默认名称为 SBR_n,用户可以自行更名。

◇ 添加一个中断程序。添加一个中断程序的方法同添加一个子程序的方法相似,也有三种方法。新生成的中断程序根据已有中断程序的数目,默认名称为 INT_n,用户可以自行更名。

◇ 编辑程序。要编辑程序块中的任何一个程序,只要在指令树窗口中双击该程序的图标即可。

● 打开已有项目文件。打开磁盘中已有的项目文件,可单击"文件"菜单中的"打开"项,在弹出的对话框中选择打开已有的项目文件;也可用工具条中的"打开"按钮来完成。

● 上载和下载项目文件。在已经与 PLC 建立通信的前提下,如果要上载一个 PLC 存储器的项目文件(包括程序块、系统块、数据块),可用"文件"菜单中的"上载"项,也可单击工具条中的"上载"按钮来完成。上载时,S7-200 从 RAM 中上载系统块,从 EEPROM 中上载程序块和数据块。

(2) 程序的编辑和传送

利用 STEP7-Micro/WIN32 编程软件编辑和修改控制程序是程序员要做的最基本的工作,本节只以梯形图编辑器为例介绍一些基本编辑操作。其他语句表和功能块图编辑器的操作可类似进行。下面以图 8-25 所示的梯形图程序的编辑过程,介绍程序编辑的各种操作。

● 输入编程元件。梯形图的编程元件(编程元素)主要有线圈、触点、指令盒、标号及连接线。输入方法有两种:

● 用指令树窗口中所列的一系列指令。双击要输入的指令,就可在矩形光标处放置一个编程元件。

● 用工具栏上的一组编程按钮。单击触点、线圈或指令盒按钮,从弹出的窗口下拉菜单所列出的指令中选择要输入的指令,单击之即可。

◇ 顺序输入。

在一个梯级/网络中,如果只有编程元件的串联连接,输入和输出都无分叉,则视做顺序输入。输入时只需从网络的开始依次输入各编程元件即可,每输入一个元件,矩形光标自动移动到下一列。

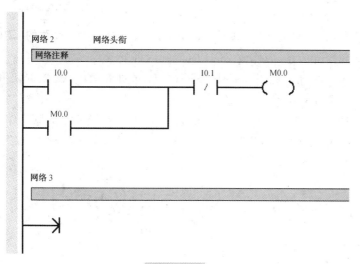

图 8-25

已经连续在一行上输入了两个触点,若想再输入一个线圈,可以直接在指令树中双击点亮的线圈图标。图中的方框为大光标,编程元件就是在矩形光标处被输入。图 8-25 中"网络 3"中的"→"表示一个梯级的开始,可在此继续输入元件。

◇ 任意添加输入。

如在任意位置要添加一个编程元件,只需单击这一位置,将光标移到此处,然后输入编程元件。

用工具条中的指令按钮可编辑复杂结构的梯形图,如图 8-25 所示。单击网络 2 中第 2 行下方的编程区域,则在开始处显示小图标,然后输入触点新生成一行。

将光标移到要合并的触点处,单击上行线按钮"↑"即可。

如果要在一行的某个元件后向下分支,只需将光标移到该元件,单击"↓"按钮,然后输入元件。

● 插入和删除。编辑中经常用到插入和删除一行、一列、一个梯级(网络)、一个子程序或中断程序等。方法有两种:在编辑区右击要进行操作的位置,弹出下拉菜单,选择"插入"或"删除"选项,弹出子菜单,单击要插入或删除的项,然后进行编辑。也可用"编辑"菜单中相应的"插入"或"删除"项完成相同的操作。

● 编译用户程序。程序编辑完成,可用"PLC"菜单中的"编译"项进行离线编译。编译结束后在输出窗口显示程序中的语法错误的数量、各条错误的原因和错误在程序中的位置。双击输出窗口中的某一条错误,程序编辑器中的矩形光标将会移到程序中该错误所在的位置。必须改正程序中的所有错误,编译成功后才能下载程序。

● 程序的下载和清除。在计算机与 PLC 间建立起通信连接且用户程序编译成功后,可以将程序下载到 PLC 中去。

下载之前,PLC 应处于 STOP 方式。单击工具栏中的"停止"按钮,或选择"PLC"菜单中的"停止"项,可以进入 STOP 方式。如果不在 STOP 方式下,可将 CPU 模块上的方式开关扳到 STOP 位置。

单击工具栏中的"下载"按钮,或选择"文件"菜单中的"下载"项,弹出"下载"对话框。用户可以分别选择是否下载程序块、数据块和系统块。单击"确定"按钮,开始下载信息。下载成功后,确认框显示"下载成功"。如果 STEP7-Micro/WIN32 中设置的 CPU 型号与实际的型号不符,将出现警告信息,应修改 CPU 的型号后再下载。

下载程序时,程序存储在 RAM 中,S7-200 会自动将程序块、数据块和系统块复制到 EEPROM 中作永久保存。

为了使下载的程序能正确执行,下载前必须将 PLC 存储器中的原程序清除。清除的方法是:单击"PLC"菜单中的"清除"项,弹出"清除"对话框,选择"清除全部"即可。

8.4 PLC 控制系统的设计

8.4.1 PLC 设计概述

PLC 控制系统的设计包括三个重要的环节:其一是通过对控制任务的分析,确定控制系统的总体设计方案;其二是根据控制要求确定硬件构成方案;其三是设计出满足控制要求的应用程序。要想顺利地完成 PLC 控制系统的设计,需要不断地学习和实践。下面介绍控制系统设计的基本步骤和应用程序设计的基本方法。

1. PLC 控制系统的设计

(1) 对控制任务作深入的调查研究

在着手设计之前,要详细了解工艺过程和控制要求,如弄清哪些信号需输入 PLC,是模拟量还是开关量,应采取什么方式,选用什么元件输入信号,哪些信号需输出到 PLC 外部,通过什么执行元件去驱动负载;弄清整个工艺过程各个环节相互的联系;了解机械运动部件的驱动方式,是液压、气动还是电动,运动部件与各电气执行元件之间的联系;了解系统的控制是全自动还是半自动的,控制过程是周期性还是单周期运行,是否有手动调整要求等。另外,要注意哪些量需要监控、报警、显示,是否需要故障诊断,需要哪些保护措施等。

(2) 确定系统总体设计方案

这是最为重要的一步。若总体方案的决策有误,整个设计任务就不能顺利地完成,甚至失败,并造成很大的投资浪费。要在全面深入了解控制要求的基础上确定电气控制方案。

(3) 根据控制要求确定输入/输出元件,选择 PLC 机型

在确定电气控制方案之后,可进一步研究系统的硬件构成。要选择合适的输入和输出元件,确定主回路各电器及保护器件,选择报警和显示元件等。根据所选用的电器或元件的类型和数量,计算所需 PLC 的输入/输出点数,并参照其他要求选择合适的 PLC 机型。

(4) 确定 PLC 的输入/输出点分配

明确各输入电器与 PLC 输入点的对应关系、各输出点与各输出执行元件的对应关系,作出 PLC 的 I/O 分配表。

(5) 设计应用程序

在完成上述工作之后,可开始进行控制系统的程序设计。程序设计的质量关系到系统运行的稳定性和可靠性。应根据控制要求拟订几个设计方案,经认真比较后选择出最佳编

程方案。当控制系统比较复杂时,可将其分成多个相对独立的子任务,最后将各子任务的程序合理地连接在一起。

（6）应用程序的调试

对编好的程序,可以先利用模拟实验板模拟现场信号进行初步的调试。要反复调试修改,直到程序基本满足控制要求为止。

（7）制作电气控制柜和控制盘

在系统硬件构成方案确定之后,就可以考虑电气控制柜及控制盘（或称操作盘）的设计和制作。在动手制作之前,要画出电气控制主回路电路图。在设计主回路时要全面地考虑各种保护和连锁等问题。在布置控制柜和敷线时,要采取有效的措施抑制各种干扰信号,同时注意防尘、防静电、防雷电等问题。

（8）连机调试程序

连机调试可以发现程序存在的实际问题和不足。调试前要制定周密的调试计划,以免由于工作的盲目性而隐藏了应该发现的问题。另外,程序调试完毕必须经过一段时间运行实践的考验,才能确认程序是否达到控制要求。

（9）编写技术文件

这部分工作包括整理程序清单并保存程序,编写元件明细表,绘制电气原理图及主回路电路图,整理相关的技术参数,编写控制系统说明书等。

2. PLC 的应用程序

（1）应用程序的内容

应用程序应最大限度地满足系统控制功能的要求,在构思程序主体的框架后,要以它为主线,逐一编写实现各控制功能或各子任务的程序。要不断地调整和完善,使程序能完成指定的功能。通常应用程序还应包括以下几个方面的内容。

● 初始化程序。在 PLC 上电后,一般都要做一些初始化的操作。其作用是为启动作必要的准备,并避免系统发生误动作。初始化程序的主要内容为:将某些数据区、计数器进行清零,使某些数据区恢复所需数据,对某些输出位置位或复位,显示某些初始状态等。

● 检测、故障诊断、显示程序。应用程序一般都设有检测、故障诊断和显示程序等内容。这些内容可以在程序设计基本完成时再进行添加。有时,它们也是相对独立的程序段。

● 保护、连锁程序。各种应用程序中,保护和连锁是不可缺少的部分。它可以杜绝由于非法操作而引起的控制逻辑混乱,保证系统的运行更安全、可靠,因此要认真考虑保护和连锁的问题。通常在 PLC 外部也要设置连锁和保护措施。

（2）应用程序的质量

对同一个控制要求,即使选用同一个机型的 PLC,用不同设计方法所编写的程序,其结构也可能不同。尽管几种程序都可以实现同一控制功能,但是程序的质量却可能差别很大。程序的质量可以由以下几个方面来衡量。

● 程序的正确性。判断应用程序的好坏,最根本的一条就是是否正确。正确的程序必须能经得起系统运行实践的考验,离开这一条对程序所做的评价都是没有意义的。

● 程序的可靠性好。好的应用程序,可以保证系统在正常和非正常（短时掉电再复电、某些被控量超标、某个环节有故障等）工作条件下都能安全可靠地运行,也可保证在出现非法操作（例如,按动或误触动了不该动作的按钮）等情况下不至于出现系统控制失误。

● 参数的可调整性好。PLC控制的优越性之一就是灵活性好,容易通过修改程序或参数而改变系统的某些功能。例如,有的系统在一定情况下需要变动某些控制量的参数(如定时器或计数器的设定值等),在设计程序时必须考虑怎样编写才能易于修改。

● 程序要简练。编写的程序应尽可能简练,减少程序的语句,一般可以减少程序扫描时间,提高PLC对输入信号的响应速度。当然,如果过多地使用那些执行时间较长的指令,有时虽然程序的语句较少,但是其执行时间也不一定短。

● 程序的可读性好。程序不仅仅给编者自己看,系统的维护人员也要读。另外,为了有利于交流,也要求程序有一定的可读性。

要想顺利地完成控制系统的设计,不仅要熟练掌握各种指令的功能及使用规则,还要学习如何编程。下面将介绍常用的几种编程方法。为了能突出对一种编程方法的说明,以下所举的例子,其控制功能都较简单,目的是避免用过多的笔墨去分析复杂的控制逻辑,而扰乱了一个设计方法的思路和头绪。

8.4.2 PLC常用设计法

1. 分析及经验设计法

在熟悉继电接触控制电路设计方法的基础上,如果能透彻地理解PLC各种指令的功能,凭借经验就能比较准确地使用PLC的各种指令,从而设计出相应的程序。根据工艺要求与工作过程,将现有的典型环节电路聚集起来,边分析、边画图、边修改。

下面以一个简单的控制为例介绍这种编程方法。

例1 按下SB1,电动机M正转5s后停止并自行反转5s,时间到反转停又自行正转5s……如此循环4次后电动机自动停止,按下SB2,电动机任一状态均可停止。

作出I/O分配如下表所示:

输	入	输	出
SB1	SB2	正转	反转
00000	00001	01000	01001

由控制任务可知,这是一个在电动机正反转基础上延伸的设计。首先,设计正转控制(图8-26)。

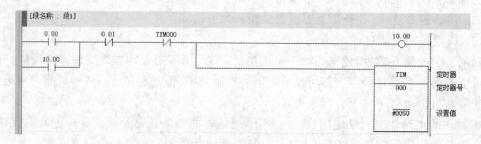

图 8-26

在自锁正转的基础上添加时间定时器TIM000,定时到切断正转电路。将TIM000常开触点作为反转启动信号即可启动反转电路(图8-27)。

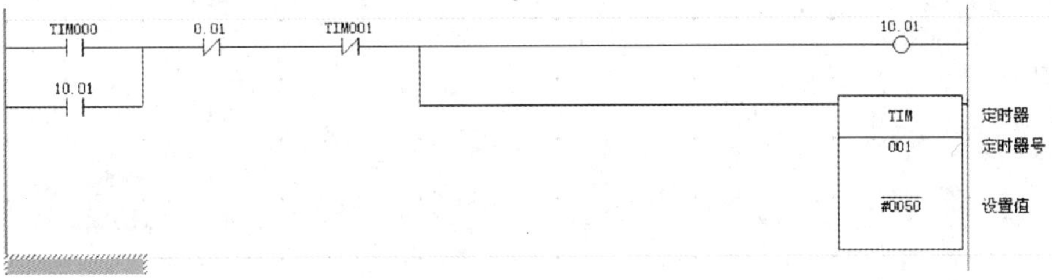

图 8-27

同样,在反转的基础上添加时间定时器 TIM001,定时到切断反转电路,同时将 TIM001 常开触点作为新一轮正转启动信号(图 8-28)。

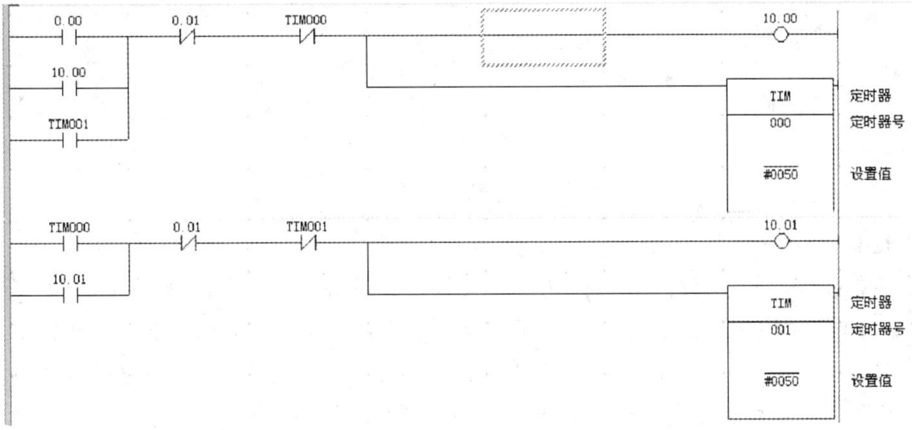

图 8-28

第四次 01001 一闭合,CNT002 计数将减为 0,CNT002 常闭触点将切断,01001 继续工作 5s。因此,计 TIM001 常开触点工作的次数合适(图 8-29)。

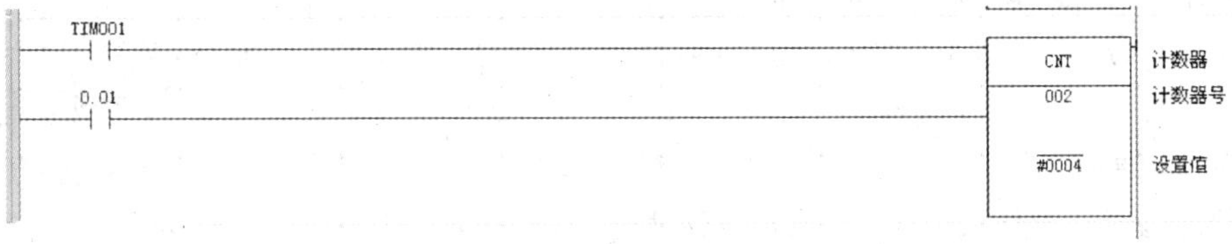

图 8-29

CNT002 复位信号可根据需要设计,这里简单地采用 SB2。将 CNT002 常闭触点串接到需要控制的电路中即可。

最后设计完成后,得到了一个完整的梯形图(图 8-30)。

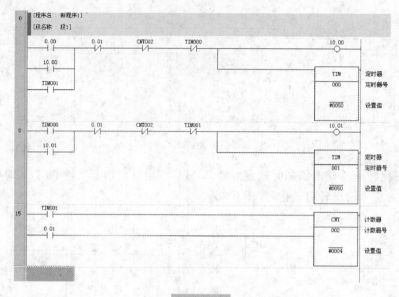

图 8-30

2. 逻辑设计法

当主要对开关量进行控制时,使用逻辑设计法比较好。逻辑设计法的基础是逻辑代数。在程序设计时,对控制任务进行逻辑分析和综合,将控制电路中元件的通、断电状态视为以通、断状态为逻辑变量的逻辑函数,对经过化简的逻辑函数,利用 PLC 的逻辑指令可以顺利地设计出满足要求且较为简练的控制程序。这种方法设计思路清晰,所编写的程序易于优化,是一种较为实用可靠的程序设计方法。下面以一个简单的控制为例介绍这种编程方法。

例 2　某系统中有 4 台通风机,要求在以下几种运行状态下发出不同的显示信号:三台及三台以上开机时,绿灯常亮;两台开机时,绿灯以 5Hz 的频率闪烁;一台开机时,红灯以 5Hz 的频率闪烁;全部停机时,红灯常亮。

由控制任务可知,这是一个对通风机运行状态进行监视的问题。显然,必须把 4 台通风机的各种运行状态的信号输入到 PLC 中(由 PLC 外部的输入电路来实现),各种运行状态对应的显示信号是 PLC 的输出。

为了讨论问题方便,设 4 台通风机分别为 A、B、C、D,红灯为 F1,绿灯为 F2。由于各种运行情况所对应的显示状态是唯一的,故可将几种运行情况分别进行程序设计。

① 红灯常亮的程序设计。

当 4 台通风机都不开机时红灯常亮。设灯常亮为"1"、灭为"0",通风机开机为"1"、停为"0"。其状态表如下:

A	B	C	D	F1
0	0	0	0	1

由状态表可得 F1 的逻辑函数为

$$F1=\overline{A}\,\overline{B}\,\overline{C}\,\overline{D}$$ ①

根据逻辑函数①容易画出其梯形图,如图 8-31 所示。

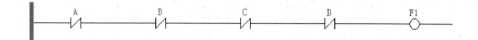

图 8-31

② 绿灯常亮的 5 种情形。

能引起绿灯常亮的情况有 5 种,列状态表如下:

A	B	C	D	F2
0	1	1	1	1
1	0	1	1	1
1	1	0	1	1
1	1	1	0	1
1	1	1	1	1

由状态表可得 F2 的逻辑函数为

$$F2 = \overline{A}BCD + A\overline{B}CD + AB\overline{C}D + ABC\overline{D} + ABCD \qquad ②$$

根据这个逻辑函数直接画梯形图时,梯形图会很繁琐,所以要先对逻辑函数②进行化简。

例如,将②化简成下式:

$$F2 = AB(D+C) + CD(A+B) \qquad ③$$

再根据③画出的梯形图如图 8-32 所示。

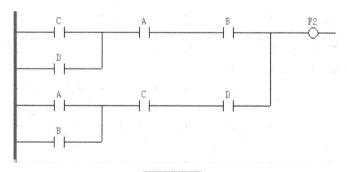

图 8-32

③ 红灯闪烁的程序设计。

设红灯闪烁为"1",列状态表如下:

A	B	C	D	F1
0	0	0	1	1
0	0	1	0	1
0	1	0	0	1
1	0	0	0	1

由狀態表可得 F1 的邏輯函數為

$$F1 = \bar{A}\,\bar{B}\,\bar{C}D + \bar{A}\,\bar{B}C\bar{D} + \bar{A}\,B\bar{C}\bar{D} + A\bar{B}\,\bar{C}\bar{D} \qquad ④$$

將④化簡為

$$F1 = \bar{A}\,\bar{B}(\bar{C}D + C\bar{D}) + \bar{C}\,\bar{D}(\bar{A}B + A\bar{B}) \qquad ⑤$$

由⑤畫出的梯形圖如圖 8-33 所示。其中 25501 能產生 0.2s，即 5Hz 的脈沖信號。

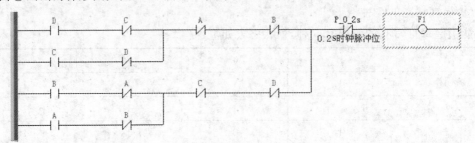

图 8-33

④ 綠燈閃爍的程序設計。

設綠燈閃爍為"1"，列狀態表為

A	B	C	D	F2
0	0	1	1	1
0	1	0	1	1
0	1	1	0	1
1	0	0	1	1
1	0	1	0	1
1	1	0	0	1

由狀態表可得 F2 的邏輯函數為

$$F2 = \bar{A}\,\bar{B}CD + \bar{A}B\bar{C}D + \bar{A}BC\bar{D} + A\bar{B}\bar{C}D + A\bar{B}C\bar{D} + AB\bar{C}\bar{D} \qquad ⑥$$

將⑥化簡為

$$F2 = (\bar{A}B + A\bar{B})(\bar{C}D + C\bar{D}) + \bar{A}\,\bar{B}CD + AB\bar{C}\bar{D} \qquad ⑦$$

根據⑦畫出其梯形圖，如圖 8-34 所示。

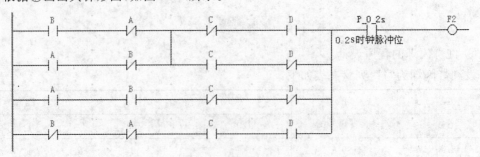

图 8-34

⑤ 選擇 PLC 機型、作 I/O 點分配。

本例只有 A、B、C、D 四个输入信号，F1、F2 两个输出。若系统选择的机型是 CPM2A，作出 I/O 分配如下表所示：

输　　入				输　　出	
A	B	C	D	F1	F2
01001	01002	01003	01004	01005	01006

由上述四图，综合在一起便得到总梯形图(图 8-35)。

下面把逻辑设计法归纳如下：

● 用不同的逻辑变量来表示各输入、输出信号，并设定对应输入、输出信号各种状态时的逻辑值。

● 根据控制要求，列出状态表或画出时序图。

● 由状态表或时序图写出相应的逻辑函数，并进行化简。

● 根据化简后的逻辑函数画出梯形图。

● 上机调试，使程序满足要求。

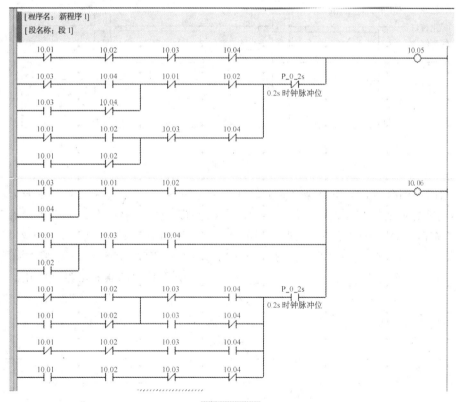

图 8-35

3. 时序图设计法

如果 PLC 各输出信号的状态变化有一定的时间顺序，可用时序图设计法设计程序。因为在画出各输出信号的时序图后，容易理顺各状态转换的时刻和转换的条件，从而建立清晰的设计思路。下面通过一个例子说明这种设计方法。

例3 在十字路口上设置的红、黄、绿交通信号灯,其布置如图 8-36 所示。由于东西方向的车流量较小、南北方向的车流量较大,所以南北方向的放行(绿灯亮)时间为 30s,东西方向的放行时间(绿灯亮)为 20s。当在东西(或南北)方向的绿灯灭时,该方向的黄灯与南北(或东西)方向的红灯一起以 5Hz 的频率闪烁 5s,以提醒司机和行人注意。闪烁 5s 之后,立即开始另一个方向的放行。要求只用一只控制开关对系统进行启停控制。

下面介绍用时序图设计法编程的思路。

① 分析 PLC 的输入和输出信号,以作为选择 PLC 机型的依据之一。在满足控制要求的前提下,应尽量减少占用 PLC 的 I/O 点。由上述控制要求可见,由控制开关输入的启、停信号是输入信号。由 PLC 的输出信号控制各指示灯的亮、灭。南北方向的三色灯共 6 盏,同颜色的灯在同一时间亮、灭,所以可将同色灯两两并联,用一个输出信号控制。同理,东西方向的三色灯也照此办理,只占 6 个输出点。

② 为了弄清各灯之间亮、灭的时间关系,根据控制要求,可以先画出各方向三色灯的工作时序图。本例的时序图如图 8-36 所示。

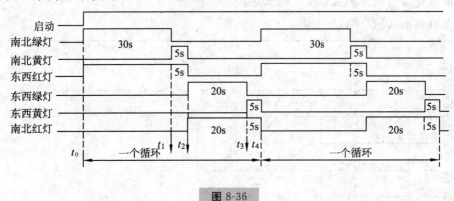

图 8-36

③ 由时序图分析各输出信号之间的时间关系。图中,南北方向放行时间可分为两个时间区段:南北方向的绿灯和东西方向的红灯亮,换行前东西方向的红灯与南北方向的黄灯一起闪烁。东西方向放行时间也分为两个时间区段,东西方向的绿灯和南北方向的红灯亮,换行前南北方向的红灯与东西方向的黄灯一起闪烁。一个循环内分为 4 个区段,这 4 个时间区段对应着 4 个分界点:t_1、t_2、t_3、t_4。在这 4 个分界点处信号灯的状态将发生变化。

④ 4 个时间区段必须用 4 个定时器来控制。为了明确各定时器的职责,以便于理顺各色灯状态转换的准确时间,最好列出定时器的功能明细表。对本例如表 8-4 所示。

表 8-4

定时器	t_0	t_1	t_2	t_3	t_4
TIM000 定时 30s	开始定时。南北绿灯、东西红灯开始亮	定时到,输出 ON 且保持。南北绿灯灭;南北黄灯、东西红灯开始闪烁	ON	ON	开始下一个循环的定时

续表

定时器	t_0	t_1	t_2	t_3	t_4
TIM001 定时 35s	开始定时	继续定时	定时到,输出 ON 且保持。南北黄灯、东西红灯灭,南北红灯、东西绿灯开始亮	ON	开始下一个循环的定时
TIM002 定时 55s	开始定时	继续定时	继续定时	定时到,输出 ON 且保持。东西绿灯灭,南北红灯、东西黄灯开始闪烁	开始下一个循环的定时
TIM003 定时 60s	开始定时	继续定时	继续定时	继续定时	定时到,输出 ON,随即自复位且开始下一个循环的定时。东西黄灯、南北红灯灭,南北绿灯、东西红灯开始亮

⑤ 进行 PLC 的 I/O 分配。下面是使用 CPM2A 时所作的 I/O 分配,如表 8-5 所示。

表 8-5

输　入	输　　　　　　　　出					
控制开关	南北绿灯	南北黄灯	南北红灯	东西绿灯	东西黄灯	东西红灯
00000	01000	01001	01002	01003	01004	01005

⑥ 根据定时器功能明细表和 I/O 分配,画出的梯形图如图 8-37 所示。对图的设计意图及功能简要分析如下:

● 程序用 IL/ILC 指令控制系统启停,当 00000 为 ON 时程序执行,否则不执行。

● 程序启动后 4 个定时器同时开始定时,且 01000 为 ON,使南北绿灯、东西红灯亮。

● 当 TIM000 定时时间到,若 01000 为 OFF,南北绿灯灭;若 01001 为 ON,南北黄灯闪烁(25501 以 5Hz 的频率开、关),东西红灯也闪烁。

● 当 TIM001 定时时间到,若 01001 为 OFF,南北黄灯、东西红灯灭;若 01003 为 ON,东西绿灯、南北红灯亮。

● 当 TIM002 定时时间到,若 01003 为 OFF,东西绿灯灭;若 01004 为 ON,东西黄灯、南北红灯闪烁。

● TIM003 记录一个循环的时间。当 TIM003 定时时间到,若 01004 为 OFF,东西黄灯、南北红灯灭;若 TIM000～TIM003 全部复位,则开始下一个循环的定时。由于 TIM000 为 OFF,所以南北绿灯亮、东西红灯亮,并重复上述过程。

下面把时序图设计法归纳如下:

● 详细分析控制要求,明确各输入/输出信号个数,合理选择机型。

● 明确各输入和输出信号之间的时序关系,画出各输入和输出信号的工作时序图。

● 把时序图划分成若干个时间区段,确定各区段的时间长短,找出区段间的分界点,弄清分界点处各输出信号状态的转换关系和转换条件。

● 根据时间区段的个数确定需要几个定时器,分配定时器号,确定各定时器的设定值,明确各定时器开始定时和定时时间到这两个关键时刻对各输出信号状态的影响。

● 对 PLC 进行 I/O 分配。

● 根据定时器的功能明细表、时序图和 I/O 分配画出梯形图。

● 作模拟运行实验,检查程序是否符合控制要求,进一步修改程序。

对一个复杂的控制系统,若某个环节属于这类控制,就可以用这个方法去处理。

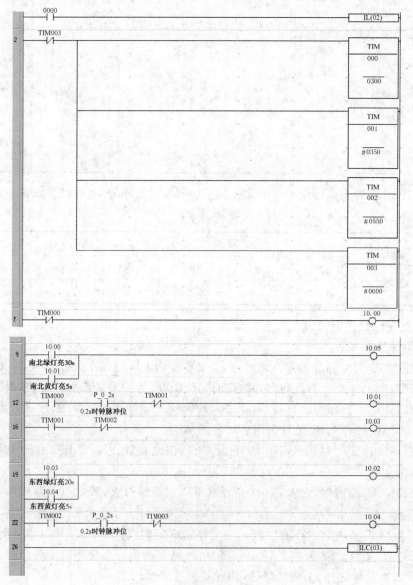

图 8-37

4. 顺序控制功能图设计法

顺序控制是指按照生产工艺预先规定的顺序,在各个输入信号的作用下,根据内部状态和时间的顺序,使各个执行机构自动有序地进行操作。

顺序功能图是指描述控制系统的控制过程、功能和特性的一种图形,主要由步、有向连线、转换、转换条件和动作(或命令)组成。它具有简单、直观等特点,是设计 PLC 顺序控制程序的一种有力工具。

顺序控制功能图设计法是指用转换条件控制代表各步的编程元件,让它们的状态按一定的顺序变化,然后用代表各步的编程元件去控制 PLC 的各输出继电器。

（1）步

将系统的一个周期划分为若干个顺序相连的阶段,这些阶段称为步。"步"是控制过程中的一个特定状态。步又分为初始步和工作步,在每一步中要完成一个或多个特定的动作。初始步表示一个控制系统的初始状态,所以一个控制系统必须有一个初始步,初始步可以没有具体要完成的动作。

（2）转换条件

步与步之间用"有向连线"连接,在有向连线上用一个或多个小短线表示一个或多个转换条件,当条件得到满足时,转换得以实现。即上一步的动作结束而下一步的动作开始,因此不会出现步的动作重叠。当系统正处于某一步时,把该步称为"活动步"。为了确保控制严格地按照顺序执行,步与步之间必须要有转换条件分隔。

状态继电器是构成功能图的重要元件。三菱系列 PLC 的状态继电器元件有 900 点（S0～S899）,其中 S0～S9 为初始状态继电器,用于功能图的初始步。

以图 8-38 为例说明功能图。步用方框表示,方框内是步的元件号或步的名称,步与步之间要用有向线段连接。其中从上到下和从左到右的箭头可以省去不画,有向线段上的垂直短线和它旁边的圆圈或方框是该步期间的输出信号,如需要也可以对输出元件进行置位或复位。当步 S030 有效时,输出 Y010,Y011 接通(在这里 Y010 是用 OUT 指令驱动,Y011 是用 SET 指令置位,未复位前 Y011 一直保持接通),程序等待转换条件 X020 动作。当 X020 满足时,步就由 S030 转到 S031,这时 Y010 断开,Y012 接通,Y011 仍保持接通。

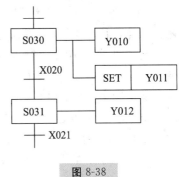

图 8-38

转换条件是指与转换相关的逻辑命令,可用文字语言、布尔代数表达式或图形符号放在短划线旁边,使用最多的是布尔代数表达式。

绘制顺序功能图应注意如下几点:

① 两个步绝对不能直接相连,必须用一个转换将它们隔开。

② 两个转换绝对不能直接相连,必须用一个步将它们隔开。

③ 初始步必不可少,否则无法表示初始状态,系统也无法返回停止状态。

④ 自动控制系统应能多次重复执行同一工艺过程,应组成闭环,即最后一步返回初始步(单周期),或下一周期开始运行第一步(连续循环)。

⑤ 只有当前一步是活动步,该步才可能变成活动步。一般采用无断电保持功能的编程

元件代表各步,进入 RUN 工作方式时,它们均处于断开状态,系统无法工作。必须使用初始化脉冲 M8002 的常开作为转换条件,将初始步预置为活动步。

（3）步进指令

步进指令又称 STL 指令。在 FX 系列 PLC 中还有一条使 STL 复位的 RET 指令。利用这两条指令就可以很方便地对顺序控制系统的功能图进行编程。步进指令 STL 只有与状态继电器 S 配合时,才具有步进功能。使用 STL 指令的状态继电器常开触点,称为 STL 触点,没有常闭的 STL 触点。从图 8-39 中可以看出功能图和梯形图之间的关系,用状态继电器代表功能图的各步,每一步都具有三种功能:负载的驱动处理、指定转换条件和指定转换目标。

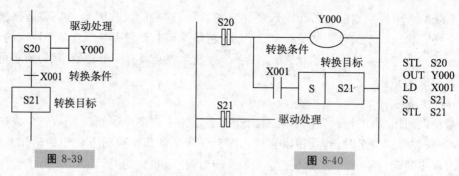

图 8-39　　　　　　　　　　　　　　　图 8-40

步进指令的执行过程如图 8-40 所示,当步 S20 为活动步时,与 S20 的 STL 触点接通的负载 Y000 接通。当转换条件 X001 成立时,下一步的 S21 将被置位,同时 PLC 自动将 S20 断开(复位),Y000 也断开。

STL 触点是与左母线相连的常开触点,类似于主控触点,并且同一状态继电器的 STL 触点只能使用一次(并行序列的合并除外)。

与 STL 触点相连的触点应使用 LD 或 LDI 指令,使用过 STL 指令后,应用 RET 指令使 LD 点返回左母线。

梯形图中同一元件的线圈可以被不同的 STL 触点驱动,即使用 STL 指令时,允许双线圈输出。STL 触点之后不能使用 MC/MCR 指令。

（4）设计举例

设小车停在左侧限位 X2 处,按下启动按钮 X0,打开料斗 Y2,开始装料,T0、10s 关闭 Y2,小车右行 Y0,碰 X1 停,卸料,Y3 工作,T1、5s 后,开始左行 Y1,碰 X2,返回初始状态,停止运行,如图 8-41 所示。

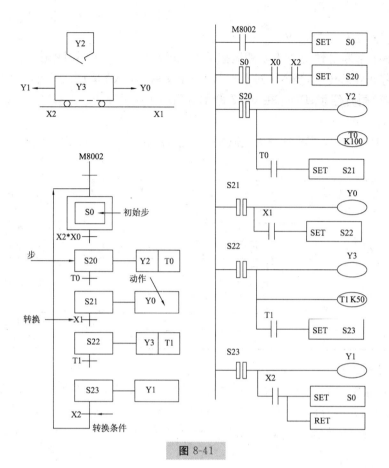

图 8-41

8.4.3　PLC 其他应用举例

例 4　PLC 在带式输送机控制系统中的应用。

在建材、化工、食品、机械、钢铁、冶金、煤矿等工业生产中广泛使用带式运输机运送原料或物品。

图 8-42 是某原料带式运输机的示意图。原料从料斗经过 PD-2、PD-1 两台带式运输机送出。从料斗向 PD-2 供料由电磁阀 YV 控制，PD-1 和 PD-2 分别由电动机 M1 和 M2 驱动。

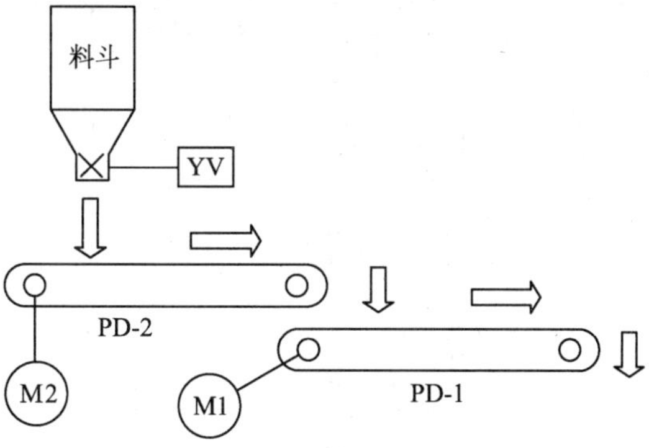

① 控制要求。

● 启动：启动时为了避免在前段运输带式上造成物料堆积，要求逆物料流动方向按一定时间间隔顺序启动。其启动顺序为：PD-1 $\xrightarrow{\text{时隔 5 s}}$ PD-2 $\xrightarrow{\text{时隔 5 s}}$ YV。

● 停止：停止时为了使运输带式上不残留物料，要求顺物料流动方向按一定时间间隔

图 8-42

顺序停止。其停止顺序为：YV $\xrightarrow{\text{时隔 10s}}$ PD-2 $\xrightarrow{\text{时隔 10s}}$ PD-1。

● 紧急停止：紧急情况下无条件地把 PD-1、PD-2、YV 全部同时停止。

● 故障停止：运转中，当 M1 过载时，应使 PD-1、PD-2、YV 同时停止。当 M2 过载时，应使 PD-2、YV 同时停止；PD-1 在 PD-2 停止后延迟 10s 后停止。

② I/O 地址分配。

根据示意图和控制要求可知，该系统需要 5 个输入点和 3 个输出点，其地址分配如表 8-6 所示。

表 8-6

类　别	元　件	端子号	作　用
输　入	SB1	X400	启动按钮
	SB2	X401	停止按钮
	SB3	X402	急停按钮
	FR1	X403	热继电器常开触点
	FR2	X404	热继电器常开触点
输　出	M1	Y430	M1 电动机接触器
	M2	Y431	M2 电动机接触器
	YV	Y432	电磁阀接触器

③ 软件系统设计。

控制要求用基本逻辑指令编制的梯形图如图 8-43 所示。图中，T450、T451 分别为 PD-2、YV 延时启动的计时器；T452、T453 分别为 PD-2、PD-1 延时停止的计时器。

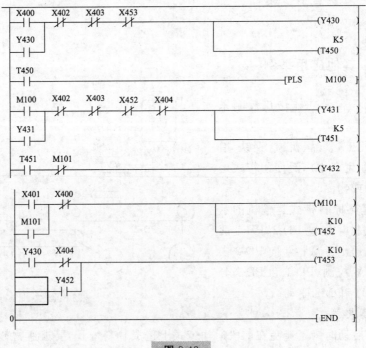

图 8-43

程序运行过程如下：

启动时，按下启动按钮，X400 接通，Y430 接通并自保，M1 启动，PD-1 投入运行，T450

开始计时。T450 计时到,T450 常开触点闭合,M100 产生一脉冲,使 Y431 接通并自保,M2 启动,PD-2 投入运行,T451 开始计时。T451 计时到,T451 常开触点闭合,Y432 接通,YV 投入运行,完成全部启动过程。

停止时,按下停止按钮,X401 接通,M101 接通并自保。Y432 断开,YV 停止,T452 开始计时。T452 计时到,T452 常闭触点断开,使 Y431 断开,M2 停止,PD-2 停止运行;同时 T452 常开触点闭合,使 T453 计时。T453 计时到,T453 常闭触点断开,使 Y430 断开,M2 停止,PD-1 停止运行,完成全部停止过程。

运行中紧急停止时,按下急停按钮,X402 常闭触点断开,使 Y430、T450、Y431、T451 断开,Y432 也断开,PD-1、PD-2、YV 同时停止运行。

运行中当 M1 过载时,X403 常闭触点断开,使 Y430、T450、Y431、T451 断开,Y432 也断开,PD-1、PD-2、YV 同时停止运行。

运行中当 M2 过载时,X404 常闭触点断开,使 Y431、T451 断开,Y432 也断开,PD-2、YV 同时停止运行;X404 常闭触点断开使 T453 计时。T453 计时到,T453 常闭触点断开,使 Y430 断开,M1 停止,PD-1 停止运行。

例 5 PLC 在全自动洗衣机控制系统中的应用。

① 全自动洗衣机实物示意图。

全自动洗衣机的实物示意图如图 8-44 所示。

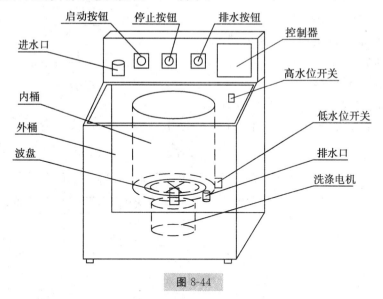

图 8-44

全自动洗衣机的洗衣桶(外桶)和脱水桶(内桶)是以同一中心安放的。外桶固定,作盛水用。内桶可以旋转,作脱水(甩干)用。内桶的四周有很多小孔,使内、外桶的水流相通。

该洗衣机的进水和排水分别由进水电磁阀和排水电磁阀来执行。进水时,通过电控系统使进水阀打开,经过进水管将水注入到外桶。排水时,通过电控系统使排水阀打开,将水由外桶排到机外。洗涤正转、反转由洗涤电动机驱动波盘正、反转来实现,此时脱水桶并不旋转。脱水时,通过电控系统将离合器合上,由洗涤电动机带动内桶正转进行甩干。

高、低水位开关分别用来检测高、低水位。启动按钮用来启动洗衣机工作。停止按钮用来实现手动停止进水、排水、脱水及报警。排水按钮用来实现手动排水。

② 控制要求。

该全自动洗衣机的控制要求可以用如图 8-45 所示的流程图来表示。

PLC 投入运行,系统处于初始状态,准备好启动。

启动时开始进水。水满(即水位到达高水位)时停止进水并开始洗涤正转。正洗 15s 后暂停,暂停 3s 后开始洗涤反转,反洗 15s 后暂停。暂停 3s 后,若正、反转未满三次,则返回从正洗开始的动作;若正、反转满三次,则开始排水。

水位下降到低水位时开始脱水并继续排水。脱水 10s 即完成一次从进水到脱水的大循环过程。若未完成三次大循环,则返回从进水开始的全部动作,进行下一次大循环;若完成了三次循环,则进行洗完报警。报警 10s 后结束全部过程,自动停机。

此外,还要求可以按排水按钮以实现手动排水;按停止按钮以实现手动停止进水、排水、脱水及报警。

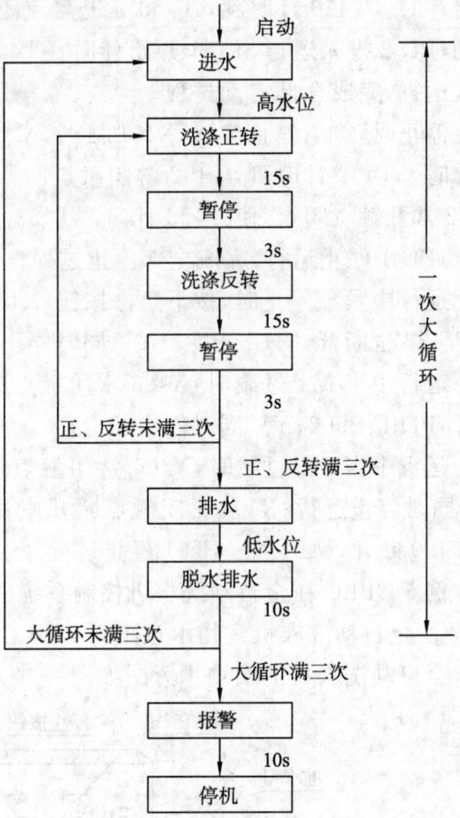

③ 三菱系统编程设计。

● I/O 地址分配。根据示意图和控制要求可知,该系统需要 5 个输入点和 6 个输出点,其地址分配如表 8-7 所示:

流程图:启动 → 进水 → 高水位 → 洗涤正转 → 15s → 暂停 → 3s → 洗涤反转 → 15s → 暂停 → 3s → 正、反转未满三次(返回洗涤正转)/正、反转满三次 → 排水 → 低水位 → 脱水排水 → 10s → 大循环未满三次(返回进水)/大循环满三次 → 报警 → 10s → 停机。一次大循环。

图 8-45

表 8-7

类别	元件	端子号	作　用
输入	SB1	X400	启动按钮
	SB2	X401	停止按钮
	SB3	X402	排水按钮
	SL1	X403	高水位开关
	SL2	X404	低水位开关
输出	YV1	Y430	进水电磁阀
	KM1	Y431	电动机正转接触器
	KM2	Y432	电动机反转接触器
	YV2	Y433	排水电磁阀
	YC1	Y434	脱水电磁离合器
	KM3	Y435	报警蜂鸣器

● 软件系统设计。由流程图可知,实现自动控制需设置 6 个计时器和 2 个计数器:T450——正洗计时,T451——正洗暂停计时,T452——反洗计时,T453——反洗暂停计时,T454——脱水计时,T455——报警计时,C460——正、反洗循环计数,C461——大循环计数。

根据流程图编制的梯形图如图 8-46 所示。

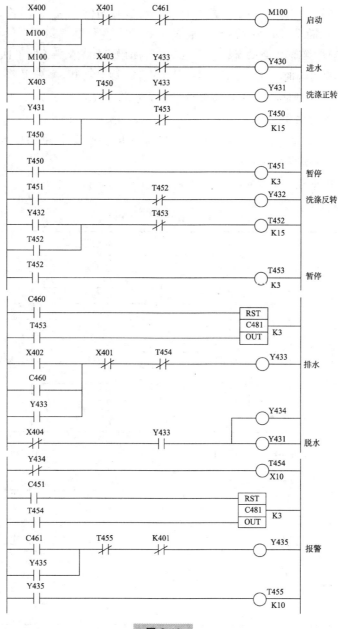

图 8-46

程序运行过程如下:

按下启动按钮,X400 接通,M100 接通并自保,Y430 接通,进水。到高水位时,X403 接通,X403 常闭触点断开,Y430 断开,进水停止;X403 常开触点闭合,Y431 接通,正洗,T450 开始计时。T450 计时到,T450 常闭触点断开,Y431 断开,正洗暂停;T450 常开触点闭合,使 T450 自保,T451 开始计时。T451 计时到,T451 常开触点闭合,Y432 接通,反洗,T452 开始计时。T452 计时到,T452 常闭触点断开,Y432 断开,排水到低水位时,X404 断开,X404 常闭触点闭合,Y431、Y434 接通,脱水,T454 开始计时。T454 计时到,T454 常闭触点断开，Y433、Y431、Y434 断开，停止排水和脱水；T454 常开触点接通，C461 计一次数。Y433 常闭触点闭合，Y430 又接通，重复进行从进水开始的全部动作，直到 C461 计满三次时，C461 常闭触点断开，M100 断开，停止洗涤；C461 常开触点接通，Y435 接通并自保，报警。C461 常开触点接通又使 C461 复位，C461 常闭触点闭合，准备好下次启动。Y435 常开触点接通，T455 开始计时。T455 计时到，T455 常闭触点断开，停止报警。

　　运行中按停止按钮时，X401 常闭触点断开，则 M100、Y430、Y433、Y434、Y435 断开，停止进水、排水、脱水及报警。

　　按排水按钮时，X402 常开触点闭合，Y433 接通并自保，进行手动排水。

④ OMRON 系统编程设计。

I/O 地址分配如表 8-8 所示。

表 8-8

类　别	元　件	端子号	作　用
输　入	SB1	00000	启动按钮
	SB2	00001	停止按钮
	SB3	00002	排水按钮
	SL1	00003	高水位开关
	SL2	00004	低水位开关
输　出	YV1	01000	进水电磁阀
	KM1	01001	电动机正转接触器
	KM2	01002	电动机反转接触器
	YV2	01003	排水电磁阀
	YC1	01004	脱水电磁离合器
	KM3	01005	报警蜂鸣器

采用 OMRON 系统设计的梯形图如图 8-47 所示。

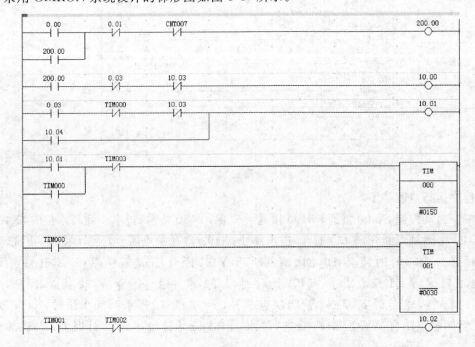

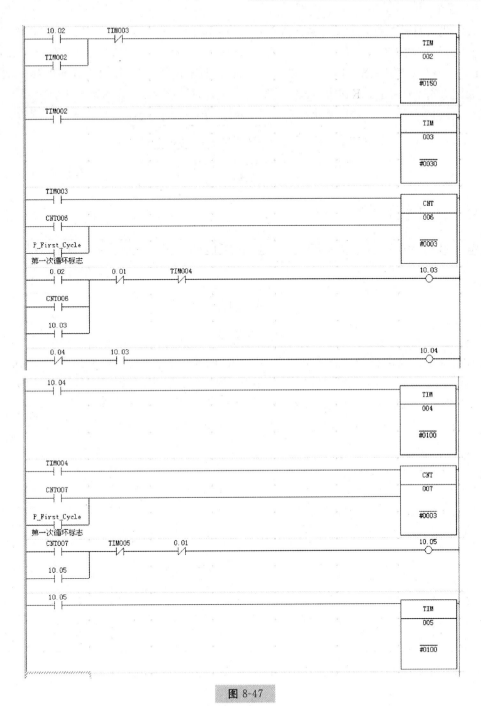

图 8-47

程序运行过程同上述第 217 页相同,读者可自行分析。

例 6　PLC 在步进电动机控制中的应用。

移位寄存器指令是 PLC 可编程序控制器的一种非常有用的指令,掌握好这条指令的功能,对 PLC 的编程技巧是很有帮助的。三菱 FX 系列 PLC 有使位元件状态向左移 SFTL 指令或向右移 SFTR 指令的功能。

右移(SFTR)指令格式如图 8-48(a)所示,其指令代号为 FNC34。该指令中 S1 代表源数据,D1 代表目的数据,n1 代表移位寄存器长度,n2 代表一次移位的字长。当 X10 为第一次合上时,相应的 X3、X2、X1 和 X0 送 M15、M14、M13 和 M12,且每组均向右移 4 位,即 5→4→3→2→1,1 溢出;当 X10 第二次合上,再重复上述右移功能,每次 4 位向前移一次。其功能如图 8-48(b)所示。K16 指 16 位,即 M0~M15;K4 指 4 位,即 X0~X4。

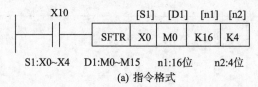

	X10		[S1]	[D1]	[n1]	[n2]
├──┤├──		SFTR	X0	M0	K16	K4

S1:X0~X4　　D1:M0~M15　　n1:16位　　n2:4位

(a) 指令格式

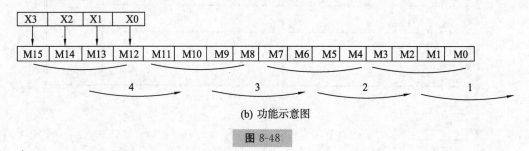

(b) 功能示意图

图 8-48

假设某步进电动机的工作方式是四相八拍,电动机有四组线圈,分别用 A、B、C、D 表示,公共端为 CM。当电动机正转时,其环形分配方式为 A—AB—B—BC—C—CD—D—DA—A;当电动机反转时,其环形分配方式为 A—DA—D—DC—C—CB—B—BA—A。

步进电动机正、反转绕组的状态真值如表 8-9 所示。

表 8-9

正　　转				反　　转			
A	B	C	D	A	B	C	D
1	0	0	0	1	0	0	0
1	1	0	0	1	0	0	1
0	1	0	0	0	0	0	1
0	1	1	0	0	0	1	1
0	0	1	0	0	0	1	0
0	0	1	1	0	1	1	0
0	0	0	1	0	1	0	0
1	0	0	1	1	1	0	0

控制步进电动机的输入开关和输出端所对应的 PLC I/O 地址如表 8-10 所示。

表 8-10

符　　号	器件号	说　　明
开关 0	X0	步进电机正转
开关 1	X1	步进电机反转
开关 2	X2	停止
开关 3	X3	快/慢开关
A 相	Y0	绕组 A 相

符　号	器 件 号	说　明
B 相	Y1	绕组 B 相
C 相	Y2	绕组 C 相
D 相	Y3	绕组 D 相

设计移位控制步进电动机正、反转绕组的状态真值如表 8-11 所示。

表 8-11

移位过程								正　转				反　转			
M7	M6	M5	M4	M3	M2	M1	M0	Y0	Y1	Y2	Y3	Y0	Y1	Y2	Y3
								A	B	C	D	A	B	C	D
0	0	0	0	0	0	0	0	0	0	0	0	0	0	0	0
1	0	0	0	0	0	0	0	1	0	0	0	1	0	0	0
0	1	0	0	0	0	0	0	1	1	0	0	1	0	0	1
0	0	1	0	0	0	0	0	0	1	0	0	0	0	0	1
0	0	0	1	0	0	0	0	0	1	1	0	0	0	1	1
0	0	0	0	1	0	0	0	0	0	1	0	0	0	1	0
0	0	0	0	0	1	0	0	0	0	1	1	0	1	1	0
0	0	0	0	0	0	1	0	0	0	0	1	0	1	0	0
0	0	0	0	0	0	0	1	1	0	0	1	1	1	0	0

由上表可得：

正转时

A 相：Y0＝M7＋M6＋M0

B 相：Y1＝M6＋M5＋M4

C 相：Y2＝M4＋M3＋M2

D 相：Y3＝M2＋M1＋M0

反转时

A 相：Y0＝M7＋M6＋M0

B 相：Y0＝M2＋M2＋M0

C 相：Y0＝M4＋M3＋M2

D 相：Y0＝M6＋M5＋M4

PLC 控制梯形图程序如图 8-49 所示。

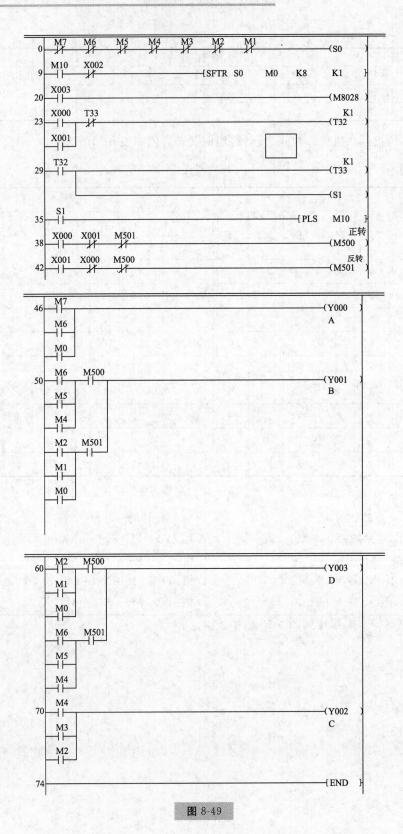

图 8-49

例 7　PLC 在数控加工中心刀库控制中的应用。

如图 8-50 所示为转盘式刀库工作台模拟装置,上面设有 8 把刀,每把刀均有相应的刀号地址,分别为 1,2,…,8.刀库由小型直流电动机带动低速转动,转动时,将由霍尔开关检测信号刀位输出,反映刀号位置。

在捷径选择控制刀库模拟装置中,分别有控制直流电动机旋转的正、反转信号输入端,有刀库到位输入指示信号输入端,有检测刀库位置开关的刀位输出信号端,有刀序起始检测零位输出端。

根据换刀要求,设当前刀号在 8 号位置,即 8 号刀在刀号测量位置上。所取新刀(希望下次取的刀号位置)假设为 2,当启动信号发出后,该刀库中心圆盘应从 8 转向 2,以逆时针方向转动,转动到位后,电动机停转。

捷径处理:刀号和所希望取的刀号分别用 BCD 码拔码开关、传送指令或从 CNC 数控系统送来数据到寄存器 D0、D1 中,经比较后,若两数相等,则比较输出到位信号,说明希望刀号与当前刀号相等。若两数不等,则需对数据进行处理,使电动机进行正转或反转。当 D0＞D1 时,需进行 D0－D1 处理;当 D0＜D1 时,需进行(D0＋8)－D0 的处理。然后再判断它们处理的结果是否大于等于 4,若大于等于 4 则反转;若小于 4,则正转(正转为顺时针,反转为逆时针)。每转动一个刀号,由 T 测试端输出一个脉冲信号给 PLC,PLC 将进行一次加 1 或减 1 操作,然后再判断 D0 与 D1 是否相等,若不等,再继续下去;若相等,则电动机停转。

用 PLC 控制刀库转动方向的流程图如图 8-51 所示。

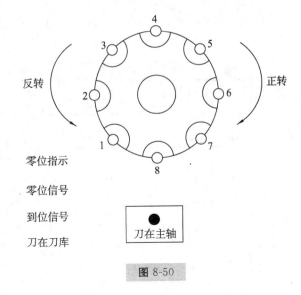

图 8-50

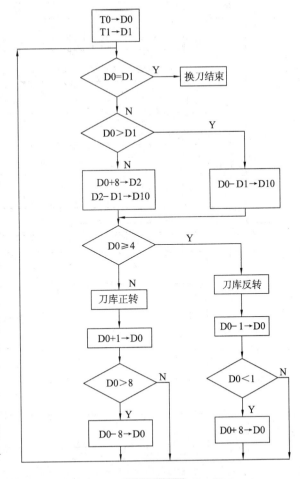

图 8-51

PLC 控制梯形图程序如图 8-52 所示。进行实验时程序中的 D0、D1 数据可以进行假设（本例 D0＝8，D1＝2）。

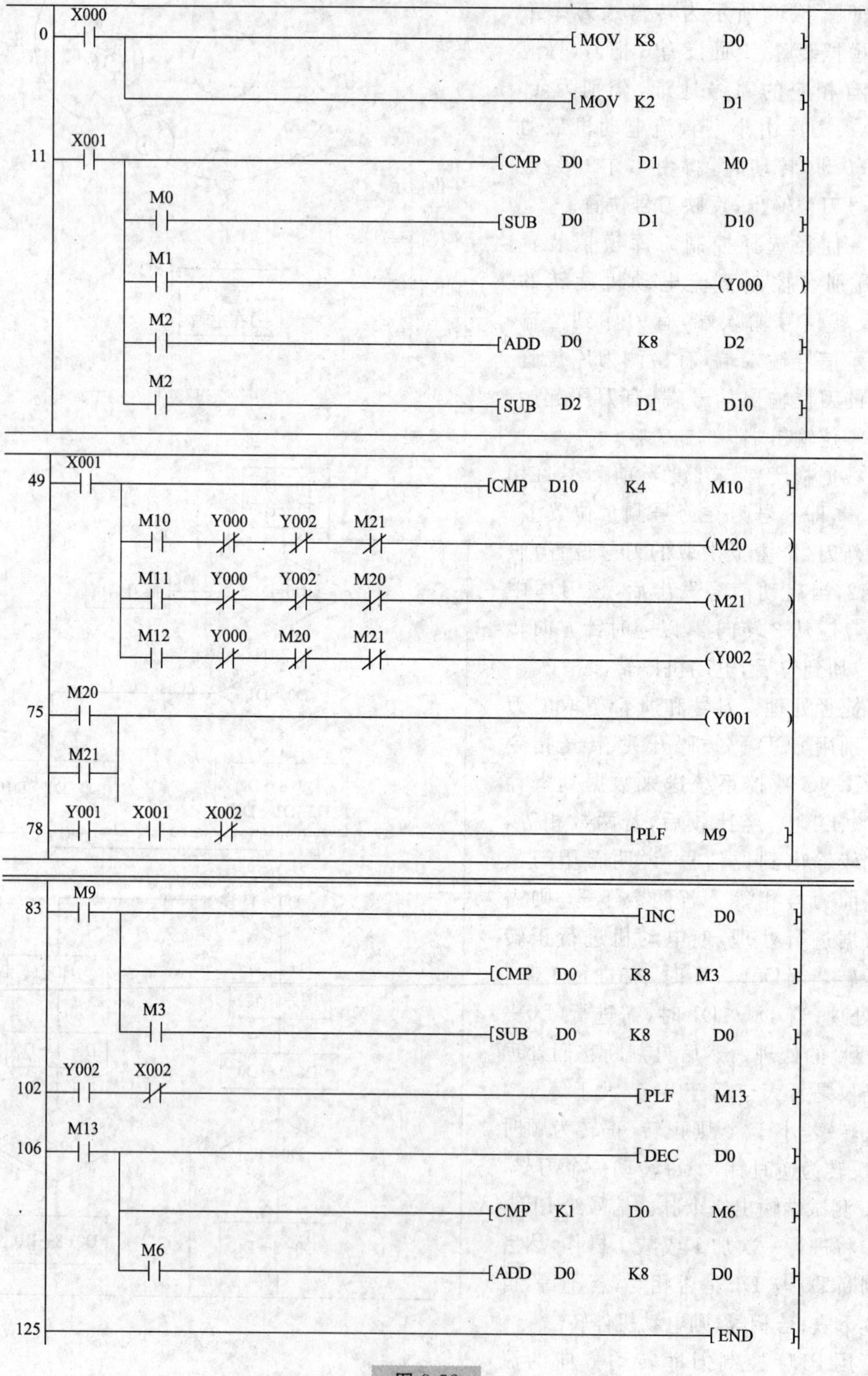

图 8-52

例8 具有多种工作方式的系统的编程方法。

不少系统需要具备多种工作方式,如既能自动地循环运行一个过程,也能进行手动操作运行一个工作步等。常见的工作方式有连续、单周期、单步和手动。所谓连续方式是指系统启动后连续地、周期性地运行一个过程;单周期方式是指启动一次只运行一个工作周期;单步方式是启动一次只能运行一个工作步;手动方式与点动控制相似。

对一个设备来说,几种工作方式不能同时运行。所以在设计这类程序时,可以对几种工作方式的程序分别进行处理,最后综合起来,这样可以简化程序的设计。下面通过一个例子说明多种工作方式的程序设计问题。在本例中,还提出了编写误操作禁止程序的实际问题。

采用液压控制的搬运机械手,其任务是把左工位的工件搬运到右工位,图 8-53 是其动作示意图。机械手的工作方式分为手动、单步、单周期和连续四种。机械手各种工作方式的动作过程及控制要求如下所述。

(1) 机械手的工作方式。

① 单周期方式。机械手在原位压左限位开关和上限位开关。按一次操作按钮机械手开始下降,下降到左工位压动下限位开关后自停;接着机械手夹紧工件后

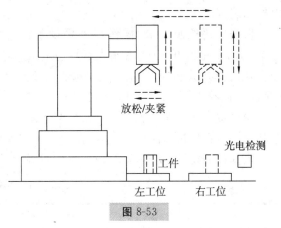

图 8-53

开始上升,上升到原位压动上限位开关后自停;接着机械手开始右行,直至压动右限位开关后自停;接着机械手下降,下降到右工位压动下限位开关(两个工位用一个下限位开关)后自停;接着机械手放松工件后开始上升,直至压动上限位开关后自停(两个工位用一个上限位开关);接着机械手开始左行直至压动左限位开关后自停。至此一个周期的动作结束,再按一次操作按钮则开始下一个周期的运行。

② 连续方式。启动后机械手反复运行上述每个周期的动作过程,即周期性连续运行。

③ 单步方式。每按一次操作按钮,机械手完成一个工作步。例如,按一次操作按钮机械手开始下降,下降到左工位压动下限位开关自停,欲使之运行下一个工作步,必须再按一次操作按钮等。

以上三种工作方式属于自动控制方式。

④ 手动方式。按下按钮则机械手开始一个动作,松开按钮则停止该动作。

(2) 对机械手每个工作步的控制要求。

① 上升和下降。机械手上升或下降的动作都要到位,否则不能进行下一个工作步。本例使用上、下限位开关进行控制。上升/下降的动作用一个双线圈的电磁阀控制。

② 夹紧和放松。机械手夹紧和放松的动作必须在两个下工位处进行,且夹紧和放松的动作都要到位。

为了确保夹紧和放松动作的可靠性,本例对夹紧和放松动作进行定时,并设置夹紧和放松指示。夹紧和放松动作由单线圈的电磁阀控制。

③ 左行和右行。自动方式时,机械手的左、右运动必须在压动上限位开关后才能进行;机械手的左右运动都必须到位,以确保在左工位取到工件并在右工位放下工件。本例利用

上限位开关、左限位开关和右限位开关进行控制。左/右行的动作由双线圈的电磁阀控制。

（3）自动方式下误操作的禁止。

自动方式（连续、单周期、单步）时，按一次操作按钮，自动运行方式开始后，此后再按操作按钮属错误操作，程序对错误操作不予响应。

另外，当机械手到达右工位上方时，下一个工作步就是下降。为了确保在右工位没有工件时才能开始下降，所以应在右工位设置有无工件检测装置。本例使用的是光电检测装置。

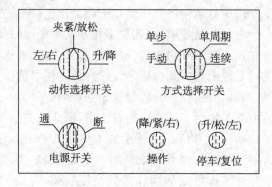

图 8-54

根据上述控制要求，操作盘上要设置：一个 PLC 的电源开关（不占输入点）；一个工作方式选择开关和一个动作方式选择开关（通过这两个开关选择工作方式和动作方式）；操作按钮和停车按钮各一个（这两个按钮其他作用见操作盘面板）。操作盘面板的布置如图 8-54 所示。

依据控制要求，需要 14 个输入点、8 个输出点，作 I/O 分配如表 8-12 所示。

表 8-12　I/O 分配

输　　入			输　　出	
操作按钮	00000	升/降选择	000100	下降电磁阀线圈	01000
停车按钮	00001	紧/松选择	000101	上升电磁阀线圈	01001
下降限位	00003	左/右选择	00102	紧/松电磁阀线圈	01002
上升限位	00004	手动方式	00103	右行电磁阀线圈	01003
右行限位	00005	单步方式	00104	左行电磁阀线圈	01004
左行限位	00006	单周方式	00105	原位指示灯	01005
光电开关	00007	连续方式	00106	夹紧指示灯	01006
				放松指示灯	01007

在进行程序设计之前，先画出机械手的动作流程图。在流程图中，可清楚地看到机械手每一步的动作内容及步间的转换关系。

根据流程图，设计出应用程序的总体方案。把整个程序分为两大块，即手动和自动两部分。当选择开关拨到手动方式时，输入点 00103 为 ON，其常开触点接通，开始执行手动程序；当选择开关拨在单步、单周期或连续方式时，输入点 00103 断开，其常闭触点闭合，开始执行自动程序。至于执行自动方式的哪一种，则取决于方式选择开关是拨在单步、单周期还是连续的位置上。

图 8-55 是根据要求设计的手动控制程序的梯形图，对其功能作如下分析。

● 上升/下降控制（工作方式选择开关拨在手动位）。

手动控制机械手的升/降、左/右行、工件的夹紧/放松操作，是通过方式开关、操作和停车按钮的配合来完成的。

欲进行机械手升/降操作时，要把选择开关拨在升/降位，使 00100 接通。

下降操作为：按下操作按钮时输入点 00000 接通，则 01000（下降电磁阀线圈）接通使机械手下降,松开按钮则机械手停。当按住操作按钮不放时,机械手下降到位压动下限位开关00003时自停。

上升操作为:按下停车按钮时输入点00001接通,则01001(上升电磁阀线圈)接通,使机械手上升,松开按钮时机械手停。当按住停车按钮不放时,机械手上升到位压动上限位开关00004后自停。

● 夹紧、放松控制(工作方式选择开关拨在手动位)。

只有机械手停在左或右工作位且下限位开关00003受压(其常开触点接通)时,夹紧/放松的操作才能进行。要把动作选择开关拨在夹紧/放松位,使输入点00101接通。

若机械手停在左工作位且此时有工件时,当按住操作按钮时如下动作开始:其一,01002被置位,机械手开始夹紧工件;其二,01006为ON,夹紧动作指示灯亮,表示正在进行夹紧的动作;其三,TIM002开始夹紧定时。当定时时间到且夹紧动作指示灯灭时,方可以松开按钮,此时01002仍保持接通状态,T1M002复位。

若机械手停在右工作位且夹有工件时,当按住停车按钮时如下动作开始:其一,01002被复位,机械手开始放松工件;其二,01007为

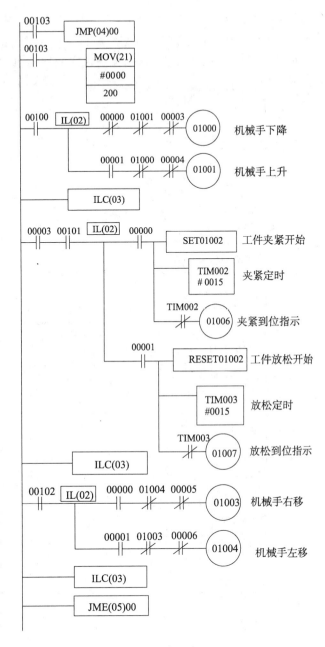

图 8-55

ON使放松动作指示灯亮,表示正在进行放松的动作:其三,TIM003开始放松定时。当定时时间到且放松动作指示灯灭时,方可以松开按钮,此时01002仍保持断开状态,TIM003复位。

● 左行、右行控制(工作方式选择开关拨在手动位)。

把动作选择开关拨在左/右位,使输入点00102接通。

右行的操作为:按住操作按钮00000,01003(右行电磁阀线圈)得电使机械手右行,松开按钮则机械手停。当按住操作按钮不放时,机械手右行,右行到位压动右限位开关00005时自停。

左行的操作为：按住停车按钮 00001，01004（左行电磁阀线圈）得电使机械手左行，松开按钮则机械手停。当按住停车按钮不放时，机械手左行，左行到位压动左限位开关 00006 时自停。

图 8-56 是根据要求设计的自动控制程序的梯形图，对其功能作如下分析。

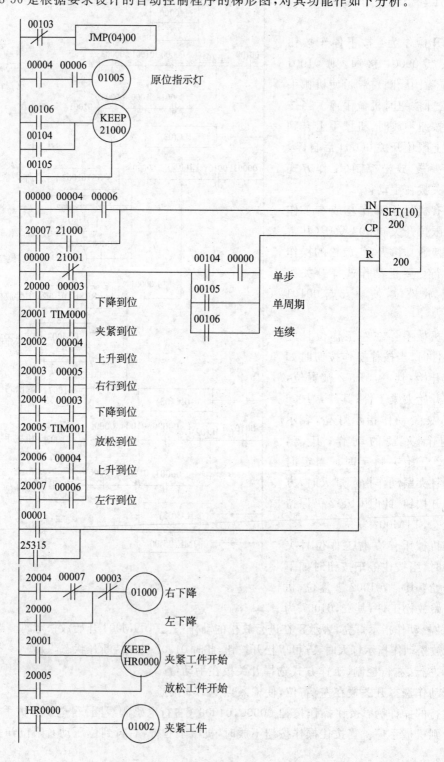

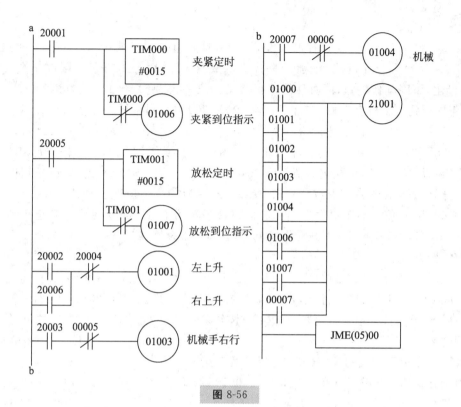

图 8-56

● 连续运行方式的控制（工作方式选择开关扳在连续位）。

连续运行方式的启动必须从原位开始。如果机械手未停在原位，要用手动操作让机械手返回原位。当机械手返回原位时，原位指示灯亮。

方式选择开关拨在连续位且输入点 00106 接通，其一使 21000 置位，其二使 SFT 的移位脉冲输入端接通。

移位寄存器通道 200 是由 25315 或停止按钮 00001 进行复位的。

由于机械手在原位，上限位开关和左限位开关受压，常开触点 00004 和 00006 都闭合。所以按一下操作按钮，则向移位寄存器发出第一个移位脉冲。第一次移位使 20000 为"1"，从而使 01000 为 ON，自此机械手开始下降，且 00004 和 00006 均变为 OFF。

当机械手下降到左工位并压动下限位开关时，00003 的常开触点闭合，于是移位寄存器移位一次。由于机械手离开了原位，且串联在移位输入端的常开触点 00000、00004 和 00006 都是断开的，所以这次移位使 20000 变为"0"，而 20001 为"1"。

20001 为"1"的作用是：其一使 HR0000 置位，01002 为 ON，工件夹紧动作开始；其二是使夹紧动作指示灯亮；其三使夹紧定时器 TIM000 开始定时。当定时时间到（即夹紧到位）时夹紧指示灯灭，而移位寄存器又移位一次，使 20001 变为"0"，而 20002 变为"1"。

20002 为"1"使 01001 为 ON，自此机械手开始上升。当机械手上升到原位时压上限位开关 00004，使 01001 断电，上升动作停止，同时移位寄存器又移位一次，使 20002 变为"0"，而 20003 变为"1"。

20003 为"1"使 01003 为 ON，自此机械手开始右移。当机械手右移到位压右限位开关 00005 时，使 01003 断电，右移停止，同时移位寄存器又移位一次，使 20003 变为"0"，而

20004 变为"1"。

20004 为"1"时，若检测到右工位没有工件，且光电开关的常闭触点 00007 接通时，使 01000 再次为 ON，自此机械手开始下降。当机械手 F 降到右工位压动下限位开关 00003 时 01000 断电，下降动作停止，同时移位寄存器又移位一次，使 20004 变为"0"，而 20005 变为 "1"。若检测到右工位有工件，使常闭触点 00007 断开时，则机械手停在右上方不动。只有 拿掉右工位的工件，机械手才开始下降。

20005 为"1"的作用是：其一，使 HR0000 和 01002 复位，工件放松动作开始；其二，使放松动作指示灯亮；其三，放松定时器 TIM001 开始定时。当定时时间到（即放松到位）时，放松指示灯灭，而移位寄存器又移位一次，使 20005 变为"0"，20006 变为"1"。

20006 为"1"使 01001 再次为 ON，自此机械手开始上升。当机械手上升至压动上限位开关 00004 时，01001 断电，上升动作停止，同时移位寄存器又移位一次，使 20006 变为"0"，而 20007 变为"1"。

20007 为"1"使 01004 为 ON，自此机械手开始左移。当机械手左移到位时，压左限位开关 00006，01004 断电，左移停止，移位寄存器又移位一次。由于 20007 和 21000 一直为 ON，所以 SFT 的数据输入端为"1"。这样，本次移位使 20000 又变为"1"，随之开始了下一个周期的运行。

● 单周期运行方式的控制（方式选择开关拨在单周期位）。

由于方式选择开关拨在单周期位时使 00105 接通，其常开触点闭合使 21000 被复位。所以当机械手运行到一个循环的最后一步结束，且 20007 和左限位 00006 为 ON 时，因 21000 已断开而使 SFT 的数据输入为"0"，不能使 20000 再置位，因此只能在一个周期结束时停止运行。要想进行下一个周期的运行，必须再按一次操作按钮。

● 单步运行方式的控制（方式选择开关拨在单步位）。

单步方式时，SFT 的移位输入端是常开触点 00104 与 00000 的串联，所以按一次操作按钮发一个移位脉冲，机械手只完成一步的动作就停止。例如，当 20000 接通，机械手下降到位时，00003 被接通，若此时不再按一下操作按钮，则移位信号不能送到 SFT 的移位输入端，因此机械手只能在一步结束时停止运行。

由于方式选择开关拨在单步位，00104 接通，其常开触点闭合，使 21000 被置位。当机械手运行到一个循环的最后一步结束（即 20007 和 00006 为 ON）时，由于移位输入端的 20007 和 21000 接通，所以若再按一次操作按钮能使 20000 再置位，即进入下一个周期的第一步。

● 自动方式下误操作的禁止。

连续、单周期、单步都属于自动方式的运行。为了防止误操作，本例编写了相应的程序段，其原理是：在自动运行过程中，由于 01000～01007（除 01005）及 00007 中总有一个为 ON，使 21001 总为 ON。由于常开触点 00000 和常闭触点 21001 串联在移位寄存器的移位脉冲输入端，这样，在自动方式第一次按启动按钮自动运行开始后，如果随后又误按了一下启动按钮 00000，程序不会响应。这是因为第一次按启动按钮后，01000 即 ON，且使 21001 为 ON，其常闭触点 21001 即断开，此后再按启动按钮，移位脉冲也不会送达 SFT 的 CP 端。同样其他各步也能保证 21001 为 ON，所以启动后误按操作按钮不会造成误动作。

在使用移位寄存器时，如果移位脉冲是通过操作按钮输入的，都要考虑误操作的问题。

因为误按操作按钮是难免的,这个问题没处理好,容易发生失控现象。

● 手动和自动方式转换时的复位问题。

由于手动和自动的切换是由 JMP/JME 指令实现的,当 JMP 的执行条件由 ON 变为 OFF 时,JMP 与 JME 之间的各输出状态保持不变。所以在手动方式与自动方式之间切换时,一般要进行复位操作,以避免出现错误动作。

由于自动运行方式必须是机械手停在原位时才能启动,所以经过手动复位后,使 01000～01007(除 01005)都被复位。在自动运行过程中欲停机,应按一次停车按钮 00001 对 200 通道进行复位,也间接地对 010 通道复了位。

在自动运行过程中,若未按停车按钮直接将方式开关(00103)拨到手动位时,200 通道中的状态将保持不变。当手动操作完毕再转到自动状态时,200 通道的原状态就会导致误动作。为了防止这种现象发生,在手动控制程序中采取了复位措施。由于 200 通道被复位,因此切换时不会出现误动作。

8.5 基本控制系统的设计与调试

8.5.1 电动机星形-三角形启动控制(课题十八)

利用星形-三角形换接启动控制需注意:由于电动机正反转换接时,有可能因为电动机容量较大或操作不当等原因,接触器主触头会产生较为严重的起弧现象,如果电弧还未完全熄灭时,反转的接触器就闭合,则会造成电源相间短路。用 PLC 来控制电动机则可避免这一问题。

1. **课题目的**

● 掌握电动机星形-三角形换接启动主回路的接线。

● 学会用可编程控制器实现电动机星形/三角形换接降压启动控制过程的编程方法。

2. **课题要求**

合上启动按钮后,电动机先作星形连接,经延时 6s 后自动换接到三角形连接运转。

3. **实验面板图**

三相异步电动机星形-三角形换接启动控制的实验面板图如图 8-57 所示。

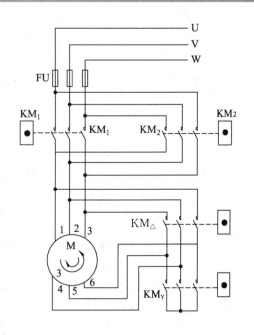

图 8-57

4. 绘制梯形图、编写语句表及动作过程分析

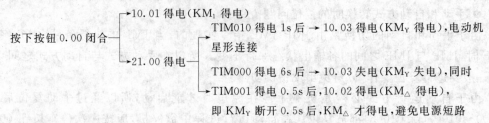

梯形图及语句表如图 8-58 所示。

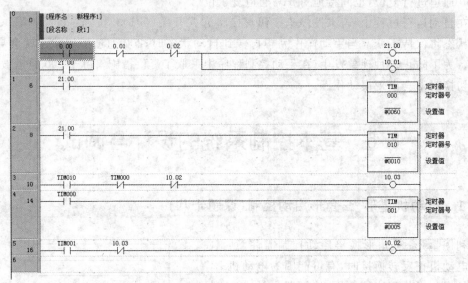

条	步	指令	操作数
0	0	LD	0.00
	1	OR	21.00
	2	ANDNOT	0.01
	3	ANDNOT	0.02
	4	OUT	21.00
	5	OUT	10.01
1	6	LD	21.00
	7	TIM	000
			#0060
2	8	LD	21.00
	9	TIM	010
			#0010
3	10	LD	TIM010
	11	ANDNOT	TIM000
	12	ANDNOT	10.02
	13	OUT	10.03
4	14	LD	TIM000
	15	TIM	001
			#0005
5	16	LD	TIM001
	17	ANDNOT	10.03
	18	OUT	10.02

图 8-58

8.5.2　水塔水位控制(课题十九)

1. 课题目标
用 PLC 构成水塔水位自动控制系统。

2. 课题内容

当水池水位低于水池低水位界时(S4 为 ON 表示),阀 Y 打开进水(Y 为 ON),定时器开始定时,4s 后,如果 S4 还不为 OFF,那么阀 Y 指示灯闪烁,表示阀 Y 没有进水,出现故障,S3 为 ON 后,阀 Y 关闭(Y 为 OFF)。当 S4 为 OFF 时,且水塔水位低于水塔低水位界时 S2 为 ON,电动机 M 运转抽水。当水塔水位高于水塔高水位界时电动机 M 停止。

3. 水塔水位控制的实验面板图

如图 8-59 所示,图中的 S1、S2、S3、S4 分别接主机的输入点 0.00、0.01、0.02、0.03,M、Y 分别接主机的输出点 10.00、10.01。

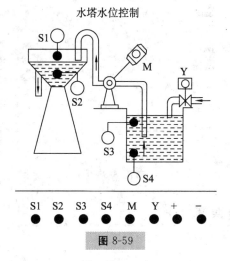

图 8-59

4. PLC 梯形图

PLC 梯形图如图 8-60 所示。

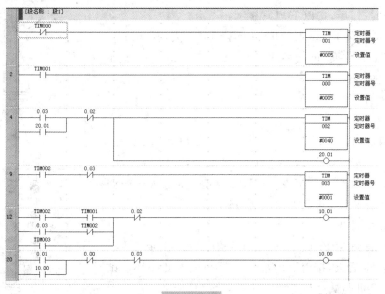

图 8-60

5. 语句表

语句表如图 8-61 所示。

条	步	指令	操作数	值	注释
0	0	LDNOT	TIM000		
	1	TIM	001		
			#0005		
1	2	LD	TIM001		
	3	TIM	000		
			#0005		
2	4	LD	0.03		
	5	OR	20.01		
	6	ANDNOT	0.02		
	7	TIM	002		
			#0040		
	8	OUT	20.01		
3	9	LD	TIM002		
	10	ANDNOT	0.03		
	11	TIM	003		
			#0001		
4	12	LD	TIM002		
	13	AND	TIM001		
	14	LD	0.03		
	15	ANDNOT	TIM002		
	16	ORLD			
	17	OR	TIM003		
	18	ANDNOT	0.02		
	19	OUT	10.01		
5	20	LD	0.01		
	21	OR	10.00		
	22	ANDNOT	0.00		
	23	ANDNOT	0.03		
	24	OUT	10.00		

图 8-61

8.5.3 天塔之光控制(课题二十)

1. 课题目标

用 PLC 构成闪光灯控制系统。

2. 课题要求

合上启动按钮后,按以下规律显示:

● 隔灯闪烁,L1、L3、L5、L7、L9 亮 1s 后灭,接着 L2、L4、L6、L8 亮,1s 后灭,再接着 L1、L3、L5、L7、L9 亮……如此循环下去(图 8-62)。

● 编写程序。

3. 练习题

(1) 隔两灯闪烁

L1、L4、L7 亮,1s 后灭,接着 L2、L5、L8 亮,1s 后灭,接着 L3、L6、L9 亮,1s 后灭,接着 L1、L4、L7 亮,1s 后灭……如此循环。试编制程序,并上机调试运行。

(2) 发射型闪烁

L1 亮 2s 后灭,接着 L2、L3、L4、L5 亮 2s 后灭,接着 L6、L7、L8、L9 亮 2s 后灭,接着 L1 亮 2s 后灭……如此循环。试编制程序,并上机调试运行。

4. PLC 梯形图

PLC 梯形图如图 8-63 所示。

图 8-62

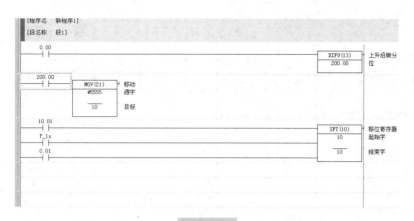

图 8-63

8.5.4　十字路口交通信号灯模拟控制(课题二十一)

1. 课题目标

熟练使用基本指令,根据控制要求,掌握 PLC 的编程方法和程序调试方法,了解使用 PLC 解决一个实际问题。

信号灯受一个启动开关控制,当启动开关接通时,信号灯系统开始工作,南北红灯亮,东西绿灯亮。当启动开关断开时,所有信号灯都熄灭。南北红灯亮维持 25s,在南北红灯亮的同时东西绿灯也亮,并维持 20s。到 20s 时,东西绿灯闪亮,闪亮 3s 后熄灭。在东西绿灯熄灭时,东西黄灯亮,并维持 2s。到 2s 时,东西黄灯熄灭,东西红灯亮,同时,南北红灯熄灭,绿灯亮。东西红灯亮,并维持 25s。南北绿灯亮,维持 20s,然后闪亮 3s 后熄灭。同时南北黄灯亮,维持 2s 后熄灭,这时南北红灯亮。

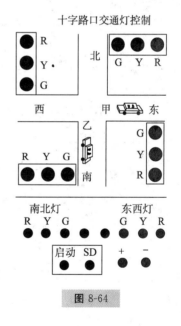

图 8-64

实验面板图 8-64 中,下框中的南北红、黄、绿灯分别接主机的输出点 10.02、10.01、10.00,东西红、黄、绿灯分别接主机的输出点 10.05、10.04、10.03,模拟南北向行驶车的灯乙接主机的输出点 10.06,模拟东西向行驶车的灯甲接主机的输出点 10.07,下框中的 SD 接主机的输入端 0.00。上框中的东西南北三组红、绿、黄三色发光二极管模拟十字路口的交通灯。

2. PLC 梯形图

PLC 梯形图如图 8-65 所示。

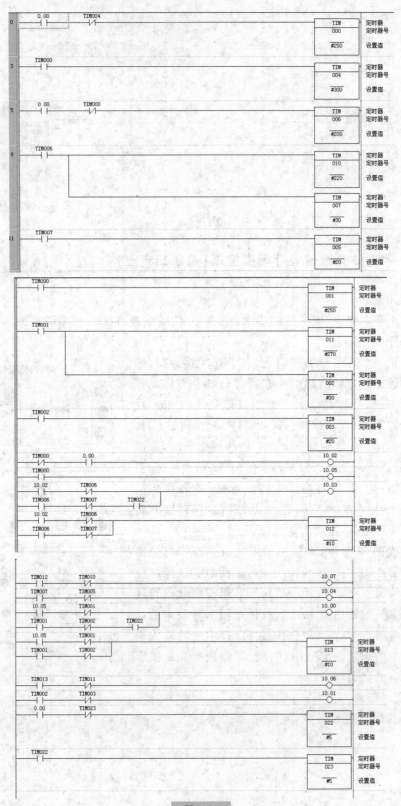

图 8-65

8.6　典型控制系统的设计与安装调试

8.6.1　抢答器与 LED 显示控制

1. 考核内容
- 根据要求设计 PLC 程序,画出梯形图,写出语句表。
- 根据自己设计的程序上机调试。

2. 编程要求

有 1、3、5、7 四组抢答器,任一组抢先按下,八段码显示该组编号,其余各组按下无效,主持人有复位按钮,按下后方可重新抢答。

I 通道编号:　　　　　　　　　　O 通道编号;

梯形图:

程序语句表:

3. 评分标准(以下内容非考生填写)

表 8-13

评分项目	配分	评分标准	扣分	得分	评分人
程序设计及梯形图	40	程序设计有错误,每处扣 5 分			
		梯形图中符号有错,每处扣 2 分			
		梯形图中标注有错,每处扣 1 分			
语句表的描述	15	语句表述有误,每处扣 3 分			
		语句表述有遗漏,每处扣 2 分			
上机调试	35	第一次调试不成功,扣 10 分			
		第二次调试不成功,再扣 15 分			
		调试接线有错,每处扣 3 分			
安全文明生产	10	不遵守安全文明生产规定的,扣 5~10 分			
备注		每个项目扣分以扣完为止,不再加扣分	考核定时	90min	
		每超 5min 扣 5 分,不足 5min 按 5min 计			

8.6.2　四台电动机顺序启动逆序停车控制

1. 考核内容

● 根据要求设计 PLC 程序,画出梯形图,写出语句表。

● 根据自己设计的程序上机调试。

2. 编程要求

电动机控制:按下启动按钮,四台电动机依次间隔 5s 启动(M1→M4),待 M4 启动 5s 后,四台电动机自行依次间隔 5s 后停止(M4→M1)。按下停止按钮,任何状态均可停止。

I 通道编号:　　　　　　　　　　O 通道编号:

梯形图:

程序语句表:

3. 评分标准

评分标准见表 8-13。

8.6.3　多种液体自动混合控制

1. 考核内容

● 根据要求设计 PLC 程序,画出梯形图,写出语句表。

● 根据自己设计的程序上机调试。

2. 编程要求

多种液体混合控制:按下启动按钮,电磁阀 Y1 打开,注入液体 A 至 L2 后停,电磁阀 Y2 打开,注入液体 B 至 L1 后停,此时启动搅拌电动机 M,5s 后停,电磁阀 Y4 打开,放出液体至 L3 后,再经过 5s 后放空,Y4 停。按下停止按钮,任一状态均停止(图 8-66)。

I 通道编号:

O 通道编号:

梯形图:

程序语句表:

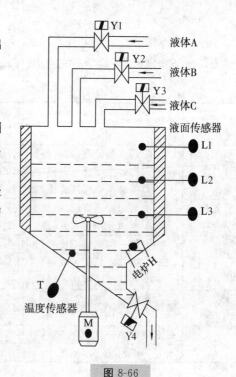

图 8-66

3. 评分标准

评分标准见表 8-13。

8.6.4 十字路口交通信号灯控制

1. 考核内容

● 根据要求设计 PLC 程序,画出梯形图,写出语句表。

● 根据自己设计的程序上机调试。

2. 编程要求

交通灯控制:按下启动按钮,南北方向绿灯亮 4s 闪两次(东西方向红灯亮 4s 闪两次)后,南北方向黄灯闪两次(东西方向黄灯闪两次),然后南北方向红灯亮 4s 闪两次(东西方向绿灯亮 4s 闪两次),依次循环。

I 通道编号: O 通道编号:

梯形图:

程序语句表:

3. 评分标准

评分标准见表 8-13。

8.6.5 自动下料系统控制

1. 考核内容

● 根据要求设计 PLC 程序,画出梯形图,写出语句表。

● 根据自己设计的程序上机调试。

2. 编程要求

自动下料控制:按下启动按钮,三台电动机依次间隔 5s 启动(M3→M1),待 M1 启动 5s 后,K2 打开下料,待 S2 信号到,K2 关闭,2s 后三台电动机依次间隔 5s 停止(M1 →M3)。按下停止按钮,任一状态可停(图 8-67)。

I 通道编号: O 通道编号:

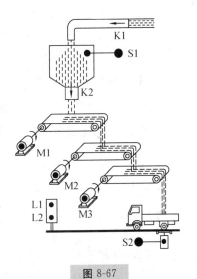

图 8-67

梯形图:

程序语句表：

3. 评分标准

评分标准见表 8-13。

8.6.6　自动运料系统控制

1. 考核内容

● 根据要求设计 PLC 程序,画出梯形图,写出语句表。

● 根据自己设计的程序上机调试。

2. 编程要求

运料车控制：有一小车,按下按钮后,从原点 O

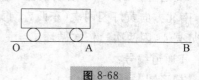

图 8-68

驶向 A,到 A 后停下 5s 卸料后自动返回 O,到 O 后
停下 5s 装料,接着从原点 O 驶向 B,到 B 后停下 5s 卸料后自动返回 O,到 O 后停下 5s 装
料,接着从原点 O 驶向 A,如此反复循环(图 8-68)。

I 通道编号：　　　　　　　　O 通道编号：

梯形图：

程序语句表：

3. 评分标准

评分标准见表 8-13。

8.6.7　三层电梯的控制

1. 考核内容

● 根据要求设计 PLC 程序,画出梯形图,写出语句表。

● 根据自己设计的程序上机调试。

2. 编程要求

按表 8-14 的要求编写程序。

表 8-14

序号	输　入			输　出
	原停层	呼叫层	运行方向	运行结果
1	1	3	升	升3停,过2不停
2	2	3	升	升3停
3	3	3	降	呼叫无效
4	1	2	升	升2停
5	2	2	停	呼叫无效
6	3	2	降	下降到2停
7	1	1	停	呼叫无效
8	2	1	降	下降到1停
9	3	1	降	下降到1停,过2不停
10	1	2、3	升	升2暂停3s,再升3停
11	2	1、3	降	下降到1停
12	2	3、1	升	升3停
13	3	2、1	降	降2暂停2s,再降1停
14	任意	任意	任意	各层运行小于10s,否则自停

I 通道编号：　　　　　　　O 通道编号：

梯形图：

程序语句表：

3. 评分标准

评分标准见表 8-13。

第9章 变频器使用简介

9.1 变 频 器

9.1.1 变频器简介

变频器内部的控制电路框图如图 9-1 所示。

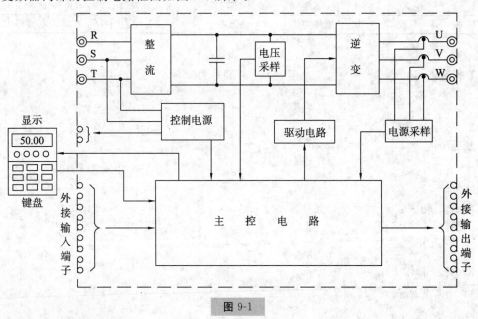

图 9-1

1. 主控电路

(1) 主控电路的基本任务

● 接受各种信号。

◇ 在功能预置阶段,接受对各功能的预置信号。

◇ 接受从键盘或外接输入端子输入的给定信号。

◇ 接受从外接输入端子输入的控制信号。

◇ 接受从电压、电流采样电路以及其他传感器输入的状态信号。

● 进行基本运算。最主要的运算包括:

◇ 进行矢量控制运算或其他必要的运算。

◇ 实时地计算出 SPWM 波形各切换点的时刻。

● 输出计算结果。

◇ 输出至逆变管模块的驱动电路,使逆变管按给定信号及预置要求输出 SPWM 电压波。

◇ 输出给显示器,显示当前的各种状态。

◇ 输出给外接输出控制端子。

（2）主控电路的其他任务

● 实现各项控制功能。接受从键盘和外接输入端子输入的各种控制信号,对 SPWM 信号进行启动、停止、升速、降速、点动等的控制。

● 实施各项保护功能。接受从电压、电流采样电路以及其他传感器（如温度传感器）的信号,结合功能中预置的限值,进行比较和判断,如认为已经出现故障,则

◇ 停止发出 SPWM 信号,使变频器中止输出。

◇ 向输出控制端输出报警信号。

◇ 向显示器输出故障原因信号。

2. 面板控制器

操作面板由显示器和键盘输入器构成,不同品牌变频器的操作面板各不相同,现以图 9-2 所示的森兰 SB61 系列变频器为例进行说明。

（1）显示器

显示器接受主控电路的显示信号,其构成和各部分的功能如下。

● 数据显示屏。

◇ 在功能预置时,显示功能码和数据码。

◇ 在运行过程中,用于显示各种数据,如频率、电流、电压、转速等。

◇ 在发生故障时,显示故障原因的代码。

● 发光二极管。

◇ 显示数据的单位,如 Hz、A、V 等。

◇ 显示变频器的工作状态,如 FWD（正转）、REV（反转）等。

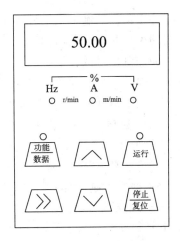

图 9-2

（2）键盘输入器

● 键盘输入器的主要功能。

◇ 在进行功能预置时输入各功能的预置数据。

◇ 在进行面板操作时,输入各项操作指令。

● 键盘输入器的组成。不同变频器的键盘配置的差异较大,但归纳起来,主要有以下几类按键:

◇ 模式转换键。用于更改工作模式,如运行模式、功能预置模式等,常见的符号有 PRG、MOD、FUNC 等。森兰 SB61 变频器则为"功能/数据"键。

◇ 数据增、减键。用于增加或减小数据,常见的符号有 ∧ 和 ∨、▲ 和 ▼、↑ 和 ↓ 等。此外,不少变频器还配置了移位键（常见的符号如">"、"≫"等）,用于加速更改数据。

◇ 读出、写入键。在功能预置模式下,用于"读出"或"写入"数据码,常见的符号有

SET、READ、DATA、ENTER 等。森兰 SB61 变频器则为"功能/数据"键。

　　◇ 运行操作键。在运行模式下,用于进行"运行"、"停止"等操作,主要有:RUN(运行)、FWD(正转)、REV(反转)、STOP(停止)、JOG(点动)等。森兰 SB61 变频器则为"运行"键。

　　◇ 复位键。用于在故障跳闸后,使变频器恢复为正常状态,符号为 RST。森兰 SB61 变频器则为"停止/复位"键。

　　某些变频器的操作面板还配置了一个调速旋钮,如森兰 SB61 系列变频器、康沃 CVF-G1 系列变频器、日本明电的 VT230S 系列变频器等。

　　3. 外接给定端与输入控制端

　　(1) 外接给定端

　　各种变频器都配有接受从外部输入给定信号的端子,如图 9-3 所示。根据给定信号类别的不同,通常有如下两类。

　　● 电压信号给定端,如图 9-3 中的端子 VR1 和 VR2。

　　● 电流信号给定端,如图 9-3 中的端子 IR1 和 IR2。

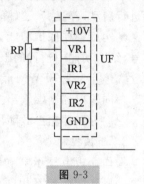

图 9-3

　　(2) 外接输入控制端

　　外接输入控制端接受外部输入的各种控制信号,以便对变频器的工作状态和输出频率进行控制。

　　● 控制信号的类别。

　　◇ 基本控制信号。如正转(FWD)、反转(REV)、点动(JOG)、复位(RST)等,基本信号输入端在多数变频器中是单独设立的,其功能比较固定,如图 9-4 所示。

　　◇ 可编程控制信号。如多挡转速控制,多挡升、降速时间控制,可编程控制等。

　　◇ 外部故障信号。当外部控制电路发生故障时,将故障信号输入给变频器,使变频器作出反应。

　　◇ 外部升、降速给定控制。通过外部触点进行升速或降速的控制。

　　上述后三项功能由图中的 X1～X7 等控制端输入,这些端子的具体功能并不固定,须在编程模式下通过功能预置来确定。

　　● 外接控制端的电路。

　　外接输入控制端接受的都是开关信号,变频器内部则由光电耦合管来接受信号,如图 9-4 所示。

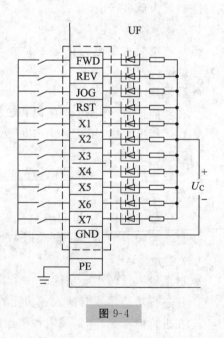

图 9-4

　　4. 外接输出控制端

　　(1) 报警输出端

　　当变频器发生故障时,变频器将发出报警信号,通常都采取继电器输出,如图 9-5 中的 30A、30B 和 30C 输出端(虚线框①)所示。报警时,30B、30C 间的动断触点断开,而 30B、30A 间的动合触点闭合。继电器可接至 AC 250～的电路中,最大电流约为 1A。图中画出了实际使用的一个例子:报警时,动断触点将主接触器的控制回路断开,使变频器脱离电源。

（2）测量信号输出端

外接测量信号输出端如图 9-5 中的 FM 和 AM（虚线框②）所示，有些变频器配置的测量信号端可多至 3～4 个。

● 测量内容。通常给出的测量内容是：FM 用于测量频率，AM 用于测量变频器的输出电流。

但通过功能预置，可以改变其测量内容，如可以测量变频器的输出电压、负荷率等。

● 测量信号。变频器通常可提供两种测量信号：

◇ 模拟量测量信号，如 DC 0～10V 等。

◇ 数字量测量信号，可直接接至需要数字量的仪器或仪表。

（3）通信接口

用于和上位微机相接（图中的虚线框③）。多数变频器提供的是 RS485 接口，而上位微机的通信口多为 RS232C 接口，中间应加接一个"RS485-RS232C"的转接口。

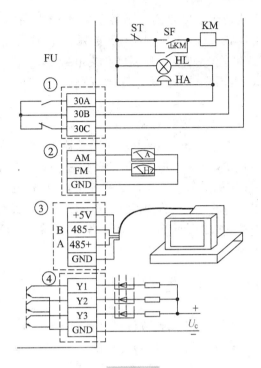

图 9-5

（4）状态信号输出端

● 状态信号的内容。主要有："运行"信号、"频率到达"信号、"频率检测"信号（图 9-5 中的虚线框④）等，各输出端的具体测量内容可通过功能预置来设定。

● 状态信号的输出电路。通常是晶体管的集电极开路输出方式，用于直流低压电路中。外电路可通过光电耦合管接受其信号，可直接用发光二极管来指示各种状态。

5. 控制电源、采样及驱动电路

（1）控制电源

．控制电源的作用是为以下各部分提供稳压电源。

● 主控电路。主控电路以微机电路为主体，要求提供稳定性非常高的 0～+5V 电源。

● 外控电路。

◇ 为给定电位器提供电源，通常为 0～+5V 或 0～+10V。

◇ 为外接传感器提供电源，通常为 0～+24V。

（2）采样电路

采样电路的作用主要是提供控制用数据和保护采样。

● 提供控制用数据。尤其是进行矢量控制时，必须测定足够的数据，以提供给微机进行矢量控制运算。

● 提供保护采样。将采样值提供给各保护电路（在主控电路内），在保护电路内与有关的极限值进行比较，必要时采取跳闸等保护措施。

（3）驱动电路

用于驱动各逆变管。如逆变管为 GTR,则驱动电路还包括以隔离变压器为主体的专用驱动电源。但现在大多数中、小容量变频器的逆变管都采用 IGBT管,逆变管的控制极和集电极、发射极之间是隔离的,不再需要隔离变压器,故驱动电路常常和主控电路在一起。

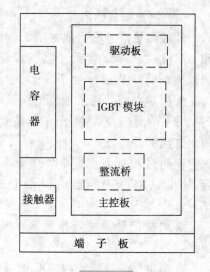

6. 变频器的内部布置

以森兰 SB61 通用系列变频器为例,其内部的大致布置如图 9-6 所示。图 9-6 中左侧是电容器和接触器;右侧分若干层,上层是主控板,主控板的下面安装主电路的一些部件,如逆变桥、整流桥等;底部有较厚的散热层;此外还有冷却风扇(图中未画出)和端子板等。

图 9-6

9.1.2　操作面板的使用

1. 用操作面板直接操作变频器的运行

● 按"运行(RUN)"键,使变频器开始运行。

● 按"增、减(▲或▼)"键,调整输出频率。

● 按"停止(STOP)"键,使变频器停止运行。

● 按"点动(JOG)"键,变频器可点动运行。

2. 显示内容的选择

变频器在运行过程中,其显示屏的显示内容可以十分方便地进行切换,以便了解各项运行数据,判断变频调速系统的工况。

改变显示内容通常可以直接切换。以森兰 SB61 系列变频器为例,其切换顺序如图 9-7 所示。

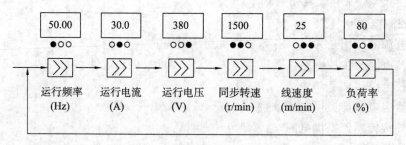

图 9-7

变频器在接通电源时,首先显示的是运行频率,每次按动"≫"键后,其显示内容依次是:运行频率(Hz)→运行电流(A)→运行电压(V)→同步转速(r/min)→线速度(m/min)→负荷率(%)→运行频率(Hz)。

9.1.3 功能预置

1. 功能预置的概念

各种变频器都具有许多可供用户选择的功能。用户在使用前,必须根据生产机械的特点和要求预先对各种功能进行设定,这种预先设定的工作称为功能预置。准确地预置变频器的各项功能,可使变频调速系统的工作过程尽可能地与生产机械的特性和要求相吻合,使变频调速系统运行在最佳状态。

(1) 功能码和数据码

用户在进行功能预置时,首先要找到所需预置的功能,然后用简单明了的方式来预置所要求的数据。为此,变频器必须对各种功能以及在该功能中提供选择的数据进行编码。

● 功能码。表示各种功能的代码。例如,在森兰 SB61 系列变频器中,功能码"F001"表示频率给定方式选择;"F413"表示加、减速方式等。

不同的变频器对功能码的编制方式也不一样,但大致有以下两种类型:

◇ 大模式型。即所有的功能码依次编码,不分区域。森兰 SB61 系列、三菱 FR-540 系列(日)、富士 C11S 系列(日)等属于这种类型的变频器。

◇ 功能码分区型。即将所有的功能分成若干个功能区。从一个功能区到另一个功能区,必须经过模式转换。例如,康沃 CVF 变频器将主要功能分为基本功能区、中级功能区和高级功能区,在预置完基本功能后,须按"MODE"键,才能进入中级功能区,再按"MODE"键,便进入高级功能区。

艾默生 TD3000 系列变频器则将主要功能分为一级菜单、二级菜单和三级菜单。在预置完一级菜单的功能后,须按"ENTER"键,才能进入二级菜单功能区,再按"ENTER"键,便进入三级菜单功能区。明电 VT230S 系列变频器(日)的主要功能分为 A 组、B 组和 C 组,从 A 组转入 B 组须按"RST/MOD"键,再按"RST/MOD"键,则进入 C 组。

● 数据码。表示各种功能所需预置的数据或代码。它有以下几种情形:

◇ 直接数据。有些功能中所需预置的内容本身就是数据,如最高频率为 50Hz、升速时间为 20s 等。

◇ 间接数据。有些功能中所需预置的内容难以提供准确的数据,而只能将该项内容分成若干挡,如对于"转矩补偿"(转矩提升)功能,选择第"5"挡 U/f 线等。

◇ 赋值代码。有些功能中所需预置的内容本身并不是数据,如频率给定方式、升速方式、降速方式等。在这种情况下,通常对于不同的预置内容分别用不同的代码来表示,称之为赋值代码。例如,在艾默生 TD3000 系列变频器中,对于操作模式的选择功能,赋值分别为:0 表示键盘操作方式,1 表示外部操作方式,2 表示通信控制方式等。

(2) 功能预置的一般步骤

功能预置一般都是通过编程方式来进行的。因此,功能预置都必须在"编程模式"下进行。尽管各种变频器的功能预置各不相同,但基本方法和步骤十分类似。大致如下:

● 转入编程模式。

● 找出需要预置的功能码。

● "读出"该功能码中原有的数据。

● 修改数据码。

● "写入"新数据。

● 转入运行模式。

2．功能预置的流程图和实例

利用流程图,可简洁明了地表达功能预置的方法和步骤,下面通过实例说明。

以森兰 SB61 变频器的预置流程中,把升速时间由原来的 5s 修改为 30s 为例,说明如下:

● 按"功能/数据"键,将变频器切换至编程模式。

● 按"∧"键或"∨"键并结合移位键,找出所需预置的功能码"F009"(升速时间)。

● 又按"功能/数据"键,"读出"原有数据(原有升速时间为"5s")。

● 按"∧"键或"∨"键和移位键,修改数据。根据要求,将升速时间修改为"30s"。

● 又按"功能/数据"键,"写入"新数据。

● 如预置尚未结束,则转第二步。

● 如全部预置完毕,则在功能码和数据码交替显示两次后,变频器将自行切换至运行模式。

9.2　基本控制系统的设计与调试

9.2.1　变频器的安装

1．变频器对安装环境的要求

变频器是一台全晶体管设备,所以对周围环境的要求和其他晶体管设备大致相同。

(1) 环境温度

变频器工作时的环境温度一般规定为 $-10℃\sim+40℃$,测试环境温度的点应在距变频器约 5cm 处。在环境温度大于 $+40℃$ 的情况下,每增加 $5℃$,其运行功率应下降 30%。

(2) 环境湿度

相对湿度应不超过 90%,无结露现象。

(3) 其他条件

在变频器安装的位置应无直射阳光、无腐蚀性气体及易燃气体、尘埃少、海拔低于 1000m 等。

2．变频器安装时的散热处理

(1) 变频器的发热与散热

和任何设备一样,变频器在运行过程中的功率损耗也会转换成热能,并使自身的温度升高。粗略地说,每 1kW 的变频器容量,其损耗功率约为 $40\sim50W$。

为了不使变频器的温度升高,在安装变频器时必须考虑如何把变频器所产生的热量充分地散发出去。通常采用的办法是利用冷却风扇把热量带走。大体上说,每带走 1kW 热量所需的风量约为 $0.1m^3/s$。

（2）壁挂式安装的散热处理

由于变频器本身具有较好的外壳，故一般情况下，允许直接靠墙安装，称为壁挂式。

为了保证良好的通风，所有变频器都必须垂直安装，且变频器与周围阻挡物之间的距离应符合如图9-8（a）所示的要求，即：两侧距离大于等于10cm，上下方距离大于等于15cm。为了防止异物掉在变频器的出风口而阻塞风道，最好在变频器出风口的上方加装保护网罩。

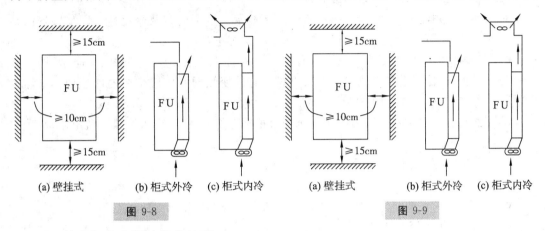

(a) 壁挂式   (b) 柜式外冷   (c) 柜式内冷   (a) 壁挂式   (b) 柜式外冷   (c) 柜式内冷

图 9-8   图 9-9

（3）单台柜式安装的散热处理

当周围的尘埃较多，或和变频器配用的其他控制电器较多，需要和变频器安装在一起时，可采用柜式安装。

如周围环境比较洁净、尘埃较少时，应尽量采用柜外冷却方式，如图9-8（b）所示；如必须采用柜内冷却方式时，则应在柜顶加装抽风式冷却风扇，冷却风扇的位置应尽量在变频器的正上方，如图9-8（c）所示。

（4）多台柜式安装的散热处理

当一个控制柜内装有两台或两台以上变频器时，应尽量并排安装（横向排列），如图9-9（a）所示。

如必须采用纵向方式排列时，则应在两台变频器之间加一隔板，以避免下面变频器排出的热风进入到上面的变频器中去，如图9-9（b）所示。

（5）户外安装的散热处理

一般来说，变频调速控制柜应安装在室内。如必须安装在户外（例如，油田的抽油机用变频器）时，则控制柜必须采用双层结构方式。

所用控制柜必须既能防止太阳的直接照射，又能防止雨水的浸入。如有可能，在隔层之间最好能采用强制风冷方式。

除此以外，户外安装时，还必须注意当地的冬季最低温度。如果温度低于10℃，应在柜内安装加热装置，并且应能进行温度的自动控制。

9.2.2 变频调速系统的调试

1. 通电和功能预置

(1) 通电

变频器通电后,须注意观察以下状况:

● 显示。变频器一旦通电,显示屏必将开始显示。显示内容及变化情形因变频器的品牌而异,应对照说明书,观察其通电后的显示过程是否正常。

● 内部风机的工况。变频器内部都有冷却风机向外鼓风,应注意观察:一是听,即听其声音是否正常;二是用手在出风口试探其风量。有的变频器的风机是在内部达到一定温度后才启动的,应注意阅读说明书。

● 测量电压。主要测量三相进线电压是否正常。如有条件,也可测量直流电压。

(2) 熟悉键盘

各种变频器的键盘配置差异较大,应熟悉键盘。

● 了解各键的功能。

● 可以对照说明书进行一些简单的操作,如启动、升速、降速、停止、点动等。

(3) 熟悉显示内容的切换

各种变频器都可以通过切换显示内容来了解变频器的工作情况,如运行频率、电压、电流等。用户应掌握其基本操作,并通过各项显示内容来检查变频器的状况。

(4) 进行功能预置

这是十分重要的一步。每台变频器在使用前,都必须根据生产机械的具体要求,调整变频器内各功能的设定(称为功能预置)。否则,往往不能使变频调速系统在最佳状态下运行。

● 对照说明书,了解并熟悉进行功能预置的步骤。

● 针对生产机械的具体情况进行功能预置。进行功能预置时,最好能和机械工程师以及工艺工程师或操作人员协同进行,使变频调速系统能够最大限度地满足生产工艺的要求,提高产品的质量和产量。

2. 电动机的空载试验

将变频器的输出端与电动机相接,电动机脱开负载。

(1) 进行基本的运行观察

例如,旋转方向是否正确,升、降速时间是否与预置的时间相符,电动机的运行是否正常等。

(2) 电动机参数的自动检测

具有矢量控制功能的变频器都需要通过电动机的空转来自动测定电动机的参数。新系列变频器也可在静止状态下进行部分参数的自动检测(一般来说,静止状态只能测量静态参数,如电阻、电抗等;而如空载电流等动态参数,则必须通过空转来测定)。

(3) 进一步熟悉变频器的基本操作

如启动、停止、升速、降速、点动等。

3. 带载试验

将电动机与负载连接起来进行试车。这时,须特别注意观察以下几个方面。

(1) 电动机的启动

● 将频率缓慢上升至一个较低的数值,观察机械的运行状况是否正常,同时注意观察电动机的转速是否从一开始就随频率的上升而上升。如果在频率很低时,电动机不能很快旋转起来,说明启动困难,应适当增大 U/f,或增大启动频率。

● 显示内容切换至电流显示,将频率调至最大值,使电动机按预置的升速时间启动到最高转速。观察在启动过程中的电流变化。如因电流过大而跳闸,应适当延长升速时间;如机械对启动时间并无要求,则最好将启动电流限制在电动机的额定电流以内。

● 观察整个启动过程是否平稳。对于惯性较大的负载,应考虑是否需要预置 S 形升速方式,或在低速时是否需要预置暂停升速功能。

● 对于风机,应注意观察在停机状态下风叶是否因自然风而反转。如有反转现象,则应预置启动前的直流制动功能。

(2)停机试验

在停机试验过程中,应把显示内容切换至直流电压显示,并注意观察以下内容:

● 观察在降速过程中直流电压是否过高。如因电压过高而跳闸,应适当延长降速时间;如降速时间不宜延长,则应考虑接入制动电阻和制动单元。

● 观察当频率降至 0 Hz 时,机械是否有"蠕动"现象,并了解该机械是否允许蠕动。如需要制止蠕动时,应考虑预置直流制动功能。

(3)带载能力试验

● 在负载所要求的最低转速时带额定负载,并长时间运行,观察电动机的发热情况。如发热严重,应考虑增加电动机的外部通风问题。

● 如在负载所要求的最高转速下,变频器的工作频率超过额定频率,则应进行负载试验,观察电动机能否带动该转速下的额定负载。

如果上述高、低频运行状况不够理想,还可考虑通过适当增大传动比,以减轻电动机的负担。

9.2.3 变频器的维护

1. 变频器维护的一般注意事项

(1)周围环境

周围环境应满足对安装环境的要求。

(2)电源状况

● 电源电压。观察变频器所在车间的电压波动是否在允许范围内,如波动范围过大,应设法稳压。

● 变电所。向变频器供电的变压器容量与变频器容量之比和变频器输入电流的波形有关,应该了解清楚,以决定变频器的输入端是否必须接交流电抗器。

此外,还应了解变电所是否有补偿电容,补偿电容的接入和退出是否频繁。因为补偿电容在接入和退出时,容易对变频器形成干扰,使变频器跳闸。

(3)周围设备

● 由同一台变压器供电的设备中,应注意是否有大电动机,该大电动机的启动状况如何,以及变压器的容量大小如何。应注意当大电动机启动时,电源电压的波动状况。

● 附近是否有较大的晶闸管控制设备,因大型晶闸管控制设备可能使电源电压的波形发生畸变,并对变频器形成干扰。

2. 注意变频器的易损件

变频器内主要的易损件有电解电容器和冷却风扇。

(1)电解电容器

变频器内的电解电容器有两类:高压滤波电容器
和控制板上的低压滤波电容器。它们的寿命与环境
温度有关,图9-10是电解电容器的寿命与温度的关系
图。控制板上低压电解电容器的寿命比高压滤波电
容器的寿命要长一些。

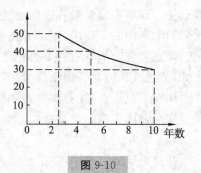

图9-10

一般来说,高压滤波电容器每隔五年应更换一
次,控制板上的电解电容器每隔七年应更换一次。

此外,电解电容器如长期不用,也容易损坏。因
此,对于长期不用的变频器,也应定期地(如每隔一
年)通电一定时间。

(2)冷却风扇

变频器内部冷却风扇的轴承寿命通常为 $1 \sim 1.35 \times 10^5$ h。在一般情况下,大约每隔三
年应更换一次。

9.2.4　常见变频器简介

1. 森兰 SB61 系列变频器

(1)基本接线

① 主电路。主电路如图9-11所示。

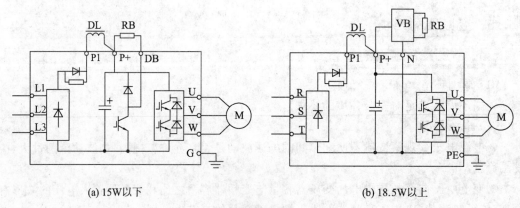

(a) 15W以下　　　　　　　　　　(b) 18.5W以上

图9-11

● 输入端。输入端的标志为 R、S、T,接电源进线。

● 输出端。输出端的标志为 U、V、W,接电动机。

● 制动电阻接线端。15kW 以下的 SB61 系列变频器,内部已经配置了制动单元,只需
在 P+和 DB 之间配接制动电阻 RB 即可;18.5kW 以上的变频器,则制动电阻 RB 与制动单
元 VB 均需外接,两者相连后接至 P+(直流正端)和 N(直流负端)之间。

● 直流电抗器。直流电抗器 DL 接至 P1(整流桥输出端)与 P+(直流正端)之间。出厂时 P1 与 P+之间有一短路片相连,需要接电抗器时应将短路片拆除。

② 控制电路。控制电路如图 9-12所示。

● 外接频率给定端。变频器为外接频率给定提供 10V 电源(负端为 GND),信号输入端分别为 VR1、IR1、VR2、IR2。其中,VR1 和 IR1 可预置为主给定信号端;VR1、IR1、VR2、IR2 均可预置为辅助给定信号端。

● 输入控制端。由 X1～X7 组成,均为开关量输入。每个控制端的具体功能通过功能预置确定,其出厂设定是:X1 为正转输入端;X2 为反转输入端;X3、X4 为多挡转速控制端;X5、X6 为多挡升、降速时间控制端;X7 为外部故障输入端。

● 微机输入接口。由变频器提供的 5V 电源(负端为 GND)和 A(485＋)、B(485－)组成。

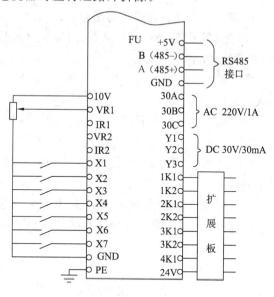

图 9-12

● 故障信号输出端。由 30A、30B、30C 组成,为继电器输出,可接至 AC 220V 电路中。

● 运行信号输出端。由 Y1、Y2、Y3 组成,为晶体管输出,只能接至 30V 以下的直流电路中。

● 扩展输出端。配接专用的扩展板,用于由一台变频器控制多台水泵的切换控制中。

(2)面板配置及操作

① 面板配置。森兰 SB61 变频器面板配置如图9-13所示。

● 显示。LED 显示屏可以显示运行频率、运行电流和电压、同步转速和线速度以及负荷率等。

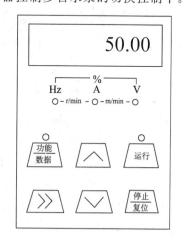

图 9-13

显示内容可由单位指示来判断:

左侧灯亮——显示频率(Hz)。

中间灯亮——显示运行电流(A)。

右侧灯亮——显示运行电压(V)。

左侧与中间灯亮——显示同步转速(r/min)。

中间与右侧灯亮——显示线速度(m/min)。

左侧与右侧灯亮——在运行状态下,显示负荷率;在预置 PID 控制功能时,显示目标值的百分数(%)。

通过功能预置,显示屏还可以显示输出功率、模块温度、累计消耗电能、累计运行时间等。

除此以外,变频器还有两个状态指示灯:

"功能/数据"指示灯——显示变频器的工作模式(运行模式或编程模式);

"运行"指示灯——显示变频器的工作状态(运行或停止)。

● 键盘。键盘中各键的功能如下:

"功能/数据"键——用于切换工作模式(运行模式或编程模式)、读出功能码中的原有数据和写入新数据。

"∧"键和"∨"键——在运行模式下,用于增、减给定频率;在编程模式下,用于更改功能码或数据码。

"≫"键——在运行模式下,用于切换显示内容;在编程模式下,用于移动数据的更改位。

"运行"键——向变频器发出运行指令,仅在运行模式下有效。

"停止/复位"键——在运行状态下,用于发出停机指令;在发生故障并修复后,用于使变频器复位。

② 键盘控制。所谓键盘控制,就是直接通过键盘来控制变频器的启动和停止、升速和降速等。森兰 SB61 系列变频器的键盘控制过程如图 9-14 所示。

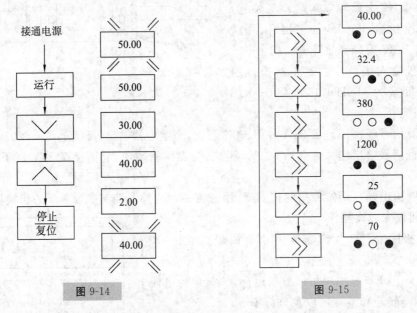

图 9-14　　　　　　　　　　　　　图 9-15

● 接通电源。合上电源后,显示屏首先显示"8.8.8.8.";若干秒后,5 个指示灯一起亮;又经若干秒后,显示屏显示给定频率(如 50Hz),并闪烁。

● 运行。按"运行"键,变频器的输出频率即开始上升,一直上升到上次停机前的频率(50Hz)。上升的快慢由预置的升速时间决定。运行时,频率显示不再闪烁。

● 升速及降速。按"∨"键,频率下降(如下降至 30Hz),下降的快慢由预置的降速时间决定;按"∧"键,频率上升(如上升至 40Hz),上升的快慢由预置的升速时间决定。

● 停止。按"停止/复位"键,输出频率即按预置的降速时间下降直至停止。显示屏的显示则先下降至 2Hz 后又转为停机前的给定频率(40Hz),并闪烁。

● 显示内容的切换。森兰 SB61 系列变频器在运行状态下,显示屏显示的内容可通过按"≫"键来更改。每按一次"≫"键,当"F800"预置为"0"时,其显示内容依次为输出频率→输出电流→输出电压→同步转速→线速度→负荷率→输出频率,如图 9-15 所示。

（3）功能结构及预置流程

① 功能结构。森兰 SB61 系列变频器在说明书中,虽然把各种功能分成了许多功能区,但并未分成若干个等级。这些功能区的名称如表 9-1 所示。

表 9-1

序号	功能区名称	功能码范围	序号	功能区名称	功能码范围
1	基本功能	F000～F013	8	简易 PLC 功能	F700～F732
2	V/F 控制功能	F100～F125	9	过程 PID 功能	F800～F832
3	矢量控制功能	F200～F211	10	通信功能	F900～F902
4	模拟给定功能	F300～F311	11	显示功能	FA00～FA15
5	辅助功能	F400～F417	12	厂家保留功能	FB00～FB01
6	端子功能	F500～F517	13	计算机显示功能	FC00～FC11
7	辅助频率功能	F600～F644			

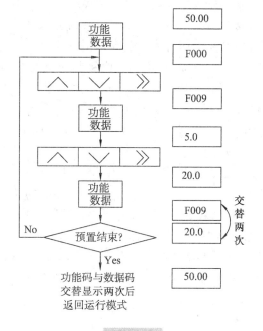

图 9-16

② 功能预置流程。因为 SB61 系列变频器并未把所有功能分级,所以在进行功能预置时,不需要搜索功能级别,其预置流程如图 9-16 所示。以把升速时间(功能码为 F009)从 5s 增加为 20s 为例,其显示屏的状态如图 9-16 所示。

● 按"功能/数据"键,使变频器进入编程模式,显示屏显示第 1 个功能码"F000"。

● 按"∧"、"∨"键或"≫"键,找出所需预置的功能码"F009"。

● 按"功能/数据"键,读出该功能码中的原有数据码"5.0"。

● 按"∧"、"∨"键或"≫"键,将数据码调整为"20.0"。

● 按"功能/数据"键,写入新数据码,此时,功能码 F009 与数据码"20.0"开始交替显示。

● 如功能预置未结束,则转入第二步;如功能预置已经结束,则等待功能码"F009"和数据码"20.0"交替显示两次后,自动转为运行模式。

2. 三菱 FR-A540 系列变频器

（1）基本接线

① 主电路。主电路如图 9-17 所示。

● 输入端。其标志为 R、S、T,接电源进线。

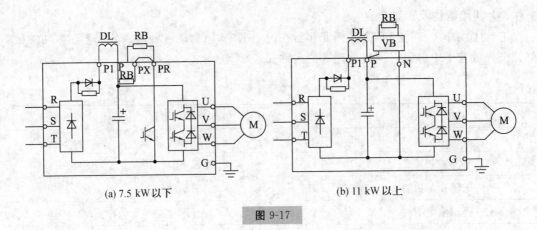

(a) 7.5 kW 以下　　　　　　(b) 11 kW 以上

图 9-17

● 输出端。其标志为 U、V、W,接电动机。

● 直流电抗器。直流电抗器 DL 接至 P1(整流桥输出端)与 P(直流正端)之间。出厂时 P1 与 P 之间有一短路片相连,需要接电抗器时应将短路片拆除。

● 制动电阻与制动单元接线端。

● 5kW 以下的 FR-A540 系列变频器在 P 和 PX 之间有内接制动电阻 RB,而在 PR 和 N(直流负极)之间有内接制动单元,出厂时 PX 与 PR 之间有一短路片相连,如图 9-17(a)所示;11kW 以上变频器的制动电阻 RB 与制动单元 VB 均需外接,如图 9-17(b)所示。

② 控制电路。控制电路如图 9-18 所示。

● 外接频率给定端。变频器为外接频率给定提供+5V 电源(端子 10,负端为端子 5),信号输入端分别为端子 2(电压信号)、端子 4(电流信号)和端子 1(辅助给定信号)。

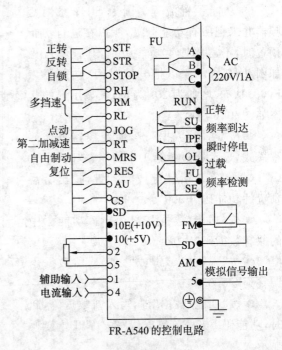

FR-A540 的控制电路

图 9-18

● 输入控制端。

STF——正转控制端。

STR——反转控制端。

RH、RM、RL——多挡转速控制端。

JOG——点动控制端。

RT——第二加减速控制端。

MRS——自由制动控制端。

RES——复位控制端。

AU——电流信号选择端。

CS——重合闸选择。

● 故障信号输出端。由 A、B、C 组成，为继电器输出，可接至 AC 220V 电路中。

● 运行状态信号输出端。FR-A540 系列变频器配置了一些可表示运行状态的信号输出端，为晶体管输出，只能接至 30V 以下的直流电路中。运行状态信号有：

RUN——运行信号。变频器运行时有信号输出。

SU——频率到达信号。当变频器的输出频率达到某一设定值时，有信号输出。

IPF——瞬时停电信号。

OL——过载信号。

FU——频率检测信号。当变频器的输出频率在设定的频率范围内时有信号输出。

● 频率测量输出端。FR-A540 系列变频器配置了两个测量运行参数的输出端，通过预置，可输出 16 种运行参数的测量信号。其中：

FM——数字量输出，接数字频率计等数字式仪表。

AM——模拟量输出，接 0~10V 电压表。

（2）操作面板及键盘控制

① 面板配置。面板配置如图 9-19 所示。

● 显示。FR-A540 系列变频器的 LED 显示屏可以显示给定频率、运行电流和电压等参数。

显示屏旁边有单位指示灯：

Hz 灯亮——显示频率。

A 灯亮——显示运行电流。

V 灯亮——显示运行电压。

显示屏下方有 5 个状态指示灯：

MODE——模式指示，在运行状态下指示灯亮。

EXT——外接端子控制时亮。

PU——键盘控制时亮。

FWD——正转运行。

REV——反转运行。

● 键盘。键盘中各键的功能如下：

"MODE"键——用于切换工作模式（运行模式或编程模式）。

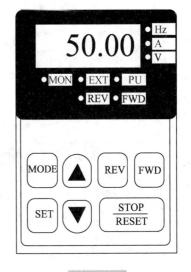

图 9-19

"▲"键和"▼"键——在运行模式下，用于增、减给定频率；在编程模式下，用于更改功能码或数据码。

"SET"键——用于读出和写入各功能码中的数据码。

"FWD"键——向变频器发出正转指令，仅在键盘运行方式下有效。

"REV"键——向变频器发出反转指令，仅在键盘运行方式下有效。

"STOP/RESET"键——当变频器正在运行时，向变频器发出停机指令；当变频器发生故障并修复后，用于使变频器复位。

② 键盘控制。

● 接通电源。合上电源后，LED 显示屏将显示"0.00"Hz。

● 运行。

◇ 按"MODE"键，切换到频率给定模式。

◇ 按"▲"键，使给定频率升至所需数值，设为 50Hz。

◇ 按"SET"键，写入给定频率。

◇ 按"FWD"键或"REV"键，变频器的输出频率即按预置的升速时间开始上升到给定频率。电动机的运行方向由所按的键决定。

● 升速及降速。在运行过程中：按"▼"键，频率按预置的降速时间下降，设下降为 30Hz；按"▲"键，频率按预置的升速时间上升，设上升为 40Hz。

● 查看运行参数。在运行状态下，可以通过按"SET"键，更改 LED 显示屏的显示内容，以便查看在运行过程中变频器的输出电流或输出电压，如图 9-20 所示。每次按"SET"键，显示内容依次是：频率→电流→电压→频率。

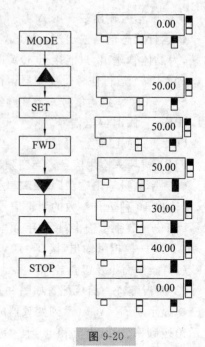

图 9-20

（3）功能结构及预置流程

① 功能结构。FR-A540 系列变频器在说明书中，虽然把各种功能分成了许多功能组，但并未分成等级。这些功能组的名称及功能码的范围如表 9-2 所示。

表 9-2

序号	功能组名称	功能码范围	序号	功能组名称	功能码范围
1	基本功能组	Pr.0～Pr.9	19	子功能组	Pr.154～Pr.158
2	标准运行功能组	Pr.10～Pr.37	20	附加功能	Pr.160
3	输出端子功能组	Pr.41～Pr.43	21	重合闸功能组	Pr.162～Pr.165
4	第二功能组	Pr.44～Pr.50	22	累计初始化功能组	Pr.170～Pr.171
5	显示功能组	Pr.52～Pr.56	23	用户功能组	Pr.173～Pr.176
6	自动重合闸功能组	Pr.57～Pr.58	24	端子安排功能组	Pr.180～Pr.195
7	附加功能	Pr.59	25	附加功能	Pr.199
8	运行选择功能组	Pr.60～Pr.79	26	程序运行功能组	Pr.200～Pr.231
9	电动机参数输入功能组	Pr.80～Pr.96	27	多挡速功能组	Pr.232～Pr.239
10	V/F 调整功能组	Pr.100～Pr.109	28	子功能组	Pr.240～Pr.244
11	第三功能组	Pr.110～h.116	29	停止方式选择功能	Pr.250
12	通信功能组	Pr.117～Pr.124	30	掉电停机方式选择功能组	Pr.261～Pr.266
13	PID 控制功能组	Pr.128～Pr.134	31	极限定位控制功能	Pr.270
14	与工频的切换功能组	Pr.135～Pr.139	32	高速控制功能组	Pr.271～Pr.274
15	暂停升、降速功能组	Pr.140～Pr.143	33	极限定位功能组	Pr.275～Pr.276
16	速度显示功能	Pr.144	34	顺序制动控制功能组	Pr.278～Pr.287
17	附加功能	Pr.148～Pr.149	35	校准功能组	Pr.900～Pr.905
18	电流检测功能组	Pr.150～Pr.153	36	附加功能	Pr.990

② 功能预置流程。FR-A540系列变频器的预置流程如图9-21所示。以把升速时间(功能码为Pr.7)从5s增加为20s为例,其显示屏的状态如图9-21所示。

● 按"MODE"键,使变频器进入编程模式,显示屏显示"Pr."。

● 按"▲"或"▼"键,找出所需预置的功能码"Pr.7"。

● 按"SET"键,读出该功能码中的原有数据码"5.0"。

● 按"▲"或"▼"键,将数据码调整为"20.0"。

● 按"SET"键,写入新数据码,此时,新数据码与"Pr."将交替显示。

● 如功能预置未结束,则转入第二步;如功能预置已经结束,则按"MODE"键,使变频器转为运行模式。

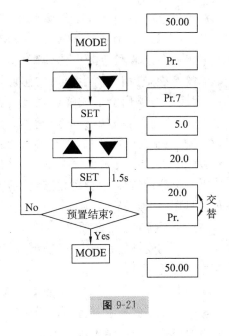

图 9-21

9.2.5 变频调速控制系统的基本要求

1. 变频器调速控制系统的设计步骤

无论生产工艺提出的动态、静态指标要求如何,其变频调速控制系统的设计过程基本相同,基本设计步骤是:

● 了解生产工艺对转速变化的要求,分析影响转速变化的因素,根据自动控制系统的形成理论,建立调速控制系统的原理框图。

● 了解生产工艺的操作过程,根据电气控制电路的设计方法,建立调速控制系统的电气控制电路原理框图。

● 根据负载情况和生产工艺的要求选择电动机、变频器及其外围设备。如果是闭环控制,最好选用能够四象限运行的通用变频器。

● 根据实际设备,绘制调速控制系统的电气控制电路原理图,编制控制系统的程序参数,修改调速控制系统的原理框图。

2. 变频器控制电路的安装和调试

(1) 布线

● 模拟量控制线。模拟量控制线主要包括:输入侧的给定信号线和反馈信号线、输出侧的频率信号线和电流信号线。

模拟量信号的抗干扰能力较低,因此,必须使用屏蔽线。屏蔽层靠近变频器的一端,应接控制电路的公共端(COM),但不要接到变频器的地端(E)或大地,如图9-22所示;屏蔽层的另一端应该悬空。

● 开关量控制线。开关量的抗干扰能力较强,故在距离不很远时,允许不使用屏蔽线,但同一信号的两根线必须互相绞在一起。

● 大电感线圈的浪涌电压吸收电路。如接触器、电磁继电器的线圈等,都具有很大的电感。在接通和切断电源的瞬间,由于电流的突变,它们会产生很高的感应电动势,因而在电路内会形成峰值很高的浪涌电压,导致内部控制电路的误动作。所以,在所有电感线圈的两端,必须接入浪涌电压吸收电路。在大多数情况下,可采用阻容吸收电路;在直流电路的电感线圈中,也可以只用一个二极管。

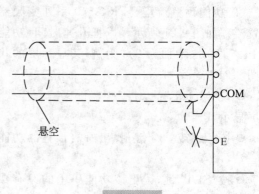

图 9-22

（2）变频器的通电和预置

一台新的变频器在通电时,输出端可先不接负载,而是首先熟悉它,在熟悉的基础上进行各种功能的预置。

● 熟悉键盘,即了解键盘上各键的功能,进行试操作,并检查显示的变化情况等。

● 按说明书的要求进行"启动"和"停止"等基本操作,观察变频器的工作情况是否正常,同时也要求进一步熟悉键盘的操作。

● 进行功能预置,并就几个较易观察的项目,如升速和降速时间、点动频率、多挡变速时的各挡频率等,检查变频器的执行情况是否与预置的内容相符合。

● 将外接输入控制线接好,逐相检查各外接控制功能的执行情况,检查三相输出电压是否平衡。

（3）变频器空载试验

变频器的输出端接上电动机,但电动机与负载断开,进行通电试验,观察变频器配上电动机后的工作情况,顺便校准电动机的旋转方向。试验步骤如下:

● 先将频率设置于 0 位,接通电源后,微微提升工作频率,观察电动机的起转情况,以及旋转方向是否正确,如方向相反,则予以纠正。

● 将频率上升至额定频率,让电动机运行一段时间,如一切正常,再选若干个常用的工作频率,也使电动机运行一段时间。

● 将给定频率信号突降至 0（或按停止按钮）,观察电动机的制动情况。

（4）变频器负载试验

电动机的输出轴与机械装置的传动轴相接,进行试验。

● 启转试验。使工作频率从 0Hz 开始微微增加,观察拖动系统能否启转、在多大频率下启转,如启转比较困难,应设法加大启动转矩。具体方法有:加大启动频率,加大 U/f 比,以及采用矢量控制等。

● 启动试验。将给定信号调至最大;按启动键,观察启动电流的变化及整个拖动系统在升速过程中运行是否平稳;如因启动电流过大而跳闸,则应适当延长升速时间,如在某一速度段启动电流偏大,则设法通过改变启动方式（S 曲线）来解决。

● 停机试验。将运行频率调至最高工作频率,按停止键,观察拖动系统的停机过程中是否出现因过电压或过电流而跳闸,有则应适当延长降速时间;当输出频率为 0Hz 时,观察拖动系统是否有爬行现象,如有则应适当加强直流制动。

（5）变频器的安装

● 安装环境应满足环境温度在－10℃～＋15℃范围内，且通风良好，周围无腐蚀、爆炸气体，安装在无振动机体上。

● 变频器电源引入应安装低压断路器。

● 变频器和电动机之间不能安装相位超前补偿器和电涌抑制器。

● 接线严格按照主回路接线图和控制回路图接线。

● 控制线路导线用屏蔽线。

● 保证变频器接地良好。

（6）布线时应遵守的原则

● 尽量远离主电路 100mm 以上。

● 尽量不和主电路交叉，必须交叉时，应采取垂直交叉的方式。

● 正确选用变频器接地方式，所有变频器都专门有一个接地端子"E"，用户应将此端子与大地相接；当变频器和其他设备或有多台变频器一起接地时，每台设备都必须分别和地线相接，不允许将一台设备的接地端和另一台设备的接地端相接后再接地。变频器接地方式如图 9-23 所示。

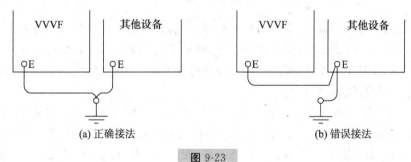

图 9-23

（7）运转前检查

● 运转前重点检查导线是否接错，特别是主输入、输出回路。

● 输出部分及时序电路方面是否发生短路或接地障碍。

（8）试运转

变频器刚出厂，已预先设定操作面板控制的运行方式，故试运转时，要在操作面板上进行，频率置于 5Hz。

考 核 试 题

用变频器改造三相异步电动机正反转两地控制线路，并进行安装和调试。

1. 操作工艺

● 根据电气控制电路的设计方法，建立变频控制系统的电气控制电路图。因为变频器外部端子控制模式有多种，所以在设计时，应先确定变频器外部端子控制模式中的一种。本例选用两线式，图 9-24 为变频器正、反转两地控制电路。

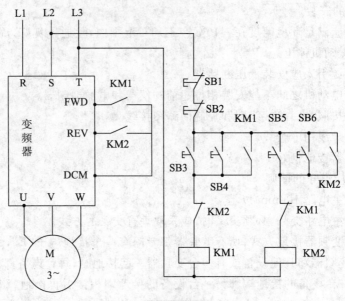

图 9-24

● 安装元器件和线路。元器件布局要整齐、匀称、合理；确定电气元器件安装位置时，应做到既便于布线，又便于检修；安装元器件时，螺钉要先对角固定，不能一次拧紧，固定时用力不要过猛，避免损坏元器件；布线一般从控制电路开始，先确定导线走向，然后截取适当的长度进行安装，并对线路进行检查。

● 接上电源线，断开中间继电器与变频器输入控制端的连接导线 COM，使变频器输入控制端在变频器不带电时接通电源，将参数输入变频器，主要设定项目有：02—01（运转指令来源）设定 02 值；02—05（外部端子控制回路）设定 00 值；其余设定参数可根据考评员要求设定。

● 将负载电动机接上，通电试车。

2. 评分标准

评分标准见表 9-3。

表 9-3

主要内容	配分	考核要求	评分标准	扣分	得分	评分人
设计	25	根据给定电路图,按国家电气绘图规范及标准绘制电路图,写出变频器需要设定的参数	1. 设计电路图时,错 1 处扣 2 分 2. 绘制电路图不规范及不标准,每 1 处扣 2 分 3. 列出变频器的设定参数,缺 1 项或错 1 项扣 2 分			
元器件安装	20	元器件在配电板上布置要合理,安装要准确紧固、美观	1. 元器件布置不整齐、不匀称、不合理,每只扣 1 分 2. 元器件安装不牢固、安装元器件时漏装螺钉,每只扣 1 分 3. 损坏元器件每只扣 2 分			
接线	20	配线要求紧固、美观,导线要进入行线槽。按钮不固定在配电板上,电源和电动机配线、按钮接线要接到端子排上,进出线槽导线要有端子标号,引入端子要用冷压端子	1. 布线不进入行线槽,不美观,每根扣 0.5 分 2. 接点松动、露铜过长、压绝缘层、标记线号不清、遗漏或误标,引入端子无冷压端子,每处扣 0.5 分 3. 损伤绝缘导线或线芯,每根扣 0.5 分			
调试	30	熟练操作变频器参数设定的键盘,并能正确输入参数;按照被控制设备要求,进行正确的调试	1. 使用变频器参数设定的操作键盘不熟练,扣 3 分 2. 调试时,没有严格按照被控制设备的要求进行,而达不到设计要求,每缺少 1 项功能,扣 5 分			
安全文明生产	5	违反安全文明生产规定,扣 5 分				
规定时间	4h		时间扣分		总得分	
备 注	每个项目扣分以扣完为止,不再加扣分					
	每超 5min 扣 5 分,不足 5min 按 5min 计					

附录 1　维修电工国家职业标准

维修电工中级

职业功能	工作内容	技　能　要　求	相　关　知　识
工作前准备	上具、量具及仪器、仪表	能够根据工作内容正确选用仪器、仪表	常用电工：仪器、仪表的种类、特点及适用范围
	读图与分析	能够读懂 X62W 铣床、MGB1420 磨床等较复杂机械设备的电气控制原理图	1. 常用较复杂机械设备的电气控制线路图 2. 较复杂电气图的读图方法
装调与维修	电气故障检修	1. 能够正确使用示波器、电桥、晶体管图示仪 2. 能够正确分析、检修、排除 55 kW 以下的交流异步电动机、60 kW 以下的交流电动机及各种特种电动机的故障 3. 能够正确分析、检修、排除交磁电动机扩大机、X62W 铣床、MGBl420 磨床等机械设备控制系统的电路及电气故障	1. 示波器、电桥、晶体管图示仪的使用方法及注意事项 2. 直流电动机及各种特种电动机的构造、工作原理、使用与拆装方法 3. 交磁电动机扩大机的构造、原理、使用方法及控制电路方向的知识 4. 单相晶闸管变流技术
装调与维修	配线与安装	1. 能够按图样要求进行较复杂机械设备的主、控线路配电板的配线（包括选择电器元件、导线等），以及整台设备的电气安装工作 2. 能够按图样要求焊接晶闸管调速器、调功器电路，并用仪器、仪表进行测试	明、暗电线及电器元件的选用知识
	测绘	能够测绘一般复杂程度机械设备的电气部分	电气测绘基本方法
	调试	能够独立进行 X62W 铣床、MGB1420 磨床等较复杂机械设备的通电工作，并能正确处理调试中出现的问题，经过测试、调整，最后达到控制要求	较复杂机械设备电气控制调试方法

维修电工高级

职业功能	工作内容	技 能 要 求	相 关 知 识
工作前准备	读图与分析	能够读懂经济型数控系统、中高频电源、三相晶闸管控制系统等复杂机械设备控制系统和装置的电气控制原理图	1. 数控系统基本原理 2. 中高频电源电路基本原理
装调与维修	电气故障检修	能够根据设备资料，排除 B2010A 龙门刨床、经济型数控、中高频电源、三相晶闸管、可编程序控制器等机械设备控制系统及装置的电气故障	1. 电力拖动及自动控制原理基本知识及应用知识 2. 经济型数控机床的构成、特点及应用知识 3. 中高频炉或淬火设备的工作特点及注意事项 4. 三相晶闸管变流技术基础
	配线与安装	能够按图样要求安装带有 80 点以下开关量输入/输出的可编程控制器	可编程序控制器的控制原理、特点、注意事项及编程器的使用方法
	测绘	1. 能够测绘 X62W 铣床等较复杂机械设备的电气原理图、接线图及电气元件明细表 2. 能够测绘晶闸管触发电路等电子线路并绘出其原理图 3. 能够测绘固定板、支架、轴、套、联轴器等机电装置的零件图及简单装配图	1. 常用电子元件的参数标识及常用单元电路 2. 机械制图及公差配合知识 3. 材料知识
	调试	能够调试经济型数控系统等复杂机械设备及装置的电气控制系统，并达到说明书的电气技术要求	有关机械设备电气控制系统的说明书及相关技术资料
	新技术应用	能够结合生产应用可编程序控制器改造较简单的继电器控制系统，编制逻辑运算程序，绘出相应的电路图，并应用于生产	1. 逻辑代数、编码器、寄存器、触发器等数字电路的基本知识 2. 计算机基本知识
	工艺编制	能够编制一般机械设备的电气修理工艺	电气设备修理工艺知识及其编制方法
培训指导	指导操作	能够指导本职业初、中级工进行实际操作	指导操作的基本方法

维修电工技师

职业功能	工作内容	技　能　要　求	相　关　知　识
工作前准备	读图与分析	1. 能够读懂复杂设备及数控设备的电气系统原理图 2. 能够借助词典读懂进口设备相关外文标牌及使用规范的内容	1. 复杂设备及数控设备的读图方法 2. 常用标牌及使用规范英汉对照表
装调与维修	电气故障检修	1. 能够根据设备资料,排除龙门刨V5系统、数控系统等复杂机械设备的电气故障 2. 能够根据设备资料,排除复杂机械设备的气控系统、液控系统的电气故障	1. 数控设备的结构、应用及编程知识 2. 气控系统、液控系统的基本原理及识图、分析与排除故障的方法
	配线与安装	能够安装大型复杂机械设备的电气系统和电气设备	具有变频器及可编程控制器等复杂设备电气系统的配线与安装知识
	测绘	1. 能够测绘经济型数控机床等复杂机械设备的电气原理图、接线图 2. 能够测绘具有双面印刷线路的电子线路板,并绘出其原理图	1. 常用电子元器件、集成电路的功能,常用电路以及手册的查阅方法 2. 机械传动、液压传动知识
	调试	能够调试龙门刨V5系统等复杂机械设备的电气控制系统,并达到说明书的电气控制要求	1. 计算机的接口电路基本知识 2. 常用传感器的基本知识
	新技术应用	能够推广、应用国内相关职业的新工艺、新技术、新材料、新设备	国内相关职业"四新"技术的应用知识
	工艺编制	能够编制生产设备的电气系统及电气设备的大修工艺	机械设备电气系统及电气设备大修工艺的编制方法
	设计	能够根据一般复杂程度的生产工艺要求,设计电气原理图、电气接线图	电气设计基本方法
培训指导	指导操作	能够指导本职业初、中、高级工进行实际操作	培训教学基本方法
	理论培训	能够讲授本专业技术理论知识	
管理	质量管理	1. 能够在本职工作中认真贯彻各项质量标准 2. 能够应用全面质量管理知识,实现操作过程的质量分析与控制	1. 相关质量标准 2. 质量分析与控制方法
	生产管理	1. 能够组织有关人员协同作业 2. 能够协助部门领导进行生产计划、调度及人员的管理	生产管理基本知识

附录 2　操纵技能鉴定考核重点表

行为领域	鉴定范围			鉴定点		
	代码	名　称	鉴定比重	代码	名　　　称	重要程度
操作技能	A	设计、安装与调试	10	01	继电-接触式控制线路的设计、安装与调试	X
				02	用 PLC 改造继电-接触式控制线路,并进行设计、安装与调试	X
				03	用 PLC 设计电气控制线路,并进行安装与调试	X
				04	用 PLC 设计电气控制线路,并进行模拟安装与调试	Y
				05	用变频器改造继电-接触式控制线路,并进行设计、安装与调试	X
				06	模拟电子线路的安装与调试	X
				07	数字电子线路的安装与调试	X
				08	变流系统局部电子线路的安装与调试	X
				09	变流系统的安装与调试	Y
				10	继电-接触式控制设备的电气线路测绘	X
				11	电子线路的测绘	X
				12	各种特种电动机的拆卸、接线与调试	X
				13	各种特种电动机的安装、接线与调试	Y
	B	故障检修	40	01	检修继电-接触式控制的大型电气设备局部的电气控制线路	X
				02	检修小容量晶闸管直流调速系统	X
				03	检修 PLC 控制的电气设备	X
				04	检修变频器控制的电气设备	X
				05	电子线路的检修	Y
				06	检修各种特种电动机	Y
	C	仪器、仪表使用与维护	10	01	双踪示波器的使用与维护	X
				02	同步示波器的使用与维护	Y
				03	晶体管特性图示仪的使用与维护	X
其他	D	培训指导	10	01	理论培训指导	Y
				02	技能培训指导	X

备注:X——核心要素,Y——一般要素

参 考 文 献

1. 宫淑贞,王冬青,徐世许.可编程控制器原理及应用.北京：人民邮电出版社,2002.

2. 方承远.工厂电气控制技术.机械工业出版社,2002.

3. 李惠贤,李花枝.高级维修电工应试完全指南.北京：科学出版社,2005.

4. 熊幸明.机床电路原理与维修.北京：人民邮电出版社,2001.

5. 黄卫.数控机床及故障诊断技术.北京：机械工业出版社,2004.

6. 熊幸明.电工电子技能训练.北京：电子工业出版社,2004.

7. 廖常初.PLC基础及应用.北京：机械工业出版社,2004.

8. 黄永铭.电动机与变压器维修.北京：高等教育出版社,1992.

9. 李惠贤,李花枝.中级维修电工应试完全指南.北京：科学出版社,2005.

10. 韩鸿鸾,荣维芝.数控原理与维修技术.北京：机械工业出版社,2004.

11. 袁维义.电工技能实训.北京：电子工业出版社,2003.

12. 徐耀生.电气综合实训.北京：电子工业出版社,2003.

13. 张燕宾.电动机变频调速图解.北京：中国电力出版社,2003.

14. 吴中俊,黄永红.可编程序控制器原理及应用.北京：机械工业出版社,2005.

15. 王建,李伟.维修电工（高级）国家职业资格证书取证问答.北京：机械工业出版社,2005.

16. 张进秋,陈永利,张中民.可编程序控制器原理及应用实例.北京：机械工业出版社,2004.

17. 郭宗仁,吴亦锋,郭永.可编程序控制器应用系统设计及通信网络技术.北京：人民邮电出版社,2002.